친환경선박의 이해

임영섭 지음

BM (주)도서출판 성안당

머리말

현재 조선해양산업계는 친환경선박으로 대변되는 격변의 시대를 맞고 있습니다. 9년 전 필자가 화학 공학에서 공정시스템을 전공하고 처음 조선해양공학과에 임용되었을 때만 하더라도 선박에서 다루는 공정시스템은 기타 의장시스템으로 분류되었습니다. 그러나 현재 친환경선박에 요구되는 다양한 시스템들은 더 이상 기타로 취급할 수 있는 시스템들이 아닙니다. 가스연료 공급 공정이나 온실가스 저감 공정 등이 추진 시스템 및 엔진까지 변화를 시키고 있는 상황이 되었기 때문입니다. 해양 오염물질 배출 규제를 넘어서 대기 오염물질 배출 규제, 나아가 점점 강화되는 온실가스 배출 규제의 시대가 도래하고 있습니다. 이에 대한 다양한 기술적 해결책들이 한두 가지가 아닌 수십 가지가 등장하고 있으며, 어떠한 기술이 언제까지 경쟁력을 유지할지에 대한 예측도 사람마다 다른 상황이 펼쳐지고 있습니다.

공학 또는 엔지니어링(engineering)이란 인류에게 유용한 물건이나 시스템 등을 만드는 종합방법론이며, 친환경선박에 요구되는 다양한 기술들은 특정 전공지식만으로는 온전한 이해가 어려운 복합 공정들입니다. 이제 화학, 물리, 지구과학과 같은 편의적인 학문 체계를 구별하는 것이 큰 의미가 없어지는 융합의 시대가 오고 있습니다. 앞으로 조선해양공학자들에게는 전통적인 조선해양공학 영역의 지식에 추가적으로 선박에 탑재되는 다양한 시스템들을 시작부터 끝까지 전체적으로 조망할 수 있는 시야와 능력이 요구될 것입니다. 이 책은 그러한 차세대 조선해양공학도를 육성하기 위해서 다음과 같은 의도를 가지고 집필했습니다.

1. 사람에 따라 다의적 의미로 사용되고 있는 친환경선박에 요구되는 기술들을 분류하고, 각각의 기술들이 가지는 특징을 가능한 한 쉽게 설명하고자 하였습니다.
2. 배경지식이 충분하지 않은 학생들도 그 공학적 원리를 이해할 수 있도록 가급적 구조를 단순화하여 이해하기 쉬운 구조로 설명하고자 하였습니다.
3. 이해가 요구된다고 판단되는 배경지식은 2장으로 별도로 분리하여 필요시 손쉽게 찾아볼 수 있도록 구성하고, 3, 4장은 실제 기술을 이해할 수 있도록 구성하는 데 주안점을 두었습니다.
4. 다양한 기술적 해결책이 등장하고 있는 현재 상황을 이해할 수 있도록 하기 위해서 특정 시스템을 집중적으로 다루기보다는 다양한 공정시스템을 폭넓게 다루고자 하였습니다.
5. 공학의 취지에 맞게 가급적 정량적 수치로 답을 얻을 수 있도록 예제를 구성하고자 노력하였습니다.

많은 검토작업을 거쳤으나, 저의 부족함으로 여전히 오류가 남아 있을 수 있습니다. 잘못된 부분을 발견하신 분은 부디 제 이메일(s98thesb@snu.ac.kr)로 연락주시기를 부탁드립니다.

이 책이 나오기까지 애써주신 모든 분들께 감사드리며, 특히 내용을 정성 들여 살펴봐주신 대한조선학회장 이신형 교수님, 한국조선해양의 박상민 상무님, 한국선박해양플랜트연구소의 강희진 본부장님, 한국선급의 김진형 파트장님, 서울대학교 강상규 교수님께 감사드립니다. 그리고 정신적 지주인 사랑하는 나의 아내 수진에게 다시 한 번 감사의 마음을 전합니다.

수많은 기술들이 군웅할거하는 난세가 오고 있습니다. 이를 통합할 영웅이 등장하기를 기대하는 마음으로 이 책을 씁니다.

2023. 1.

저자 임영섭

차 례

CONTENTS

3 오염물질 배출 저감 기술

4 온실가스 배출 저감 기술

CONTENTS

1

친환경 선박

1.1 친환경선박이란

친환경선박이라는 용어는 사용된 지 오래된 용어는 아닙니다. 국제적으로는 친환경선박(eco-friendly ship, environmentally-friendly ship)이라는 표현보다는 오히려 그린십(green ship)이라는 단어가 더 오랜 기간 동안 많이 사용되어 왔습니다. [그림 1-1]처럼 구글에서 친환경선박이라는 단어가 검색되기 시작한 것은 2000년대 후반이나, 2020년 들어서 본격적으로 검색량이 증가하기 시작한 것을 확인할 수 있습니다. 네이버에서도 유사하게 2020년 이후 검색량이 크게 증가한 추세를 보여 줍니다. 이는 과거에는 관련 산업계 사람들만 인지하고 있었던 환경 문제들이 지구온난화 문제가 심화됨에 따라 대중적 인지도가 늘어남에 따라서 발생하는 현상으로 보입니다. 한국사회에서는 90년대부터 온실가스 및 오염물질 문제에 대한 대처 기술에 '친환경'이라는 표현을 익숙하게 사용하여 왔고, 이러한 친숙한 표현이 '선박'과 결합되면서 그 사용 빈도가 늘어나고 있다고 봅니다.

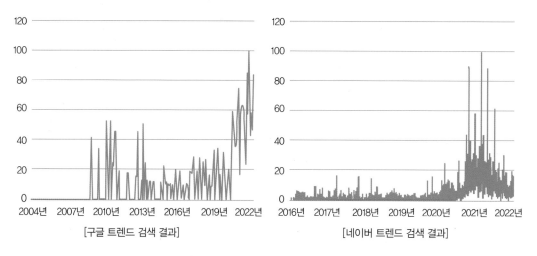

[구글 트렌드 검색 결과]　　　　　[네이버 트렌드 검색 결과]

| 그림 1-1 | **친환경선박 검색 추이**

이렇듯 친환경선박이라는 표현은 최근 들어 보편화되고 있는 개념이기 때문에 사람이나 기관마다 친환경선박을 정의하고 받아들이는 방식이 다를 수 있습니다. 대한민국 정부는 '2030 한국형 친환경선박(green ship-K) 추진 전략'에서 친환경선박을 "친환경에너지 또는 연료를 동력원으로 사용하거나 해양오염 저감 기술 또는 선박 에너지 효율 향상 기술을 탑재한 선박"으로 정의하고 있습니다. 또한, '환경친화적 선박의 개발 및 보급 촉진에 관한 법률(친환경선박법)'을 제정, 2020년 1월 1일부터 시행하고 있으며, 친환경선박법에서는 '환경친화적 선박'을 다음과 같은 기술을 탑재한 선박으로 정의하고 있습니다.

① **해양오염 저감 기술**: 선박에서 배출되는 오염물질을 저감하는 기술 탑재 선박

② **선박 에너지 효율 기술**: 선박의 에너지 효율을 높이는 기술 탑재 선박

③ **친환경에너지 추진 선박**: LNG(Liquefied Natural Gas)/CNG(Compressed Natural Gas), LPG(Liquefied Petroleum Gas), 메탄올, 암모니아, 수소, 기타 에너지(◍ 혼합연료, 바이오 연료, 에탄올, 풍력, 태양열, 태양광 등) 등 친환경에너지 추진 선박

④ **전기 추진 선박**: 전기에너지를 동력원으로 사용하는 선박

⑤ **하이브리드 선박**: 연료와 전기에너지를 조합하여 동력으로 사용하는 선박

⑥ **연료전지 추진 선박**: 수소·암모니아 등을 사용하여 발생시킨 전기에너지를 이용한 연료전지를 동력원으로 사용하는 선박

이 책에서는 친환경선박을 구성하는 핵심 기술을 크게 두 가지로 나누고 있습니다. 첫 번째로 대기와 해양을 오염(pollution)시키는 공해물질 배출 저감기술들로, 미세먼지(PM, Particulate Matter), 황산화물(SO_x, Sulfur Oxide), 질소산화물(NO_x, Nitrogen Oxide) 등의 배출 저감이나 평형수 처리 기술 등이 해당됩니다. 두 번째, 이산화탄소나 메테인과 같은 온실가스(GHG, GreenHouse Gases) 배출 저감 기술들입니다. 넓게 보면 온실가스 또한 환경 오염물질이라고 생각할 수 있으므로 친환경선박은 오염물질 배출을 저감시킬 수 있는 선박이라고 언급할 수도 있겠으나, 엄밀하게 생각하면 이산화탄소와 같은 온실가스는 지구 대기의 상당 부분을 구성하는 물질로 인위적 배출량이 급증한 것이 문제이지 존재 자체가 환경을 오염시키는 물질이라고 보기에는 어렵습니다. 따라서 분리해서 생각하는 것이 보다 적절하다고 할 수 있습니다. 단, 물질에 따라 이 두 범주에 모두 해당되는 물질들도 존재할 수 있으므로 명확하게 구별이 가능하다기보다는 주로 피해를 미치는 영역이 어디인지에 따라서 구별하는 편이 좋을 것으로 생각합니다. 즉, 친환경선박은 "기존 선박보다 오염물질과 온실가스 배출을 저감할 수 있는 기술을 탑재한 선박"이라고 말할 수 있겠습니다.

온실가스를 저감하는 방법은 다시 크게 세 가지 방법으로 나눌 수 있습니다. 첫 번째는 효율 향상(enhanced efficiency) 기술입니다. 선형을 최적화하거나, 엔진 혹은 추진기를 개선하거나, 저항을 저감하거나, 무게를 감소시키는 등 선박의 운항효율을 향상시켜서 동일 거리, 동일 화물량 수송 시 필요한 에너지를 저감하는 방법입니다. 이 책에서는 신재생에너지를 이용하는 경우도 이러한 효율 향상 기술의 일부로 보고 언급하였는데, 이는 현재 선박에서 신재생에너지를 이용하고자 하는 기술들이 추진 엔진의 부담을 경감시키거나, 보조 엔진의 발전에너지를 줄이는 보조적 역할로 사용되고 있기 때문입니다. 만약, 차후 신재생에너지로만 추진 및 운영이 가능한 선박의 개념이 도출된다면 이는 효율 향상의 범위를 넘어서 별도의 분류가 더 적절할 것으로 생각합니다. 두 번째는 대체연료(alternative fuels) 기술로, 기존 화석연료 대비 이산화탄소 배출이 감소하는 저탄소 배출 연료를 사용하거나 혹은 이산화탄소 배출이 아예 없는 무탄소 배출 연료를 사용하는 기술을 의미합니다. 또한, 바이오 연료와 같이 탄소 배출은 있으나, 탄소를 흡수하여 생성된 연료라 탄소 배출 중립성을

인정받는 연료를 사용하는 기술도 포함합니다. IMO의 경우, 저인화점연료(low flashpoint fuel)라는 명칭으로 LNG·LPG·메탄올·수소·암모니아를 묶어서 다루고 있으나, 이 책에서는 LNG·LPG와 같이 근원적으로 탄소원자를 포함해 탄소 배출을 줄일 수는 있지만 피할 수는 없는 연료는 저탄소 배출 연료(low carbon emission fuel)로, 수소나 암모니아와 같이 근원적으로 탄소가 배출되지 않는 연료를 무탄소 배출 연료(zero carbon emission fuel)로, 바이오 연료와 같이 탄소가 배출되지만 탄소를 흡수하여 만들어지는 연료를 탄소 중립 연료(carbon-neutral fuel)로 구분하여 호칭하고 있습니다. 세 번째는 전기 및 하이브리드 추진으로 기존의 엔진 기반 출력과 배터리로부터 제공되는 전력, 나아가 연료전지 등과 연계된 다양한 출력원으로 추진하는 선박을 말합니다. 마지막으로, 현재 공식적으로 적용이 가능한 시점이 아니라서 탄소 배출 저감의 세 가지 방법에는 포함시키지 않았으나, 선상에서 이산화탄소를 포집·활용 및 저장하고자 하는 CCUS(Carbon Capture, Utilization and Storage, 이산화탄소 포집·활용 및 저장)기술이 최근 현존선에 대한 대책으로서 많은 관심을 받고 있으며 또한 블루 수소와 같은 대체연료 생산에 필수적인 기술이기도 하기 때문에 잠재적 가능 기술로 포함하였습니다.

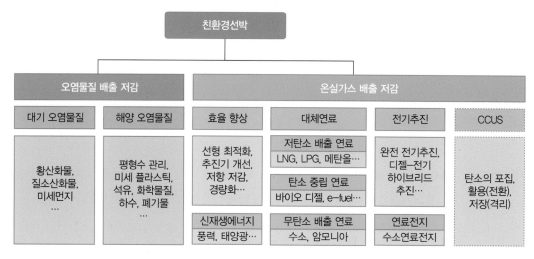

| 그림 1-2 | 친환경선박에 요구되는 핵심 기술

1.2 국제 환경 규제와 선박

국제해사기구(IMO)

선박의 경우, 부산 앞바다에 정박하기도 하지만 대서양 한가운데를 항해하기도 합니다. 따라서 어떤 규정을 따라야 하는지가 장소에 따라 변화하는 특성이 있습니다. 특정 국가의 주권이 미치는 바다를 영해(territorial sea)라 하며, 기선(기준이 되는 선)으로부터 최대 12해리까지를 영해로 인정하고 있습니다. 그 외부를 공해(high sea 혹은 international waters)라 하며, 기본적으로 다음과 같은 공해 자유의 원칙이 성립됩니다.

공해 자유의 원칙: 공해는 모든 국가에게 개방되며, 어떠한 국가의 주권도 미치지 않는다.

그런데 공해 자유의 원칙만을 적용하면 공해에서 일어나는 범죄 등을 제어할 방법이 없어집니다. 따라서 질서 유지를 위하여 모든 선박에는 선박별로 국적을 부여하고, 공해에서는 선박의 소속 국가의 법률을 적용하는 것을 원칙으로 하고 있습니다. 그런데 국가별로 적용되는 기준이 편차가 크게 나게 되면 문제가 되므로 국제적으로 최소한의 기준을 상호 협의하도록 해 왔습니다. 국제연합(UN, United Nations)은 제2차 세계대전 이후 1948년 정부 상호 간 해사 문제의 논의를 위하여 정부 간 해사자문기구 IMCO(Inter-governmental Maritime Consultative Organization) 설립을 채택하였고, 1975년 IMCO를 IMO로 개정하는 안을 채택, 1982년 발효함으로써 현재의 국제해사기구 IMO(International Maritime Organization)가 수립되었습니다.

IMO는 전 세계의 바다에서 일어나는 모든 일, 해양 안전, 보안, 환경 문제 등을 다루는 UN 산하 전문 기구(special agent)이며, 주로 공해를 지나는 선박에 적용되는 규정을 논의, 적용하고 있습니다.

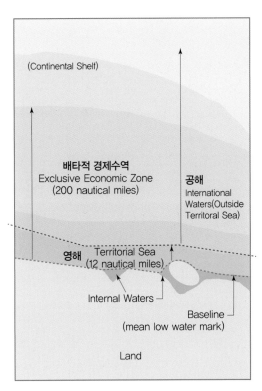

| 그림 1-3 | **영해와 공해, 배타적 경제수역의 개념**

1-1 해리(nautical mile)와 노트(knot)란?

1해리란 위도 1분(1″=1/60°)에 해당하는 길이로, 현재 미터 단위로 1,852 m, 피트로는 6076.12피트에 해당합니다. 중세시대 과학이 발전함에 따라 지구가 둥글다고 가정, 적도를 따라 1도 움직이는 거리가 일정하다는 것을 알게 되었고, 이를 60해리라고 부름에 따라 1분(1″) 이동의 거리가 1해리의 의미를 가지게 되었습니다. 단, 실제 지구는 완벽한 구체가 아니기 때문에 위도에 따라 위도 1분의 거리는 동일하지 않습니다. 지금 사용하는 해리의 정의는 19세기 중반 프랑스가 미터법으로 정의한 해리로, 1929년 국제 수로회의에서 국제 해리를 1,852 m로 규정하도록 승인되어 현재까지 사용되고 있습니다. 단위 표기는 통일되어 있지 않고 nm, nmi, M 등의 표기가 사용되고 있습니다.

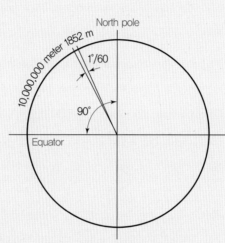

| 그림 1-4 | 해리의 의미

선박의 속도를 나타낼 때 많이 사용되는 노트(knot)라는 단위는 1시간에 1해리를 이동하는 속도를 의미합니다. 즉, 1.825 km/h의 속도를 의미합니다. 노트라는 단어는 매듭을 의미하는데, 이는 과거 선속 계측을 위한 장비가 개발되기 전에 선박의 속력을 계측하기 위해서 일정한 간격마다 매듭을 묶은 끈을 나뭇조각에 매달아서 선미에서 흘려보내면서 기준 시간당 끈의 매듭 개수를 세는 방법으로 선박의 속력을 측정한 데에서 유래되었다고 합니다. 노트는 SI단위는 아니지만 선박의 속도를 나타내는 경우, 많은 곳에서 사용되고 있습니다. 노트를 나타내는 단위의 ISO 표준 표기법은 kn이나, kt도 국제적으로 많이 사용되고 있습니다.

선박에 적용되는 국제 환경 규제(MARPOL)

국제연합(UN, United Nations)은 전문지식이 필요한 국제적인 사안을 논의하기 위하여 독립적인 전문기구를 두고 국제적 주요 논의를 다루도록 하고 있습니다. 이 중 전 세계의 해양 안전·보안·환경 문제를 다루는 전문기구가 바로 국제해사기구(IMO, International Maritime Organization)

입니다. IMO는 산하에 다시 여러 위원회를 두고 있는데, 그중 하나가 해양환경보호위원회(MEPC, Marine Environment Protection Committee)로, 선박으로 인하여 발생하는 다양한 오염에 대한 규제와 방지 대책을 논의하는 위원회입니다.

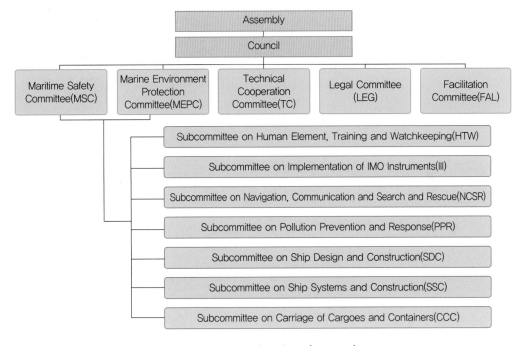

| 그림 1-5 | IMO의 조직 구조(ClassNK)

1973년 IMO는 해양오염방지협약(MARPOL, international convention for the prevention of MARine POLlution from ships)을 협의하고 1978년 이를 채택, 선박으로 인하여 발생하는 다양한 오염원을 규제하고 있습니다. MARPOL 채택 이후 규제가 필요한 항목이 추가되는 경우, 별도의 논의를 통하여 부속서(annex)를 추가해 그 구체적인 사항을 규정하고 있습니다. 현재 다음과 같이 6개의 부속서가 있으며 각각 구체적인 대상에 대한 규제 내역을 포함하고 있습니다.

- Annex I: 기름에 의한 오염 방지(prevention of pollution by oil). 1983년부터 의무화
- Annex II: 산적유해 액체물질에 의한 오염 규제(control of pollution by noxious liquid substance in bulk). 1983년부터 의무화
- Annex III: 포장된 형태로 선박에 의하여 운송되는 유해물질에 의한 오염 방지(prevention of pollution by harmful substances carried by sea in packaged form). 1992년부터 의무화
- Annex IV: 선박으로부터의 오수에 의한 오염 방지(pollution by sewage from ships). 2003년부터 의무화
- Annex V: 선박으로부터의 폐기물에 의한 오염 방지(pollution by garbage from ships). 1988년부터 의무화

- Annex VI: 선박으로 인한 대기오염 방지(prevention of air pollution from ships). 2005년 부터 의무화

| 그림 1-6 | 해양오염방지협약(MARPOL)의 구성

이 중 1997년 채택 추가된 부속서 6장(VI)이 특히 지금 이야기하는 친환경선박의 쟁점을 본격적으로 부각시키는 계기가 되었다고 볼 수 있습니다. 부속서 6장은 질소산화물(NO_x) 및 황산화물(SO_x), 오존 파괴물질의 고의 배출을 제한하는 규정들로 시작되었습니다. NO_x 및 SO_x은 산성비, 미세먼지, 호흡기 장애 등을 유발하는 대기 오염물질로, 그 배출량을 줄여야 한다는 것에 이견이 없는 물질입니다. 당시 화두가 되었던 것은 단계적이기는 하나 최종적으로는 [표 1-1] 및 [그림 1-7]에 나타낸 바와 같이 기존 배출량에 비해서 매우 작은 배출량만을 허용하는, 강력한 규제라는 부분이었습니다.

| 표 1-1 | MARPOL의 질소산화물 및 황산화물 규제 내역 요약

질소산화물 규제

		1단계(tier I)	2단계(tier II)	3단계(tier III) (ECA 내)
	적용 시기	~2010년	2011~2015년	2016년~
엔진 속도	< 130 rpm	17 g/kWh	14.4 g/kWh	3.4 g/kWh
	130~2,000 rpm	$45 \times (RPM)^{-0.2}$ g/kWh	$44 \times (RPM)^{-0.23}$ g/kWh	$9 \times (RPM)^{-0.2}$ g/kWh
	> 2,000 rpm	9.8 g/kWh	7.7 g/kWh	2 g/kWh

연료 내 황함유량 규제

	~2012년	2012~2020년	2020년~
ECA(배출규제지역) 외	4.5% 이하	3.5% 이하	0.5% 이하
ECA(배출규제지역) 내	~2010년	2010~2015년	2015년~
	1.5% 이하	1% 이하	0.1% 이하

특히, 선박의 배기가스 배출 규제 해역(ECA, Emission Control Area)에서는 기존 NO_x, SO_x 배

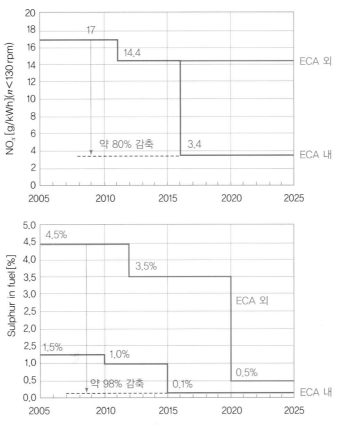

| 그림 1-7 | MARPOL의 질소산화물 및 황산화물 규제 내역 요약

출량 대비 80% 이상을 감축하도록 요구하고 있습니다. 질소산화물의 경우, 연료를 연소하여 1 kWh의 에너지를 얻을 때 발생하는 질소산화물의 총량(g)을 기준으로 하여, ECA 내에서는 기존 대비 80% 이상의 감축을 요구하고 있습니다. 황산화물은 연료에 포함된 황 성분 함량을 질량 기준으로,

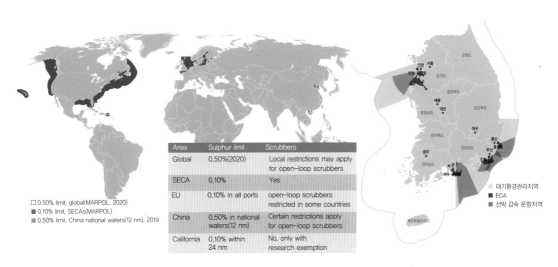

| 그림 1-8 | 2020 세계 및 한국의 ECA(DNVGL, 2020)

기존 4.5%에서 0.5%까지, ECA 내에서는 0.1%까지 낮춰야 합니다. 이러한 ECA는 유럽 연안을 중심으로 규정되기 시작하여 미국·북미·아시아로 점차 그 영역이 확대되고 있습니다. 최근에는 한국도 인천·평택·부산·울산·여수·광양 항만을 중심으로 ECA를 지정하는 등 규제 해역은 전 세계적으로 점점 더 확대되고 있습니다. 또한, 규제 조치를 위반하는 선박에 대해서는 벌금부터 시작하여 제대로 된 조치가 이루어지지 않으면 입출항을 금지하는 등의 강력한 규제들이 적용되고 있습니다.

선박 연료, 중유(HFO)의 이해

왜 이러한 논의가 선박업계에 치명적인 고민이 되었는지를 이해하려면 우선 선박 연료에 대한 이해가 필요합니다. 전 세계의 에너지 소비량을 보면 선박이 차지하는 비중은 전체 사용량의 약 4.5% 정도로, 생각보다 크지 않습니다. 그러나 선박에서 배출되는 NO_x, SO_x, 미세먼지의 비중은 에너지 사용 비중에 비하면 큰 편입니다.

[그림 1-10]은 2016년 기준 한국에서 발생하는 NO_x, SO_x, 미세먼지 중 선박에서 배출되는 비율을 전국 및 부산시 기준으로 나타낸 것입니다. 전국적으로 선박에서 배출되는 질소산화물 및 황산화물의 비중이 10% 이상이며, 부산과 같은 항만도시의 경우 선박의 배출 비율이 특히 높은 것을 알 수 있습니다. PM은 미세먼지(Particulate Matter)의 약어로 PM10은 직경 $10\,\mu m$ 이하의 먼지, PM2.5는 직경 $2.5\,\mu m$ 이하의 먼지(초미세먼지라고도 함)를 의미합니다.

선박에서 배출되는 질소산화물 및 황산화물이 에너지 소비량에 비례하지 않고 그 이상으로 많은 이유는 선박에서 사용하고 있는 연료 때문입니다. 정유사에서는 상온에서도 기체인 천연가스 및 석유가스 등을 분리한 뒤 원유를 끓여서 가벼운 물질을 차례대로 증류, 석유제품을 만듭니다. 이 과정에서 휘발유(gasoline), 나프타(naphtha), 등유(kerosene), 경유(diesel) 등이 얻어지며, 이렇게

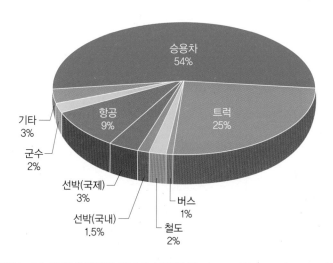

| 그림 1-9 | **전 세계 부문별 에너지 소비량(EIA, Annual Energy Outlook 2022)**

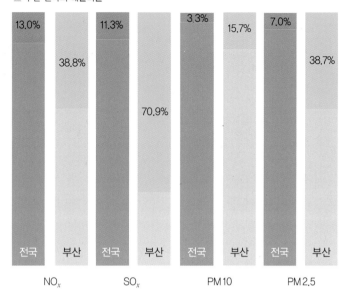

■ 전국 선박의 배출비율
■ 부산 선박의 배출비율

| NO_x | SO_x | PM10 | PM2.5 |
| 전국 13.0% / 부산 38.8% | 전국 11.3% / 부산 70.9% | 전국 3.3% / 부산 15.7% | 전국 7.0% / 부산 38.7% |

| 그림 1-10 | **한국 및 부산지역 선박의 $NO_x \cdot SO_x \cdot$ PM의 배출 비율**
(2016년 기준, 국립환경과학원/삼정KPMG경제연구원)

끓여서 기체로 얻은 뒤 다시 냉각하여 만들어지는 석유제품들을 증류유(distillate oil)라고 부릅니다. 이렇게 얻어진 경유 성분을 국제 선박용 연료유 기준에 맞춰서 재혼합하여 판매되는 것이 선박용 경유인 MGO(Marine Gas Oil)입니다. 다만, 최근까지 대부분의 중대형 선박은 MGO가 아닌 중유(HFO, Heavy Fuel Oil)를 연료로 사용하고 있습니다. 증류유를 생산하고 남은 원유를 잔사유라고 하는데, 이를 압력을 낮춰서 다시 끓이면 증류를 통하여 중질유를 얻어 낼 수 있으며, 남아 있는 성분 중에 고체에 가까운 역청(bitumen), 아스팔트(asphalt) 등을 분리한 나머지 연료유를 중유(HFO)라고 하며, 한국식 분류 기준에 따르면 벙커C유(bunker C oil)라고 부르고 있습니다.

중유(HFO)는 앞서 증류유를 분리하고 남은 나머지에 가까워서 상대적으로 그 가격이 저렴한 반면 고분자 탄화수소 물질을 대량으로 포함하고 있으므로 밀도가 높고, 따라서 단위 부피당 발열량이 큰 특징이 있습니다(2.5절, 반응 엔탈피 참조). 때문에 대량의 에너지를 저렴하게 이용하고자 하는 대형 선박 운항에 많이 사용되어 왔습니다. 문제는 잔사유인 중유의 특성상 불순물이 많이 포함돼 있을 수밖에 없다는 점입니다. 즉, 중유는 연료 내에 잔류하는 황 및 질소 성분이 많으므로 이를 연료로 사용하는 경우에 황산화물 및 질소산화물이 많이 발생할 수밖에 없는 특징 또한 가지고 있습니다. 이렇게 황 성분이 많은 중유를 고유황유(HSFO, High Sulfur Fuel Oil)라고도 부릅니다. 추후 다시 언급하겠지만 추가적인 처리를 거쳐서 중유에서 황 성분을 제거한 연료를 그 성분 함량에 따라 저유황유(LSFO, Low Sulfur Fuel Oil 또는 VLSFO, Very Low Sulfur Fuel Oil), 초저유황유(ULSFO, Ultra Low Sulfur Fuel Oil) 등으로 부릅니다.

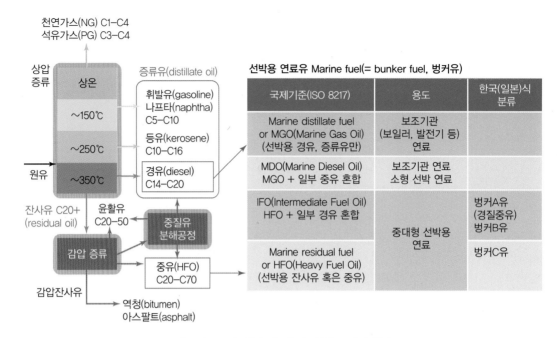

선박용 연료유 Marine fuel(= bunker fuel, 벙커유)		
국제기준(ISO 8217)	용도	한국(일본)식 분류
Marine distillate fuel or MGO(Marine Gas Oil) (선박용 경유, 증류유만)	보조기관 (보일러, 발전기 등) 연료	
MDO(Marine Diesel Oil) MGO + 일부 중유 혼합	보조기관 연료 소형 선박 연료	
IFO(Intermediate Fuel Oil) HFO + 일부 경유 혼합	중대형 선박용 연료	벙커A유 (경질중유) 벙커B유
Marine residual fuel or HFO(Heavy Fuel Oil) (선박용 잔사유 혹은 중유)		벙커C유

| 그림 1-11 | 선박 연료유인 중유(HFO)의 생산

ex 1-1 연료의 발열량

다음은 어떤 MGO 및 HFO 샘플의 질량당 고위발열량(HHV, Higher Heating Value) 및 밀도 측정 결과이다. 각 연료의 단위 부피(L)당 발열량을 구하라.

구분	밀도	고위발열량(HHV)
MGO	0.85 g/cm^3	44 MJ/kg
HFO	1 g/cm^3	42 MJ/kg

해설

$$\text{MGO}: 0.85\frac{\text{g}}{\text{cm}^3} \cdot 44\frac{\text{MJ}}{\text{kg}} \cdot \frac{1\text{kg}}{1000\text{g}} \cdot \frac{1\text{cm}^3}{10^{-6}\text{m}^3} \cdot \frac{1\text{m}^3}{1000\text{L}} = 37.4\,\text{MJ/L}$$

$$\text{HFO}: 1\frac{\text{g}}{\text{cm}^3} \cdot 42\frac{\text{MJ}}{\text{kg}} \cdot \frac{1\text{kg}}{1000\text{g}} \cdot \frac{1\text{cm}^3}{10^{-6}\text{m}^3} \cdot \frac{1\text{m}^3}{1000\text{L}} = 42\,\text{MJ/L}$$

※ 고위발열량에 대한 상세한 의미는 2.5절 고위발열량(HHV)과 저위발열량(LHV)을 참조.

1.3 온실가스의 배출 규제와 선박

기후 변화와 지구온난화

온실가스에 대한 논의는 앞서 이야기했던 대기오염 문제와는 별도로 기후 변화와 지구온난화에 대한 논의에서부터 시작되었습니다. 온실효과(greenhouse effect)는 19세기 초부터 논의 정립된 개념으로, 대기 중 수증기와 같이 지구에서 방출되는 열의 일부를 흡수하였다가 다시 지구로 되돌려 주는 성질을 가진 온실가스로 인하여 지구의 온도가 유지되는 효과를 말합니다. 기본적으로 온실효과는 지구가 인간이 거주할 수 있는 기후조건을 가질 수 있게 해 주는 고마운 효과입니다. 그러나 산업혁명 이후 이산화탄소의 배출이 급격히 증가하고, 자연계에 존재하지 않은 인위적 화학 물질들을 산업적 목적으로 만들어 사용하면서 온실효과가 강화되고 있는 점이 문제가 되고 있습니다.

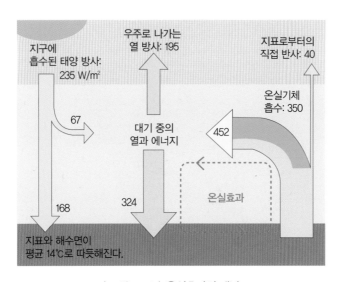

| 그림 1-12 | **온실효과의 개념**
(public domain online image, https://commons.wikimedia.org/wiki/File:Greenhouse_Effect_ko.png)

1896년 스웨덴의 과학자 스반테 아레니우스(Svante Arrhenius, 1859~1927)는 인간의 이산화탄소 배출이 온실효과를 가속화하여 지구온난화를 유발할 수 있다는 의견을 발표하였습니다(여담으로 이분은 1903년 노벨화학상 수상자입니다). 그러나 당시에는 인간이 지구 대기에 영향을 끼치기에는 인류가 배출하는 이산화탄소가 너무 적다는 반론도 매우 많았기 때문에 다수론이라고 보기에는 어려웠습니다. 이후, 미국의 연구자 데이비드 킬링(David Keeling, 1928~2005)이 1958년

| 그림 1-13 | 스웨덴 과학자
스반테 아레니우스

부터 하와이 마우나 로아 관측대에서 대기 중의 이산화탄소 농도를 측정하고, 매년 대기 중 이산화탄소 평균 농도가 가파르게 증가하고 있다는 관측 결과(킬링 커브로 불림)를 연구 발표하면서 본격적으로 이산화탄소의 인위적 배출의 영향력에 대한 논의가 시작됩니다.

초기에는 이산화탄소 농도 증가 및 지구온난화가 인간의 행위로 인한 것이 아니라 지구의 자연적 기후 변화 주기의 일부라는 반론도 다수 존재하였습니다. 그러나 이후 과거 지구의 대기상태를 추정하는 연구가 많이 수행되면서 18세기 이후 이산화탄소의 농도가 과거 기록에 비하여 월등히 빠르게 증가하고 높은 농도를 기록하고 있음이 확인되었습니다. 결과적으로 현재는 다수의 과학자들이 인위적 기후 변화를 인정하는 과학적 동의(scientific consensus)에 도달한 상태라고 볼 수 있겠습니다.

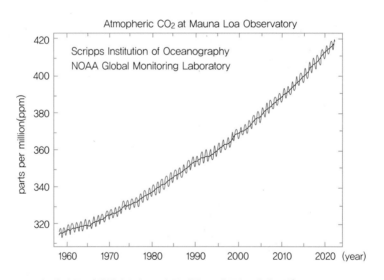

| 그림 1-14 | 대기 중 이산화탄소 농도의 증가를 보여 주는 킬링곡선(Keeling curve, NOAA)

온실가스와 지구온난화 잠재력지수(GWP)

이산화탄소 배출량을 나타낼 때 'CO_2 배출량', 't_{CO_2}'라는 표현 외에도 '$t_{CO_2}e$'나 '$t_{CO_2}eq$'와 같은 표현들이 사용됩니다. 이는 이산화탄소 등가(CO_2 equivalent) 배출량을 의미하는데, 이러한 표현이 사용되는 이유는 온실효과를 유발하는 물질로 가장 대표적인 것이 이산화탄소이지만 그 외의 다른 물질들도 존재하며, 그 영향력이 경우에 따라 매우 크기 때문입니다. 대표적인 온실가스로는 이산화탄

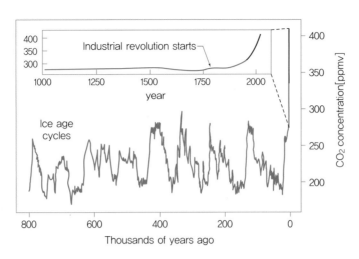

| 그림 1-15 | 빙상코어 분석 등을 통한 과거 지구 대기 중 이산화탄소 농도의 추정치 및 최근 변화
(CC BY SA 4.0 online image, https://en.wikipedia.org/wiki/File:Common_Era_Temperature.svg)

소(CO_2, carbon dioxide) 외에도 수증기(H_2O), 메테인(CH_4, methane), 아산화질소(N_2O, nitrous oxide), 수소불화탄소(HFCs, hydrofluorocarbons), 과불화탄소(PFCs, perfluorocarbons), 6불화황(SF_6, sulfur hexafluoride), 오존(O_3) 등이 있습니다. 이 중 CO_2, CH_4, N_2O, HFC, PFC, SF_6 등 여섯 종류의 물질은 교토의정서에서 인간의 활동으로 인하여 대기 중 농도가 크게 증가, 온실효과에 큰 영향을 끼치는 온실가스로 다루어야 할 물질로 규정된 바 있습니다.

　수증기의 경우, 적외선을 잘 흡수하고 대기 중에 많은 양이 존재하여 온실효과에 가장 큰 영향을 미치는 것으로 알려져 있습니다. 그러나 인간 활동이 대기 중 수증기량에 직접적으로 미치는 영향은 매우 작으며, 수증기가 대기 중에 장시간 안정적으로 존재하는 것이 아니라 기온에 따라 증감하기 때문에 보통 온실가스 규제 대상으로 보지는 않습니다.

　그 외 다른 물질의 경우, 지구온난화에 미치는 영향을 상대적으로 평가하게 됩니다. 이를 평가하기 위해서 사용되는 지수가 지구온난화 잠재력지수, GWP(Global Warming Potential)입니다.

$$GWP(x) = \frac{a_x \int_o^t [x(t)]dt}{a_r \int_o^t [r(t)]dt}$$

a_x는 어떤 물질 x 1 kg의 복사강제력(radiative forcing)으로, 단위 면적당 지구 대기 시스템에 얼마만큼의 에너지를 기여하는지[$W/(m^2 \cdot kg)$]를 의미합니다. [$x(t)$]는 해당 물질이 대기 중 시간(t)에 따라 얼마나 빠르게 분해되는지를 나타내는 함수입니다. 분모의 r은 기준기체(reference gas)를 의미하며, 이산화탄소가 이 기준기체로 사용되고 있습니다. 즉, GWP는 이산화탄소를 기준으로 할 때 동일 질량을 가지는 어떤 물질이 특정 시간(t) 동안 지구온난화에 영향을 주는 상대적인 정도를 나타낸 지수입니다. 평가하는 기간에 따라서 20년(GWP20), 50년(GWP50), 100년(GWP100),

500년(GWP 500) 등에 걸친 영향력을 평가합니다. 단, 같은 물질이라고 하더라도 평가를 수행한 국가나 기관에 따라 그리고 평가 시점에 따라서 계수가 조정되거나, 새로운 의견이 반영되면서 다른 결과값을 보고하고 있는 경우가 종종 있습니다. 예를 들어 메테인의 경우, IPCC 4차 보고서(2007)에는 100년 동안의 GWP를 25로 평가하였으나, 5차 보고서(2013)에서는 28로, 6차 보고서(2021)에서는 29.8(화석연료에서 배출된 경우가 아닌 경우는 27.2)로 수정하고 있습니다. GWP만을 보면 이산화탄소보다 온실효과가 수천 배, 수만 배 큰 물질들이 존재하므로 이산화탄소가 지구온난화에 끼치는 영향이 다른 물질에 비해서 작은 것처럼 보이지만, 실제 온실효과에 끼치는 전제 영향력은 단위질량만이 아닌 총량에 비례하기 때문에 대기 중의 농도가 높은 이산화탄소의 영향력이 가장 크게 나타납니다. IMO에 따르면 GWP 기준으로 선박의 배기가스가 지구온난화에 미치는 영향을 물질별로 나누어 보면 이산화탄소의 영향력이 90~98% 정도로 크게 나타나는 것으로 보고되고 있습니다.

| 표 1-2 | 대표적 온실가스의 지구온난화 잠재력지수(GWP)

물질	분자식	대기 중 수명(년)	GWP 20	GWP 100	GWP 500
이산화탄소	CO_2	–	1	1	1
메테인(화석연료 기반)	CH_4	11.8	82.5	29.8	10
메테인(비화석연료 기반)			80.8	27.2	7.3
아산화질소	N_2O	109	273	273	130
HFC-134a	$C_2H_2F_4$	14	4,144	1,526	436
CFC-11	CCl_3F	52	8,321	6,226	2,093
PFC-14	CF_4	50,000	5,301	7,380	10,587

※ 이산화탄소는 GWP를 측정하는 기준 가스이며 어떠한 과정을 겪는지에 따라 수명의 편차가 커서 독자적인 대기 중 수명을 규정하지 않음.
※ IPCC 6차 보고서(2021) 기준 Forster, P., T. Storelvmo, K. Armour, W. Collins, J. L. Dufresne, D. Frame, D. J. Lunt, T. Mauritsen, M. D. Palmer, M. Watanabe, M. Wild, H. Zhang, 2021, The Earth's Energy Budget, Climate Feedbacks and Climate Sensitivity. In: Climate Change 2021: The Physical Science Basis. Contribution of Working Group I to the Sixth Assessment Report of the Intergovernmental Panel on Climate Change [Masson-Delmotte, V., P. Zhai, A. Pirani, S. L. Connors, C. Péan, S. Berger, N. Caud, Y. Chen, L. Goldfarb, M. I. Gomis, M. Huang, K. Leitzell, E. Lonnoy, J.B.R. Matthews, T. K. Maycock, T. Waterfield, O. Yelekçi, R. Yu and B. Zhou. Cambridge University Press. In Press

선박의 이산화탄소 배출 규제

선박의 이산화탄소 배출은 전 세계적 이산화탄소 배출의 약 3% 정도를 차지하고 있으며, 배출량이 빠른 속도로 증가하고 있습니다. 1992년 유엔기후변화협약(UNFCCC, United Nations Framework Convention on Climate Change)이 채택되고, 1997년 교토의정서의 체결과 함께 본격적으로 국제적 온실가스 감축 규제가 시행되었습니다. 선박의 경우, 한 국가 내에서만 운항을 하는 국내해운(domestic shipping)과 다른 국가 간을 운항하는 국제해운(international shipping)으로 구분할 수 있습니다. 국내해운은 국가 단위의 온실가스 감축 규제를 받으나, 국제해운은 국가 간 운항을 하는 특성으로 온실가스 배출량을 귀속시킬 국가를 특정하기 어려우므로 교토의정서 제2조 제2항에 따라 IMO에 국제해운 온실가스 감축 규제 방안을 마련할 것을 위임했습니다. 이에 따라 IMO MEPC에서 국제해운 탄소 배출 규제의 필요성이 본격적으로 제기되기 시작했습니다. 2000년 IMO는 1차 온실가스 분석 보고서(IMO GHG study)를 작성하고, 이후 선박의 이산화탄소 배출 감소를 위한 방법에 대한 구체적인 논의가 이루어지기 시작합니다.

| 표 1-3 | 연간 전 세계 CO_2 배출량 및 선박 CO_2 배출량

연도	전 세계 CO_2 배출량(백만 톤)	선박 CO_2 배출량(백만 톤)	비율
2012	34,793	962	2.76%
2013	34,959	957	2.74%
2014	35,225	964	2.74%
2015	35,239	991	2.81%
2016	35,380	1,026	2.90%
2017	35,810	1,064	2.97%
2018	36,573	1,056	2.89%

2009년 2차 IMO GHG study 보고서가 발간되고, 2011년 62차 MEPC에서 MARPOL 부속서 6장을 개정하면서 본격적으로 선박에 적용될 이산화탄소 감축 계획이 수립됩니다. 주요 개정 내용으로는 선박의 이산화탄소 배출을 규제하기 위한 지수로 EEDI(Energy Efficiency Design Index, 에너지 효율 설계지수), EEOI(Energy Efficiency Operational Indicator, 에너지 효율 운항지표), SEEMP(Ship Energy Efficiency Management Plan, 선박 에너지 효율 관리 계획) 등을 도입하고 신조 선박의 경우에 EEDI를 연도별로 10~30% 이상 감축하고자 하는 목표가 설정됩니다.

EEDI는 개념적으로 다음과 같이 정의됩니다.

$$EEDI = \frac{CO_2 \text{ 배출량[g]}}{\text{수송량[t]} \times \text{수송거리[nm]}}$$

즉, EEDI가 $1 g_{CO_2}/(ton \cdot nm)$인 선박은 1톤의 화물을 1해리(nautical mile) 수송할 때 1 g의 이산화탄소가 배출된다는 의미입니다. 이는 규모가 다른 대상의 이산화탄소 배출량을 동등하게 평가하기 위해서 사용된 탄소집약도(carbon intensity)를 선박에 적용한 개념입니다. 육상에서 말하는 탄소집약도는 '단위 에너지당 발생한 이산화탄소의 양'을 의미하는 경우가 많습니다. 예를 들어, 어떤 발전소에서 1 kWh의 에너지를 생산하기 위해서 1 g의 이산화탄소와 등가의 온실가스가 발생했다면 1 g_{CO_2eq}/kWh가 됩니다. 선박의 경우, 에너지 대신 '선박 수송일(transport work)'을 이용하여 '단위 선박 수송일당 발생한 이산화탄소의 양(CO_2 emissions per transport work)'을 평가하게 됩니다. 다양한 선박, 다양한 환경에 따라 수송일(transport work)을 정의하는 방법이 다를 수 있는데, IMO에서는 화물의 중량과 이동거리를 곱한 톤마일(tonne-mile) 척도를 이용하여 수송일(transport work)을 나타내고 있습니다. 이는 철도와 항공기 등의 수송량을 나타내기 위해서 많이 사용되는 지표로, 선박의 경우에도 동일한 개념이나 사용되는 거리의 단위인 마일이 육상의 마일(1 mile = 1.6 km)이 아닌 해리(1 nautical mile = 1.852 km)를 의미합니다.

2014년 3차 IMO GHG study 보고서가 발간되고, 2015년 교토의정서의 뒤를 잇는 파리협정(Paris agreements)이 채택됩니다. 파리협정은 지구의 평균온도의 상승을 산업화 이전에 비교하여 2°C 이하로 유지하고, 가능하다면 1.5°C 이하로까지 억제하는 것을 목표로 하고 있습니다. 196개국의 참여로 시작되어 중간에 미국이 탈퇴했다가 다시 가입하는 등의 해프닝도 있었지만, 2022년 현재 UNFCCC의 197개 회원국 모두가 참여에 동의한 상태입니다. 2018년 IMO는 GHG 감축 초기 전략(initial IMO GHG strategy)을 채택하여 선박 운항 시 발생하는 탄소집약도를 2008년 대비 2030년까지 40% 감축하고, 2050년까지 70% 감축하도록 하는 더욱 강화된 목표를 설정하였습니다. 2020년 4차 IMO GHG study 보고서가 발간되고, 2021년 76차 MEPC 회의에서는 신조선뿐 아니라 현존선에도 EEXI(Energy Efficiency eXistingship Index, 현존선 에너지 효율지수)를 적용하고, 운항 중인 선박에 대한 조치로 CII(Carbon Intensity Indicator, 탄소집약도 지표)를 도입하는 개정안을 결의하였습니다. EEXI와 CII는 2023년부터 적용이 예정되어 있습니다. 즉, 향후 기준 크기 이상의 신조선과 기존선 모두 이산화탄소 배출의 규제를 받는 시대가 열리게 되며, 규제가 더 강화될 것으로 예측하는 의견도 다수 있습니다.

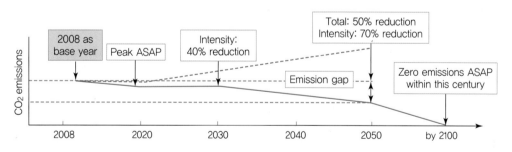

| 그림 1-16 | IMO의 탄소 배출 저감 계획(DNVGL, https://www.dnv.com/expert-story/maritime-impact/How-newbuilds-can-comply-with-IMOs-2030-CO2-reduction-targets.html)

전과정평가(LCA)

전과정평가 혹은 전주기평가라 불리는 LCA(Life Cycle Assessment)란 어떠한 제품을 만들고 사용하는 전 과정에서 소모되고 배출되는 물질의 양을 정량화하여 환경에 미치는 영향력을 종합적으로 평가하는 기법입니다. 현재 선박의 온실가스 배출 저감을 위해서 고려되고 있는 기술은 매우 다양합니다. 그런데 이러한 기술들은 탄소 배출이 발생하는 시점 및 이를 저감하는 시점이 동일하지 않습니다. 따라서 어떠한 기술을 적용하였을 때 탄소 배출의 저감 효과가 얼마나 있는지 평가하기 위해서는 그 생산부터 소모까지 전체 과정을 평가할 필요가 있습니다. 현재 EEDI와 같은 이산화탄소 배출 규제는 TtW(Tank-to-Wake 혹은 Tank-to-Propeller), 즉 선박의 연료탱크에 저장되어 있는 연료를 추진 또는 발전에 사용하는 과정에서 발생하는 이산화탄소에만 초점이 맞추어져 있습니다. 그러나 대체연료의 경우, 이러한 접근 방법으로는 온실가스 배출 및 저감을 제대로 판단할 수 없는 문제가 발생하고 있습니다. 4장에서 상세하게 다루겠지만, 수소나 전기 추진과 같은 경우에 선박에서 사용하는 TtW 과정에서는 온실가스 발생이 없으나, 수소나 전기를 생산하고 수송·저장하는 WtT(Well-to-Tank) 과정에서는 어떤 방법으로 생산·수송·저장했는지에 따라 온실가스 배출량이 크게 증가하게 됩니다. 따라서 탄소 배출 저감을 위한 대체연료의 경우, 생산에서 소모까지 WtW(Well-to-Wake) 전 과정에서 온실가스 발생량을 평가해야 할 필요성이 커지고 있습니다. 현재 이러한 LCA를 통해서 연료의 이산화탄소 등가 배출량(CO_2 equivalent emission)을 연산하는 방법의 도입이 정리되고 있으므로 향후에는 연료의 전 과정(WtW)에서 발생하는 온실가스의 이산화탄소 등가 배출량을 평가하는 지수들이 도입될 것으로 예상됩니다.

1.4 선박 관련 용어 정의

용도에 따른 선박의 분류

세상에는 다양한 선박이 있고 선박을 분류하는 방식 또한 다양하나, 이 책은 EEDI와 같은 지수의 적용을 수월하게 이해하기 위하여 IMO MARPOL 부속서 6에서 사용하고 있는 용도에 따른 분류를 사용하고 있습니다. 번역 과정에서 몇 가지 모호한 부분은 다음과 같이 정리하였습니다.

① 운송선과 운반선은 둘 다 사용되는 표현으로, 한국어 용례상 운송은 승객을 태우거나 화물을 나르는 경우 모두 사용되나, 운반은 주로 화물을 나를 때 사용됩니다. 이를 엄격하게 구분하여 사용하고 있지는 않으나, 이 책에서 다루는 선박은 대부분 화물선이기 때문에 가급적 운반선으로 통일하여 사용하고 있습니다.

② 원유·석유제품 및 화학약품이나 액체 화물을 수송하는 선박을 묶어서 탱커(tanker)라고 하며, 통상 그 하위에 원유 탱커(crude oil tanker/crude tanker), 석유제품 탱커(oil product tanker/product tanker), 화학제품 탱커(chemical product tanker/chemical tanker)로 분류합니다. 그런데 한국에서는 통상 원유 운반선은 유조선으로 칭하고, 나머지 선박은 석유제품 운반선

과 화학제품 운반선이라고 부르고 있습니다. 이때 상위 분류인 탱커를 '운반선'이라고 칭하면 지나치게 광의의 의미를 가지게 되고, '유조선'이라고 칭하면 사람에 따라 하위 분류인 원유 운반선을 칭하는 것으로 잘못 이해할 수 있기 때문에 이 책에서는 탱커를 '액체 운반선'으로 칭하고 하위 분류로 원유 운반선, 석유제품 운반선, 화학제품 운반선으로 부르고 있습니다.

③ 과거에는 가스 운반선(gas carrier)을 탱커의 하위로 보고, 명칭도 가스 탱커(gas tanker)와 같

| 표 1-4 | 용도에 따른 선박의 분류

명칭	주 용도	예시
여객선(passenger ship)	• 승객을 운송하는 선박	페리선(ferry), 크루즈선(cruise ship) 등
화물선(cargo ship)	• 화물을 운반하는 선박 • 상세 분류는 다음 표를 참조	액체 운반선(tanker), 산적 화물선(bulk carrier), 가스 운반선(gas carrier) 등
특수선(special purpose ship)	• 시추선과 같이 특별한 목적을 위한 기능을 가진 선박 • 분류에 따라 군함을 포함하기도 함.	터그선(tugboat), 시추선(drillship), 쇄빙선(icebreaker) 등
어선(fishing vessel)	• 해산물을 포획·가공·조사하는 선박들	저인망 어선(trawler) 등
함정(naval ship)	• 해군의 군함	구축함(destroyer) 등

| 표 1-5 | IMO MARPOL 부속서 6에 따른 화물선(cargo ship)의 분류

영문명	한국어명	내용
Tanker	액체 운반선 (혹은 탱커)	• 원유·석유·화학제품 등 액체 화물을 운반하는 선박 • Crude (Oil) tanker: 유조선, 원유 운반선, 원유 유조선 • (Oil) Product tanker: 석유제품 운반선, 석유제품 유조선 • Chemical (Product) tanker: 화학제품 운반선, 화학제품 유조선
Bulk carrier	산적 화물선	• 곡물·광석 등 포장되지 않은 산적 화물을 운반하는 선박
Combination carrier	복합 화물선 혹은 겸용선	• 원유와 광물 등 복합 수송이 가능하도록 설계된 선박
Gas carrier	가스 운반선	• LNG를 제외한 압축가스 및 액화가스를 운반하는 선박 [LPG 운반선(LPG carrier) 등]
LNG carrier	LNG 운반선	• LNG를 운반하는 선박
Container ship	컨테이너선	• 규격화된 컨테이너를 적재해서 운반하는 화물선
General cargo ship	일반 화물선	• 여러 종류의 다양한 화물(잡화)을 운반하는 선박 • 컨테이너선 출현 이전의 주 화물선이었으며 현재는 근거리 소규모 운항에 이용됨.
Refrigerated cargo ship	냉동 화물선	• 냉장 혹은 냉동 상태로 화물을 운반하는 선박
RO-RO(Roll-On Roll-Off) ship	로로선	• 바퀴로 굴려서 싣고 내릴 수 있는 화물을 운반하는 선박 • Vehicle carrier: 차량(자동차) 운반선 • Ro-Ro cargo ship: 로로 화물선 • Ro-Ro passenger ship: 로로 여객선

이 호칭하는 경우가 많았습니다. 당연히 LNG 운반선도 가스 운반선의 하위 범주에 포함시키는 추세였습니다. 그러나 시간이 지남에 따라 통상 상압·상온에서 운반되는 액체 화물과 달리 고압 압축가스 수송이나 극저온 액화가스 수송에 요구되는 기술은 매우 복잡하고 차별화되고 있습니다. 때문에 현재 IMO MARPOL은 가스 운반선을 탱커와 별도로 분류하고 있으며, 심지어 LNG 운반선을 가스 운반선 하위에 두지 않고 별도로 분리하여 규정을 적용하고 있으므로 이 책에서도 LNG가 아닌 가스를 운반하는 선박은 가스 운반선(gas carrier)으로, LNG를 운반하는 선박은 LNG 운반선(LNG carrier)으로 구별하여 칭합니다. 그러나 일반적으로는 가스 운반선이라고 하면 LNG 운반선을 포함하는 경우가 많으며, 여전히 가스 탱커(gas tanker)와 같은 분류도 사용되고 있으므로 주의를 부탁합니다.

④ 크루즈선(cruise ship)을 유람선으로 번역하는 경우도 있으나, 한국에서 말하는 유람선은 일반적으로 숙박시설이 없는 소형 유람선으로 생각하는 경우가 많아서 혼동의 여지가 있다고 판단하여 크루즈선으로 칭합니다.

FAQ

1-2 로로선이 무엇인가요?

로로(RO-RO)라는 용어는 Roll-On Roll-Off의 약자로, 화물이 제 발로 굴러서 타고(Roll-On) 굴러서 내릴 수 있는(Roll-Off) 선박을 의미합니다. 즉, 화물이 실린 차나 트럭을 그대로 바로 실어서 나를 수 있는 선박을 의미합니다. 차를 가지고 여행할 때 많이 타는 카페리(car ferry)가 로로선의 일종으로, 차량과 승객을 모두 운송할 수 있는 선박을 카페리라고 합니다.

| 그림 1-17 | 로로선 예시
(Vince Smith, CC BY-SA 2.0 online image, https://en.wikipedia.org/wiki/Gozo_Channel_Line)

선박의 크기·용적과 중량

선박의 크기를 나타내는 용어는 매우 다양하며, 각각 의미하는 바가 다르기 때문에 주의가 필요합니다. 가장 혼란스러운 부분은 선박의 크기를 이야기할 때 사용되는 용어인 '톤수(tonnage)'가 일상생활에서 말하는 1톤=1,000kg의 개념과는 차이가 있다는 점입니다. 여기에는 다음과 같은 역사적 설이 있습니다. 중세 유럽에서는 선박의 크기를 이야기할 때 포도주통의 개수당 세금을 붙이는 관행이 있었고, 이때 술통 하나를 세는 단위가 'tun'이었습니다. 이것이 오늘날의 '톤수(tonnage)'의 근원이 되었다는 설입니다. 즉, 선박의 크기를 이야기할 때 말하는 톤수는 부피를 나타내는 용적톤수와 무게를 나타내는 중량톤수를 구별할 필요가 있습니다.

1) 총톤수(GT, Gross Tonnage)

총톤수(GT)는 배의 용적을 무게로 환산하여 얻어지는 용적톤수로, 선박의 밀폐된 내부의 총 용적을 의미합니다. 상갑판 이하의 모든 공간과 상갑판 위의 모든 밀폐된 공간을 포함하며, 추진·항해·안전·위생에 관계되는 공간(화장실 등)을 제외한 용적[$V_c(\text{m}^3)$]에 다음 식을 적용하여 얻어집니다[IMO 국제선박톤수측정협정(International Convention on TONNAGE Measurement of ships)].

$$GT = (0.2 + 0.02 \log V_c) \cdot V_c$$

2) 순톤수(NT, Net Tonnage)

용적톤수이며, 순수하게 여객 및 화물 수송 등 영업에만 사용되는 용적을 의미합니다. 총톤수에서 기관실·선원실 등 운항 관련 공간 용적을 제외하고 남은 공간입니다.

3) 표준 화물선 보정 총톤수(CGT, Compensated Gross Tonnage)

이는 실제 선박의 용적이 아니라 선박 건조 시 필요한 작업량을 추정하기 위해서 고안된 값입니다. 같은 크기의 배를 건조한다고 할지라도 배의 종류에 따라서 필요한 작업량은 동일하지 않습니다. 예를 들어, 같은 크기의 화물선보다 크루즈선을 만드는 데 필요한 작업량이 더 큽니다. 때문에 일반 화물선을 기준으로 두고 선박의 종류별로 이에 상대적으로 필요한 작업량 및 가치 등을 반영한 CGT계수라는 일종의 매개변수를 두고, 선박의 GT에 이를 곱해서 건조량을 나타내는 크기 CGT를 얻게 됩니다.

4) 배수량(displacement, Δ)

배가 밀어낸 물의 중량을 의미합니다. 아르키메데스의 원리에 따라 배가 밀어낸 물의 부피를 의미하는 배수체적(volumetric displacement, ∇)에 물의 밀도를 곱해서 얻을 수 있습니다.

5) 만재배수량(full load displacement)

설계상 선원·연료·화물을 모두 최대한 적재하여 배가 만재흘수까지 잠겼을 때의 배수량을 말합니다.

6) 경하중량(LWT, LightWeight Tonnage) 혹은 경하중량톤수

선박이 완성된 상태 자체의 중량으로, 선원·연료·화물 등을 제외한 배 자체의 무게를 말합니다.

7) 재화중량(DWT, DeadWeight Tonnage) 혹은 재화중량톤수

재화중량은 중량톤수로, 선박이 적재할 수 있는 화물의 최대 무게를 의미하며, 만재배수량에서 경하중량을 빼서 얻을 수 있습니다.

1-3 단위인 톤이 출처에 따라 톤(ton), 톤(tonne) 등이 사용되는데 다른 건가요?

엄밀하게 말하면 다릅니다. 오랜 역사를 가지고 사용된 단위는 여러 가지 다른 의미를 가지는 경우가 많습니다. 예를 들어, 한국에서 고기 1근은 600 g이지만, 과일 1근은 375 g이었습니다. 현대 중국에서는 1근을 500 g으로 정의합니다. 톤(ton) 역시 중세시절 술통을 세던 역사에서부터 사용되어 온 매우 오래된 단위이며, 그 결과 현재 국가별로 다른 의미를 가지고 있습니다. 영국의 경우 1톤은 2,240 lb(파운드)로, 킬로그램으로 환산하면 약 1,016 kg입니다. 이를 영국 톤, 임페리얼 톤(imperial ton) 또는 롱톤(long ton)이라고 부릅니다. 미국의 경우, 이를 단순화하여 2,000 lb를 1톤으로 나타내며, 이는 약 907.2 kg입니다. 이는 미국 톤 또는 숏톤(short ton)이라고 부릅니다. 미터법에서도 이에 준하는 무게 단위를 사용하기 위하여 1,000 kg을 1톤으로 정의하였으며, 이를 미터톤(metric ton) 혹은 프랑스 톤이라고 부릅니다. 미터톤을 다른 톤들과 구별하기 위해서 tonne(프랑스어로 톤)이라는 명칭을 사용합니다. 미국·영국 및 영연방 국가들은 톤(ton)이라고만 표기하는 경우 미터톤이 아닌 자국의 톤을 사용하는 경우가 많으며, 선박업계의 경우 역사적으로 영국의 영향력이 커서 ton이라고 하면 롱톤을 의미하는 경우도 적지 않습니다. 톤의 단위로 보통 't'를 사용하나, 영미권에서는 단위 't'는 많은 경우 자국의 톤을 의미하므로 미터톤과 구별하기 위해서 미터톤의 경우 mt(metric ton)의 단위를 사용하기도 합니다.

선박 엔진의 출력(power) 및 단위 출력당 연료 소모량(SFC)

선박 엔진의 출력 및 연료 소모량에 대해서 이야기할 때에는 다양한 용어가 사용됩니다.

1) NMCR(Nominal Maximum Continuous Rating, 공칭 최대 연속 정격출력)

엔진이 낼 수 있는 이론적인 최대의 출력입니다.

2) MCR(Maximum Continuous Rating, 최대 연속 정격출력)

NMCR과 구별하기 위해서 SMCR(Specified Maximum Continuous Rating, 지정 최대 연속 정격출력)이라고 칭하기도 합니다. 엔진에 무리가 가지 않고 안전하게 연속적으로 낼 수 있는 최대 출력을 의미합니다. NMCR은 명목상 엔진이 낼 수 있는 최댓값이나, 항상 이러한 출력으로 운항을 하는 것은 엔진에 과부하를 야기하고 에너지의 소모효율이 떨어지게 됩니다. 따라서 실제 운항할 때 연속적으로 계속 사용하더라도 문제가 되지 않을 출력조건을 정할 필요가 있으며, 이것이 MCR 이 됩니다. 일반적으로 언급되는 엔진의 최고 출력은 이 MCR을 기준으로 하게 되며, 엔진 부하 역시 MCR에 대한 비율로서 나타내게 됩니다. 예를 들어, 엔진의 부하가 50% MCR이라는 것은 현재 엔진이 MCR 50%의 출력만 내고 있다는 의미가 됩니다.

3) NCR(Nominal Continuous Rating, 공칭 연속 정격출력)

상용출력이라고도 합니다. 일반적인 운전조건에서 가장 효율적으로 운항 가능한 기준 출력을 의미하며, 통상 MCR의 80~90% 정도로 정해집니다.

| 표 1-6 | 엔진의 출력 표기 예시

구분	엔진 A	엔진 B
NMCR	17.32 MW	16.18 MW
MCR	15 MW	14 MW
NCR(90% MCR)	13.5 MW	12.6 MW

4) SFC(Specific Fuel Consumption)

엔진이 단위 출력을 내기 위해 필요한 연료의 양을 말합니다. 즉, SFC가 낮을수록 적은 연료로 같은 단위 출력을 낼 수 있다는 의미가 됩니다. 예를 들어, SFC가 150 g/kWh라면, 엔진에서 1 kWh 의 출력을 내기 위해서 150 g의 연료가 필요하다는 의미가 됩니다. 주의할 점은 같은 엔진이라고 하더라도 출력에 따라 SFC값은 일정하지 않으며, 부하에 따라 가변적이라는 점입니다. 이는 엔진의 특성에 따라 가장 높은 효율을 보이는 영역이 다르기 때문입니다.

5) 선박 운항 프로파일(operational profile)

선박 운항에 있어서 엔진 부하와 그에 따른 연료 소비량이 중요한 이유 중 하나는 실제 선박이 출항해서 기항할 때까지 속력 분포가 다양하게 존재하기 때문입니다. 해역의 특성과 기상 상황 등 다양한 변수로 인하여 선박은 가속 및 감속을 반복하게 되며, 이러한 운항 프로파일(operational profile)에 따라서 많이 사용되는 엔진의 주 출력 영역이 선박에 따라 다를 수 있습니다. 설계 단계에서 이를 100% 파악하기는 어려우나, 이미 유사 선박의 운항 이력이 있는 해역의 경우 기존선의

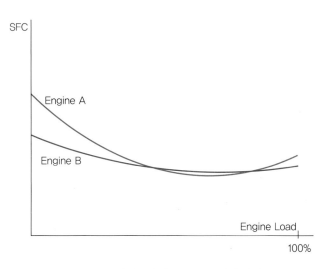

| 그림 1-18 | 엔진 부하에 따른 SFC 변화 예시

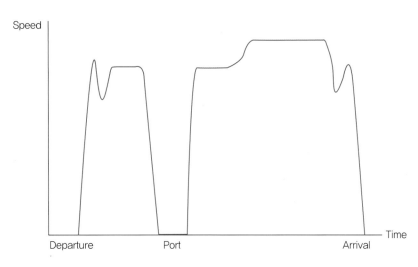

| 그림 1-19 | 출항해서 기항까지 선속에 대한 운항 프로파일 예시

운항 정보를 기반으로 엔진 부하별 평균 운항시간을 고려할 필요가 있습니다.

배출계수(EF, Emission Factor)

오염물질이나 온실가스와 같은 어떤 특정 물질이 얼마나 많이 배출되었는지를 연산하기 위해서는 많은 데이터가 필요합니다. 이를 빠르고 효율적으로 파악할 수 있도록 배출계수, EF(Emission Factor)의 개념이 많이 사용됩니다. 배출계수는 엔진과 같은 연소 시스템의 배기가스에 특정 물질이 기준량 대비 얼마나 많이 포함되어 있는지에 대한 비율로 나타내며, 다음과 같은 두 가지 정의 방식이 널리 사용되고 있습니다.

1) EF_e : 에너지(energy) 기반 배출계수

엔진의 단위 출력당 해당 물질이 배기가스로 얼마나 많이 배출되었는지를 나타내는 값입니다. 예를 들어, NO_x의 배출계수가 20 g/kWh인 엔진이 있다면 이 엔진에서 1 kWh의 출력을 내려면 20 g의 질소산화물이 배출된다는 의미를 지닙니다. 일반적으로 배출계수라고 하면 이 에너지 기반 배출계수를 의미하며 질소산화물(NO_x), 메테인(CH_4), 미세먼지(PM2.5, PM10) 등 대부분의 물질의 배출량을 나타낼 때 사용됩니다.

2) EF_f : 연료(fuel) 기반 배출계수

단위 연료량(1g)을 연소할 때 특정 물질이 얼마나 배출되었는지를 나타내는 값입니다. 예를 들어서 CO_2 배출계수가 3 g_{CO_2}/g_{Fuel}인 엔진이 있다면, 이는 연료 1 g을 연소할 때 이산화탄소가 3 g이 발생한다는 의미입니다. 조선해양산업계에서 SO_x과 CO_2의 경우, 에너지 기반 배출계수 대신이 연료 기반 배출계수를 더 많이 사용하는 경향이 있으며, IMO에서는 이를 연료에 따른 전환계수 C_f(Conversion factor)로 칭하고 있습니다.

FAQ

1-4 공칭값(nominal value)이란 무슨 뜻인가요?

실제 산업에서는 어떠한 수치의 실젯값이 아니라, 이와 근사한 명목상의 대푯값을 사용하는 경우가 많습니다. 비유를 들자면 학생 때 사용하던 $\pi = 3.14$와 같은 개념을 생각해 볼 수 있습니다. π는 무리수이므로 수학적으로 엄밀히 말하면 3.14가 아닙니다. 그러나 매번 무한소수를 표기할 수도 없는 노릇이므로 편의상 π의 명목값으로 3.14를 통상적으로 사용하기로 약속했다고 볼 수 있습니다. 이렇게 실젯값은 아니지만 어떠한 대푯값으로 사용되는 값들을 공칭값(nominal value)으로 부르며, 어떠한 기기의 설계상 대푯값, 최대 성능값 등이 공칭값으로 사용됩니다.

일례로, 자동차 제원을 살펴보면 연료탱크 용량이 '50L'와 같이 표기되어 있습니다. 이는 제조사에서 표기하는 공식적인 공칭 용량입니다. 그러나 실제로 기름이 완전히 바닥난 상태에서 주유를 해보면, 50 L를 초과하는 기름이 주유됩니다. 이는 더운 날씨에 기름이 팽창하는 등의 문제로 누유되는 일을 막기 위해서 실제 연료탱크의 크기가 공칭 용량보다 10% 정도 더 크게 제작되기 때문입니다. 즉, 50 L는 실제 연료탱크의 용량이 아니라 명목상의 기준 용량과 같은 개념이 됩니다. 이러한 것이 공칭값의 개념입니다.

1장 연습문제

1 다음을 설명하라.

(1) IMO

(2) HFO

(3) GWP

(4) ECA

(5) 잔사유

(6) TtW, WtW

(7) GT

(8) 배수량

(9) DWT

(10) MCR

(11) SFC

(12) EF_e, EF_f

2 선박연료로 중유를 사용할 때 발생하는 장점과 단점을 논하라.

3 현재 IMO MARPOL에서 규정하고 있는 ECA 내 질소산화물 및 황산화물의 배출한계에 대해서 설명하라.

4 EEDI의 개념을 설명하라.

5 전과정 평가를 통하여 이산화탄소 발생량을 평가하고자 할 때, TtW와 WtW의 개념 차이를 설명하라.

Understanding ENVIRONMENTALLY-FRIENDLY SHIPS

chapter

2

배경지식

본 장은 이후 내용을 이해하기 위해서 필수적으로 요구되는 열역학적 기초 배경지식을 최대한 요약해 정리한 장으로, 배경지식이 아닌 기술의 원리만 파악하기 원하는 경우, 본 장을 건너뛰고 필요한 부분만 본 장에서 찾아보기를 권합니다. 반대로 본 내용만으로 배경지식 이해가 어렵다면 열역학에 대한 별도의 학습이 필요합니다.

2.1 단위 환산

단위 환산 및 표준조건

SI단위계(International System of units)를 중심으로 일반적으로 많이 사용되는 단위들은 다음과 같습니다.

| 표 2-1 | 대표적인 물성 단위들

구분	수식기호(통상)	단위기호(SI)	내용
질량	m	g/kg	• 그램(gram)/킬로그램
길이	l	m	• 미터(meter)
시간	t	s	• 초(second)
온도	T	K	• 켈빈(Kelvin) • $T[℃] = T[K] - 273.15$
몰 (mole)	n	mol(gmol)	• 어떤 입자(원자·분자⋯) $6.022×10^{23}$(N_A, 아보가드로수)개
힘	F	N	• 뉴턴(Newton) • $F = ma$, 1 N의 1 kg의 물질을 1 m/s^2의 가속도로 움직이게 하는 힘 • $1 \text{ N} = 1 \text{ kg m/s}^2$
		kgf	• 킬로그램힘(종종 힘을 생략) • 지구의 표준 중력가속도에서 1 kg의 질량을 가지는 물체가 가지는 힘 • $1 \text{ kgf} = 1 \text{ kg}×9.8 \text{ m/s}^2 = 9.8 \text{ N}$
일	W	J	• 줄(Joule) • $W = Fs$, 1 J은 1 N의 힘으로 1 m를 이동시킬 때 하는 일(필요한 에너지)
열	Q	kcal	• SI단위는 J이지만 칼로리(cal)나 킬로칼로리(kcal)도 많이 사용함. • $Q = cmT$, 1cal의 에너지는 1g의 물을 1℃ 올리는 데 필요한 열량(열에너지) $1 \text{ cal} ≈ 4.2 \text{ J}$
압력	P	Pa	• 파스칼(Pascal) • $P = F/A$, 1 Pa의 압력은 1 N의 힘이 1 m^2의 단면적에 작용할 때의 압력
		bar	• SI단위 표준 단위는 Pa이지만 통상 많이 사용됨. • $1 \text{ bar} = 10^5 \text{ Pa} = 100 \text{ kPa}$
		atm	• 대기압 1 atm = 101,325 Pa = 101.325 kPa = 1.01325 bar

물질의 경우, 온도·압력에 따라서 물성치가 변화하므로 소통을 위해서는 일정한 기준조건을 공유할 필요가 있습니다. 이는 국가별로 통일되어 있지 않습니다. 흔히 STP로 불리는 표준온도·압력조건(Standard conditions for Temperature and Pressure)은 세계 여러 기관이 실험을 수행할 때 모두 같은 조건에서 비교할 수 있도록 설정한 기준조건으로, 그나마 많이 사용되고 있는 것이 IUPAC(International Union of Pure and Applied Chemistry, 국제순수·응용과학연합)에서 책정한 $0°C$, $1\,bar(=100\,kPa=10^5\,Pa)$입니다(과거 1 atm이었으나 80년대 1 bar로 수정하고 1 bar 사용을 권장하고 있음). 표준상태(standard state)는 어떠한 물성값을 연산할 때 기준이 되는 기준상태(reference state)를 말하는 것으로, STP보다 SATP에 해당하는 $25°C$, 1 bar를 많이 씁니다.

| 표 2-2 | 대표적으로 사용되고 있는 표준들

기관 혹은 단체	온도	압력
• IUPAC • STP(Standard Temperature and Pressure)로 부름.	0°C	1 bar 1 atm(구)
• NIST(National Institute of Standards and Technology, USA) • NTP(Normal Temperature and Pressure)라고도 함	20°C	1 atm
• EU 천연가스산업계	15°C	1 atm
• SPE(Society of Petroleum Engineers)	60°C 혹은 15°C	14.7 psi*
• IUPAC • SATP(Standard Ambient Temperature and Pressure)라고도 함	25°C	1 bar
• ISO(문서마다 다름)	0, 15, 20°C	1 atm

* psi: pounds per square inch, 1인치 제곱면적당 1파운드힘이 작용하는 압력 단위

이상기체 방정식

이상기체(ideal gas)란 크기(부피)가 존재하지 않는 다수의 입자(분자)로 이루어지고, 입자 간 상호작용이 없는 것을 가정해서 만들어진 가상의 기체입니다. 물질의 온도(T), 압력(P), 부피(V)의 관계를 나타낸 것을 상태방정식(equation of state)이라고 하는데, 대표적인 상태방정식이 바로 유명한 이상기체 방정식입니다.

$$PV = nRT$$

여기서, R은 기체상수를 의미하며 사용하는 단위에 따라서 다양한 값을 가지며, SI단위계에서는 $8.314\,J/(K·mol)$의 값을 가집니다.

이상기체의 전제조건은 크기가 없고 분자 간 상호작용이 없는 것으로, 실제 기체라도 이러한 가정이 성립할 만한 조건에 처한 경우 이상기체로 가정해도 무방합니다. 즉, 압력이 충분히 낮고 온

도가 끓는점에 비하여 충분히 높은 경우에 이상기체 방정식을 적용해도 큰 오차를 유발하지 않습니다. 이상기체에서 거리가 먼 실제 기체의 부피를 구하는 방법은 열역학에서 다루는 내용입니다.

ex 2-1 이상기체의 부피

다음 조건에서 이상기체 1몰의 부피를 구하라.

(a) 0°C, 1 atm

(b) 0°C, 1 bar

(c) 25°C, 1 atm

해설

(a) 이상기체 방정식을 단위 환산을 고려하여 계산하면 다음과 같습니다.

$$V = \frac{nRT}{P} = \frac{1\,\text{mol} \times 8.314\,\text{J/(K} \cdot \text{mol)} \times (273)\,\text{K}}{1\,\text{atm}} \cdot \frac{1\,\text{atm}}{101{,}325\,\text{Pa}} \cdot \frac{1\,\text{Pa}}{1\,\text{N/m}^2} \cdot \frac{\text{N} \cdot \text{m}}{1\,\text{J}}$$

$$= 0.0224\,\text{m}^3 = 22.4\,\text{L}$$

혹시, 기체 1몰의 부피는 22.4 L라고 배운 기억이 있다면 그 이유는 바로 이 연산의 결과 때문입니다. 아마 "표준온도·압력조건 STP(Standard conditions for Temperature and Pressure)에서 모든 기체 1몰의 부피는 22.4 L이다."라고 배웠을 것입니다.

그러나 이는 이제 항상 사실이 아님을 인지할 필요가 있습니다. 여전히 근삿값으로는 유효하나, 이는 대상 기체가 ① 이상기체에 가까우며, ② 온도·압력의 조건이 0°C, 1기압임을 전제로 하는 경우에만 성립하기 때문입니다.

(b) IUPAC에서 80년대에 수정한 뒤 권장한 STP조건입니다. 같은 방식으로 계산해 보면 다음과 같습니다.

$$V = \frac{nRT}{P} = \frac{1\,\text{mol} \times 8.314\,\text{J/(K} \cdot \text{mol)} \times (273)\,\text{K}}{1\,\text{bar}} \cdot \frac{1\,\text{bar}}{100000\,\text{Pa}} \cdot \frac{1\,\text{Pa}}{1\,\text{N/m}^2} \cdot \frac{\text{N} \cdot \text{m}}{1\,\text{J}}$$

$$= 0.0227\,\text{m}^3 = 22.7\,\text{L}$$

즉, 이상기체에 가깝다 할지라도 이 조건에서 기체 1몰의 부피는 22.4 L가 아닙니다.

(c) $V = \frac{nRT}{P} = \frac{1\,\text{mol} \times 8.314\,\text{J/(K} \cdot \text{mol)} \times (25+273)\,\text{K}}{1\,\text{atm}} \cdot \frac{1\,\text{atm}}{101325\,\text{Pa}} \cdot \frac{1\,\text{Pa}}{1\,\text{N/m}^2} \cdot \frac{\text{N} \cdot \text{m}}{1\,\text{J}}$

$$= 0.02445\,\text{m}^3 = 24.45\,\text{L}$$

ppm(parts per million)

ppm(parts per million)은 백만분율(백만분의 일)을 나타내는 단위입니다. 단, 실제로 정량적인 계산을 하려고 할 때는 주의가 필요합니다. ppm 자체는 동일 물리량을 나눈 것이므로 단위가 없지만, 어떤 물리량을 기준으로 했는지에 따라서 다른 의미를 지닐 수 있기 때문입니다. 이를 명확하게 나타내기 위해서 무게 기준 ppm(ppmw)과 부피 기준 ppm(ppmv)을 구별하여 사용합니다. 예를 들어, 같은 1 ppm이라도 다음과 같이 나타낼 수 있습니다.

$$1 \text{ ppmw} = \frac{1 \text{ g}}{1000000 \text{ g}}$$

$$1 \text{ ppmv} = \frac{1 \text{ m}^3}{1000000 \text{ m}^3}$$

기체의 경우, ppm은 통상 ppmv를 의미합니다. 경우에 따라 몰을 기준으로 ppm을 나타내며 이를 부피를 기준으로 하는 경우와 동일하게 취급하는 경우도 있는데, 이는 다음과 같은 전제를 필요로 합니다.

일정한 온도 T, 압력 P에서 기체혼합물이 이상기체처럼 거동한다면 전체 부피 V는

$$V = \frac{\sum n_i RT}{P} = \frac{nRT}{P}$$

이 혼합물을 구성하는 물질 i가 이상기체처럼 거동한다면 물질 i가 차지하는 부피는

$$V_i = \frac{n_i RT}{P}$$

그러면 전체 부피 중 물질 i가 차지하는 부피의 비율은 다음과 같습니다.

$$\frac{V_i}{V} = \frac{n_i RT/P}{nRT/P} = \frac{n_i}{n} = y_i$$

즉, 부피비와 몰분율이 같은 값을 가지게 되므로 ppmv와 몰 기반 ppm을 동일하게 사용할 수 있습니다. 일반적인 대기조건인 상압·상온의 경우, 다수의 기체물질은 이상기체에 가까우므로 이러한 근사법이 종종 사용됩니다. 단, 이는 해당 혼합물이 이상기체 방정식을 따르는 경우에만 성립하므로 고압에서 실제 기체의 ppmv와 몰 기반 ppm값은 차이를 가질 수 있습니다. 이러한 실제 기체의 부피 연산은 열역학 모델을 통하여 보정될 필요가 있습니다.

액체의 경우, ppmw를 사용하는 경우가 더 많으나 필요에 따라 ppmv를 사용할 수도 있으므로 주의가 필요합니다. 간혹 1 ppm = 1 mg/L와 같은 등가환산법이 사용될 때가 있는데, 이는 항상 성립하는 것이 아니라 다음과 같이 물에 녹은 소량의 물질이라는 특수 상황에서만 성립하는 ppmw의 근사환산법입니다. 예를 들어, 소금물 1 kg에 소금 1 mg이 녹아 있다고 하면 이 소금의 농도는

$$\frac{\text{소금 } 1\,\text{mg}}{\text{소금물 } 1\,\text{kg}} = \frac{\text{소금 } 0.001\,\text{g}}{\text{소금물 } 1000\,\text{g}} = 10^{-6} = 1\,\text{ppmw}$$

소금물의 밀도를 $1\,\text{kg/L}$라고 가정하면 다음과 같은 식이 성립됩니다.

$$1\,\text{ppmw} = \frac{\text{소금 } 1\,\text{mg}}{\text{소금물 } 1\,\text{kg}} \cdot \frac{1\,\text{kg}}{1\,\text{L}} = 1\,\text{mg/L}$$

실제로 소금물의 밀도는 소금의 농도와 물의 온도에 따라서 변화합니다. 예를 들어, 순수한 물이라고 할지라도 밀도가 $1\,\text{kg/L}$인 경우는 $4\,°\text{C}$에만 국한되며, 온도가 변화하면 상압에서도 $0.99 \sim 1.00$ 사이의 값을 가지게 됩니다. 따라서 이러한 단위 환산 방법은 항상 성립하는 것이 아니라 용액의 밀도가 $1\,\text{kg/L}$인 경우에만 성립하는 것이 됩니다. 그러나 우리가 대기조건에서 접하는 물은 그 안에 소량의 불순물이 있다고 하더라도 밀도가 $1\,\text{kg/L}$에 가깝기 때문에 공학적으로 정확한 계산이 필요한 상황이 아니라면 이러한 근사법도 종종 사용됩니다.

ex 2-2 이산화탄소의 대기 중 농도

이산화탄소의 대기 중 농도는 산업화 이전에는 $300\,\text{ppmv}$가 되지 않았으나, 이후 가파르게 증가하여 최근에는 $400\,\text{ppmv}$를 초과하였다. 1기압 $25\,°\text{C}$에서 이산화탄소의 대기 중 농도 $400\,\text{ppmv}$를 mg/m^3 단위로 나타내라.

해설

$400\,\text{ppmv}$는 공기 $1\,\text{m}^3$ 중 이산화탄소가 $400 \times 10^{-6}\,\text{m}^3$만큼 존재한다는 의미가 됩니다.
대기압은 충분히 낮은 압력이므로 이산화탄소가 이상기체 방정식을 따른다고 가정하면 이것이 몇 몰인지 알 수 있습니다.

$$n = \frac{PV}{RT} = \frac{1\,\text{atm} \times 400 \times 10^{-6}\,\text{m}^3}{8.314\,\text{J/(K·mol)} \times 298\,\text{K}} \cdot \frac{101325\,\text{Pa}}{1\,\text{atm}} \cdot \frac{1\,\text{N/m}^2}{1\,\text{Pa}} \cdot \frac{1\,\text{J}}{\text{N·m}^2} = 0.01636\,\text{mol}$$

이산화탄소의 분자량(몰질량)은 약 44이므로

$$m = 0.01636\,\text{mol} \times 44\,\text{g/mol} = 0.7198\,\text{g}$$

즉, 공기 $1\,\text{m}^3$ 내의 이산화탄소의 농도는 다음과 같습니다.

$$\frac{0.7198\,\text{g}}{1\,\text{m}^3} \cdot \frac{1000\,\text{mg}}{1\,\text{g}} = 719.8\,\text{mg/m}^3$$

이상기체로 가정하면 ppmv를 몰분율이라고 생각해도 무방하다고 설명한 바 있습니다. 확인해 봅시다.

공기 1몰 중 이산화탄소가 400×10^{-6}몰이 있다면

$$m = 400 \times 10^{-6} \times 44 = 0.0176 \, \text{g}$$

공기 1몰의 부피는 [Ex 2−1(c)]에서 $0.02445 \, \text{m}^3$이었으므로 이산화탄소의 농도는 다음과 같습니다.

$$\frac{0.0176 \, \text{g}}{0.02445 \, \text{m}^3} \cdot \frac{1000 \, \text{mg}}{1 \, \text{g}} = 719.8 \, \text{mg/m}^3$$

즉, 동일한 결과를 얻습니다.

2.2 열역학 제1법칙

열역학 제1법칙

계의 에너지 출입을 분석하는 열역학은 에너지를 소모하거나 생산하는 모든 설비 설계의 기초가 되는 학문입니다. 열역학 제1법칙은 에너지 보존의 법칙으로, 질량의 출입이 없고 에너지의 출입만 존재하는 닫힌계에서는 다음과 같이 나타낼 수 있습니다(임영섭, 2021).

$$\Delta U + \Delta E_{\text{K}} + \Delta E_{\text{P}} = Q + W$$

여기서, U: 계의 내부에너지, E_{K}: 계의 운동에너지, E_{P}: 계의 위치에너지, Q: 계에 유입된 열,

W: 계에 해준 일(계가 받은 일)

이는 일을 계에 가하는 일(work done on a system)을 기준으로 하는 경우이며, 만약 계가 하는 일(work done by a system)을 기준으로 하면 방향이 반대가 되므로 다음과 같이 나타낼 수 있습니다.

$$\Delta U + \Delta E_{\text{K}} + \Delta E_{\text{P}} = Q - W'$$

여기서, W': 계가 한 일($W' = -W$)

과거에는 열은 시스템이 받는 것, 일은 시스템이 하는 것으로 정의하는 것이 일반적이었습니다. 때문에 열은 받는 쪽을 양의 값으로, 일은 하는 쪽(내보는 쪽)을 양의 값으로 사용하는 후자의 식이 보다 일반적인 표현이었습니다. 열기관과 같이 설비가 하는 일을 중심으로 해석을 하는 경우에는 이쪽이 더 편리하기 때문에 지금도 널리 사용되고 있는 표기법이기도 합니다.

그러나 최근에는 IUPAC(International Union of Pure and Applied Chemistry, 국제순수·응용화학연합) 등 여러 기관이 일과 열의 방향을 통일해서 사용하는 전자의 식을 추천하고 있습니다. 개인적으로 이를 지지하는 편인데, 그 이유는 에너지의 형태가 점점 다양해지고 있기 때문입니다. 화학적·전기적·자기적 열과 일 등 많은 종류의 에너지가 다원화되고 있는데, 특정 에너지(기계적 일에너지)만 방향을 반대로 정의하는 것은 일관적이지 않고 혼란을 유발할 수 있다고 생각합니다. 때문에 이 책에서도 기본적으로 시스템이 받은 일을 W로 정의하고, 필요시 시스템이 한 일을 $W' = -W$로 부호만 반대로 정의하여 사용하고 있습니다. 또한, 어느 쪽 식을 사용하든 제대로 사용하면 최종 계산에는 차이가 발생하지 않습니다.

에너지 밸런스(energy balance)

열역학 제1법칙을 열린계의 검사체적(control volume)을 대상으로 확장 유도하는 과정에서 엔탈피(enthalpy)의 수식적 정의를 도입할 수 있습니다.

$$H \equiv U + PV$$

이를 기반으로 다음과 같은 식을 유도할 수 있습니다. 이렇게 열린계를 대상으로 하는 열역학 제1법칙을 에너지 밸런스(energy balance)라고 부릅니다(임영섭, 2021).

$$\frac{d(U_{CV} + E_{K,CV} + E_{P,CV})}{dt} = \dot{Q} + \dot{W}_s + \sum \dot{m}_i \left(h_i + \frac{\overline{v}_i^2}{2} + gh_{e,i} \right) - \sum \dot{m}_o \left(h_o + \frac{\overline{v}_o^2}{2} + gh_{e,o} \right) \quad (2.1)$$

질량당 물성(specific property)이 아닌 몰당 물성(molar property)을 기준으로 하면 다음과 같습니다.

$$\frac{d(U_{CV} + E_{K,CV} + E_{P,CV})}{dt} = \dot{Q} + \dot{W}_s + \sum \dot{n}_i \left(h_i + \frac{M_W \overline{v}_i^2}{2} + M_W gh_{e,i} \right) - \sum \dot{n}_o \left(h_o + \frac{M_W \overline{v}_o^2}{2} + M_W gh_{e,o} \right)$$

$$(2.2)$$

여기서, U_{CV}: 검사체적의 내부에너지, $E_{K,CV}$: 검사체적의 운동에너지,

$\quad\quad E_{P,CV}$: 검사체적의 위치에너지, $\dot{Q}$: 계에 유입되는 시간당 열량,

$\quad\quad \dot{W}_s$: 계에 가해지는 시간당 축일(shaft work): 계가 받는 일을 기준으로 정의,

$\quad\quad \dot{m}$: 질량유량, $\dot{n}$: 몰유량, $\underline{h}$: 단위 질량당 엔탈피, h: 단위 몰당 엔탈피, $\overline{v}$: 속력,

$\quad\quad g$: 중력가속도, h_e: 높이(위치에너지 연산용), M_W: 분자량(molecular weight)

$\quad\quad$※ i는 검사체적으로 유입되는 유체 흐름들을 의미하며, o는 검사체적에서 유출되는 유체 흐름들을 의미합니다.

에너지 밸런스의 설비 적용

터빈(turbine), 팽창기(expander), 압축기(compressor), 펌프(pump)와 같이 유체에 일을 가하거나 유체가 일을 하는 설비의 경우, 다음과 같은 가정에 따라서 에너지 밸런스를 단순화하여 적용이 가능합니다.

① 시간에 따른 변화가 없는 정상상태(steady-state)라면

$$\frac{d(U_{CV}+E_{K,CV}+E_{P,CV})}{dt} \approx 0$$

② 입출유체 흐름이 여러 개가 아니라 각 하나씩만 있는 경우, Σ를 취할 필요가 없으며 정상상태가 되기 위해서는 유입·유출 유량이 일정해야 함.

$$\dot{m}_i = \dot{m}_o = \dot{m} \quad \text{혹은} \quad \dot{n}_i = \dot{n}_o = \dot{n}$$

③ 설비가 고정되어 유체 흐름의 높이 차이가 변화하지 않거나 무시할 만큼 작은 경우

$$\Delta h_e = h_{e,o} - h_{e,i} \approx 0$$

④ 설비에서 유체 흐름의 운동에너지 차이가 엔탈피 변화량에 비하여 무시할 만큼 작은 경우

$$\frac{1}{2}\Delta \bar{v}^2 = \frac{1}{2}(\bar{v}_0^2 - \bar{v}_i^2) \ll \Delta \underline{h} = \underline{h}_o - \underline{h}_i$$

⑤ 단열

$$\dot{Q} \approx 0$$

이 경우 에너지 밸런스는 다음과 같이 단순화됩니다.

$$0 = \dot{W}_s + \dot{m}(\underline{h}_i - \underline{h}_o)$$
$$\dot{W}_s = \dot{m}(\underline{h}_o - \underline{h}_i) = \dot{m}\Delta \underline{h} = \dot{n}\Delta h$$

열교환기와 같이 축일을 회수할 수 있는 설비가 없는 경우, 과정 ①~④는 동일하며 과정 ⑤가 열 유입 대신 $\dot{W}_s \approx 0$이 되므로 다음과 같이 단순화됩니다.

$$\dot{Q} = \dot{m}\Delta \underline{h} = \dot{n}\Delta h$$

이상기체 엔탈피의 추산

엔탈피는 유용한 열역학 물성치이지만, 직접 측정이 가능한 물성은 아니어서 이를 연산하는 수단이 필요합니다. 가장 기본적인 방법으로 충분한 저압에서 실험한 정압비열로부터 이상기체 엔탈피

를 추산하는 방법이 사용됩니다. 압력을 일정하게 한 상태에서 열을 가하면서 온도가 증가하는 폭을 측정한 뒤 열량 q를 y축으로, 온도 T를 x축으로 도시하면 그 기울기가 정압비열이 됩니다. 즉, 임의의 물질의 정압비열은 실험적으로 온도에 대한 함수로 얻는 것이 가능합니다.

$$c_P = \left(\frac{\delta q}{dT}\right)_P$$

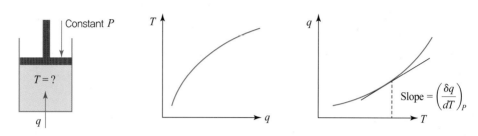

| 그림 2-1 | **정압비열의 측정 실험 개념도**

엔탈피의 정의에서

$$dh = d(u + Pv) = du + P dv + v dP$$

열역학 제1법칙과 일의 정의($\delta w = -P dv$)를 대입하면

$$du = \delta q + \delta w = \delta q - P dv$$
$$dh = \delta q + v dP$$

압력이 일정한 정압공정이라면 $dP = 0$이므로 다음이 성립합니다.

$$dh = \delta q$$

즉, 압력을 고정하고 실험한 경우, 정압비열의 출입열은 엔탈피 변화량과 동일하게 되므로

$$c_P = \left(\frac{dh}{dt}\right)_P$$
$$dh = c_P dT$$

양변을 적분하면 다음과 같습니다.

$$\Delta h = \int c_P dT \tag{2.3}$$

이는 충분한 저압에서만 성립하는 관계로, 이상기체 조건이 성립하지 않는 고압에서는 이 식만으로 엔탈피를 연산하는 것은 오차를 유발하므로 엔탈피 편차함수와 같은 압력에 대한 보정값을 연

산해 주어야 합니다. 그러나 상압 근처의 저압에서는 대부분의 기체가 이상기체에 근접하므로 큰 오차 없이 이 식으로 엔탈피 변화량을 추정할 수 있습니다.

비압축성 유체의 에너지 밸런스

기체와 달리 액체의 경우(특히 물), 대부분 넓은 압력 구간에서 비압축성이 있어서 저압과 고압에서의 부피 차이가 거의 변화하지 않는 특성이 있습니다.

| 표 2-3 | 물의 수증기표상 물성(임영섭, 2021)

압력[bar]	온도[℃]	$\underline{v}$ [m³/kg]	$\underline{h}$ [kJ/kg]	$\underline{s}$ [kJ/(kg · K)]
1	25	0.001	104.8	0.367
2	25	0.001	104.9	0.367
3	25	0.001	105.0	0.367
5	25	0.001	105.2	0.367
10	25	0.001	105.7	0.367
20 bar	25	0.001	106.6	0.366
30 bar	25	0.001	107.5	0.366
50 bar	25	0.001	109.4	0.366

이러한 비압축성을 가지는 유체를 펌프를 통해서 압력을 올리는 상황을 가정해 봅시다. 식 (2.1) 로부터 다음과 같은 식이 성립됩니다.

$$\frac{d(U_{CV}+E_{K,CV}+E_{P,CV})}{dt} = \dot{Q}+\dot{W}_s+\sum \dot{m}_i\left(\underline{h}_i+\frac{\overline{v}_i^2}{2}+gh_{e,i}\right)-\sum \dot{m}_o\left(\underline{h}_o+\frac{\overline{v}_o^2}{2}+gh_{e,o}\right)$$

정상상태(시간에 따른 변화가 없는 상태)의 운전인 경우이며 잘 단열되어 있어서 열의 출입이 없다면

$$0 = 0+\dot{W}_s+\sum \dot{m}_i\left(\underline{h}_i+\frac{\overline{v}_i^2}{2}+gh_{e,i}\right)-\sum \dot{m}_o\left(\underline{h}_o+\frac{\overline{v}_o^2}{2}+gh_{e,o}\right)$$

일반적인 펌프는 유체 유입로가 하나, 유출로가 하나이므로 다중 유로를 고려할 필요가 없으며 따라서 입출유량에 대한 질량균형식은

$$\dot{m}_i = \dot{m}_o = \dot{m}$$

즉, 이 경우 에너지 밸런스는 다음과 같습니다.

$$\frac{\dot{W}_s}{\dot{m}} = \Delta \underline{h} + \frac{1}{2}\Delta(\bar{v}^2) + g\Delta h_e \tag{2.4}$$

기체의 경우, 엔탈피 차이 연산을 위해서는 이상기체를 가정하더라도 비열 기반 적분이 요구되나 펌프의 경우에는 이를 보다 단순화하는 것이 가능합니다.

$$d\underline{h} = d(\underline{u}+P\underline{v}) = d\underline{u}+Pd\underline{v}+\underline{v}dP = Td\underline{s}+\underline{v}dP$$

만약, 이상적인 등엔트로피 공정이라면 엔트로피의 변화량이 없으므로($d\underline{s} = 0$)

$$d\underline{h} = \underline{v}dP$$
$$\Delta \underline{h} = \int \underline{v}dP$$

즉,

$$\Delta \underline{h} = \underline{v}\Delta P$$

질량당 부피($\underline{v}$)는 밀도의 역수이므로

$$\Delta \underline{h} = \frac{\Delta P}{\rho}$$

즉, 엔트로피 변화가 없는 비압축성 유체의 경우에 에너지 밸런스는 다음과 같이 정의됩니다.

$$\frac{\dot{W}_s}{\dot{m}} = \frac{\Delta P}{\rho} + \frac{1}{2}\Delta(\bar{v}^2) + g\Delta h_e \tag{2.5}$$

만약, 축일 회수가 가능한 회전설비 등이 없어서 좌변이 0이 되면, 식 (2.5)는 베르누이식으로 귀결됩니다.

유속 차로 인한 운동에너지 차이는 일반적으로는 펌프의 에너지 소모량에 큰 영향을 미치지 못합니다. 비압축성 유체의 특징상 고압과 저압에서의 부피 차이가 거의 없으며, 따라서 유입유체와 토출유체의 평균유속 또한 별 차이가 없으므로 $\bar{v}^2 \approx 0$이 되기 때문입니다. 그러나 유입구와 토출구의 배관 직경이 크게 차이가 나는 경우에는 유속 차이가 커질 수 있으며, 이것이 압력 차 혹은 높이 차에 비하여 작지 않다면 전체 에너지 소모량에 영향을 미칠 수 있습니다.

유체의 시간당 부피유량을 $\dot{V}$라고 하면 배관을 흐르는 유체의 평균유속은 배관 단면적(A)에 따라 결정됩니다. 이를 배관 직경 d에 대해 나타내면 다음과 같습니다.

$$\bar{v} = \frac{\dot{V}}{A} = \frac{\dot{V}}{\pi(d/2)^2} = \frac{4\dot{V}}{\pi d^2}$$

$$\frac{1}{2}\Delta(\bar{v}^2) = \frac{1}{2}(\bar{v}_o^2 - \bar{v}_i^2) = \frac{1}{2}\left[\left(\frac{4\dot{V}}{\pi d_0^2}\right)^2 - \left(\frac{4\dot{V}}{\pi d_i^2}\right)^2\right] = 8\left(\frac{\dot{V}}{\pi}\right)^2\left(\frac{1}{d_0^4} - \frac{1}{d_i^4}\right)$$

실제 설비의 효율

이상적으로라면 임의의 팽창 혹은 압축공정에서 에너지 밸런스를 통해서 생산 혹은 소모되는 일을 손실 없이 100% 얻을 수 있습니다. 이러한 이상적인 공정은 시스템의 엔트로피(entropy)가 증가하지 않는 경우에 가능하므로 등엔트로피(isentropic) 공정이라고도 합니다. 그러나 현실의 설비들은 에너지의 일부가 열유출·마찰·소음·진동과 같은 다양한 형태로 소모되며, 엔트로피가 증가하며 손실일(lost work)이 발생하게 됩니다(이에 대한 보다 구체적인 내용은 열역학에서 다루는 엔트로피와 손실일을 참조하세요). 이러한 손실을 고려하여 가장 이상적인 등엔트로피 공정에 비교, 실제 공정이 하거나 소모하는 일의 비율을 등엔트로피 효율(isentropic efficiency)로 정의합니다.

터빈과 같이 유체가 팽창하면서 일을 생산하는 경우는 실제 공정에서 생산하는 일($\dot{W_s}'^{\,actual}$)이 이상적인 등엔트로피 공정에서 생산되는 일($\dot{W_s}'^{\,id}$)보다 항상 작으므로 유체가 팽창하면서 일을 하는 설비의 효율은 다음과 같이 정의됩니다.

$$\eta_{expansion} = \frac{\dot{W_s}'^{\,actual}}{\dot{W_s}'^{\,id}} = \frac{\dot{W_s}^{\,actual}}{\dot{W_s}^{\,id}} \tag{2.6}$$

펌프나 컴프레서와 같이 유체를 압축하기 위하여 일을 소모하는 경우, 실제 공정에서 필요로 하는 일($\dot{W_s}^{\,actual}$)이 이상적인 등엔트로피 공정에서 요구하는 일($\dot{W_s}^{\,id}$)보다 항상 크므로 일을 소비하면서 유체를 압축하는 설비의 효율은 다음과 같이 정의됩니다.

$$\eta_{compression} = \frac{\dot{W_s}^{\,id}}{\dot{W_s}^{\,actual}} \tag{2.7}$$

2.3 상평형

순물질의 포화압

순물질이 주어진 온도에서 기체와 액체(혹은 고체)가 공존하는 다상(multi-phase) 평형을 유지할 수 있는 압력을 포화압(saturation pressure) 혹은 포화증기압(saturated vapor pressure)이라고 합니다. 분자적 시점에서 보면 이는 액체분자가 증발해서 기체로 공간을 채웠을 때 형성되는 압력으로, 액체가 증발하는 속도와 기체가 응축되는 속도가 일치하는 동적 평형상태, 상평형상태를 말합니다. 이는 물질의 특성으로 순물질의 경우, 온도에 따라 다상이 공존할 수 있는 압력은 둘 이상이 될 수 없습니다. 예를 들어, 100℃ 물의 포화압은 1기압이며, 2기압이나 0.5기압과 같이 다른 압력을 가질 수 없습니다. 포화상태에 있는 액체와 기체를 각각 포화액체(saturated liquid)와 포화기체(saturated vapor)라 부르며, 이는 미량의 열을 가하거나 제거하는 경우 바로 액체가 기화되거나 기체가 액화되는 상태에 있음을 의미합니다. 반대로 미량의 열을 더 가하더라도 기화되지 않는 액체를 과냉액체(subcooled liquid), 미량의 열을 제거하더라도 액화되지 않는 기체를 과열기체(superheated vapor)라고 부릅니다.

이러한 물질의 특성을 x축을 온도, y축을 압력으로 나타낸 도표 위에 나타낸 것을 PT선도(PT diagram)라고 부릅니다. 순물질의 경우, 액체와 기체가 공존할 수 있는 압력은 온도에 1:1로 대응되므로 포화증기압선[saturated vapor pressure curve 혹은 포화선(saturation curve)]은 하나의 곡선으로 나타나게 되며 실험적·계산적으로 얻어진 포화선을 통하여 해당 물질이 가지는 정해진 압력에서의 끓는점 혹은 정해진 온도에서의 포화압을 파악할 수 있습니다. 또한, 기액 포화선의 좌측은 액체, 우측은 기체가 된다는 사실을 통하여 물질의 상(phase)을 파악하는 것도 가능해집니다. 물질별로 기체-액체-고체가 공존할 수 있는 점이 존재하는데, 이를 삼중점(triple point)이라고 부릅니다. 또한, 일정 이상의 온도·압력에서는 온도나 압력이 변화하더라도 상의 구별이 없어지는 영역이 발생하는데, 이러한 한계점을 임계점(critical point), 그때의 온도와 압력을 임계온도(critical temperature), 임계압력(critical pressure)이라고 합니다.

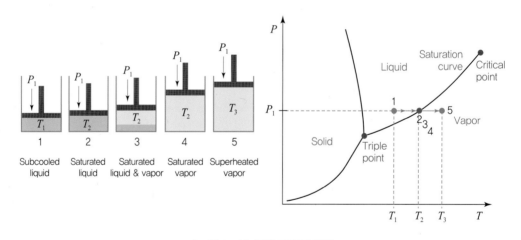

| 그림 2-2 | 물의 PT선도 예시

혼합물의 증기압

혼합물의 경우, 분자 간 상호작용으로 인하여 순물질보다 복잡한 현상이 일어납니다. 혼합물의 상평형은 혼합물을 구성하는 각 물질의 분자가 기체와 액체 중 동적 평형을 이룰 때 성립합니다. 예를 들어, 물질 1과 2가 섞인 혼합물이 있을 때 물질 1이 액체 중 기화되는 속도와 기체 중 액화되는 속도가 같고, 물질 2가 액체 중 기화되는 속도와 기체 중 액화되는 속도가 같을 때 혼합물의 상평형이 성립합니다.

물질의 상평형을 설명할 수 있는 가장 간단한 관계식 중 하나가 라울의 법칙(Raoult's law)입니다. 이는 분자 간 상호작용력이 강한 극성물질로 구성된 혼합물에서는 성립하지 않으나, 이상기체에 가까운 무극성물질로 구성된 혼합물의 상평형을 설명하는 것이 가능합니다. 라울의 법칙에 따르는 이상혼합물은 혼합물을 구성하는 물질 i의 기체 중 분압($\mathcal{P}_i = y_i P$)이 순물질 i의 포화압(P_i^{sat})과 그 액체혼합물 중 몰분율(x_i)의 곱과 같아질 때 혼합물의 상평형이 성립합니다. 즉, 라울의 법칙을 따르는 이상혼합물의 상평형에서는 다음이 성립합니다.

$$\mathcal{P}_i = x_i P_i^{sat}$$

이때 $x_i P_i^{sat}$를 물질 i의 혼합물에서의 증기압(vapor pressure) 혹은 부분 증기압(partial vapor pressure)이라고 하며, 이를 모두 합친 $\sum x_i P_i^{sat}$를 이 혼합물의 전체 증기압이라고 합니다.

ex 2-3 LPG의 증기압

LPG는 프로페인과 뷰테인의 혼합물이다. 25°C에서 프로페인과 n-뷰테인의 물성이 다음과 같을 때 다음 질문에 답하라.

25°C	포화압 [bar]	포화기체 몰부피 [L/mol]	포화액체 몰부피 [L/mol]
프로페인	9.5	2.14	0.0895
n-뷰테인	2.4	9.53	0.101

(a) 상온 25°C 프로페인 저장탱크에 프로페인 기체가 5 mol, 액체가 4 mol 들어 있을 때 그 증기압을 구하라.

(b) (a)의 경우에 기체 프로페인을 1 mol 추가하고, 시간이 지나 온도가 25°C가 유지되었을 때 저장탱크의 압력을 구하라.

(c) (b)의 경우, 탱크 내 프로페인의 기체분율을 구하라.

(d) 상온 25°C LPG 저장탱크에 프로페인과 뷰테인 혼합물이 저장되어 있고, 액체 중 프로페인의 몰분율이 0.4, 뷰테인의 몰분율이 0.6일 때 그 증기압을 구하라.

(e) 상온 25°C LPG 저장탱크에 프로페인과 뷰테인 혼합물이 저장되어 있고, 액체 중 프로페인의 조성이 0.4, 뷰테인의 조성이 0.6일 때 기체 중 프로페인과 뷰테인의 몰분율을 구하라.

╚ 해설

(ⓐ) 기액 상평형이 성립하고 있으므로 순물질의 포화압이 곧 증기압(포화증기압)을 말하게 됩니다. 각 상의 물질량은 증기압에 영향을 미치지 않습니다. 즉, 증기압은 9.5 bar입니다.

(ⓑ) 기체가 추가되었으나 시간이 지나 온도가 변화하지 않았으므로 순물질의 포화압은 바뀌지 않습니다. 기체 1몰이 추가되는 순간 전체 부피가 증가해야 하나 저장탱크의 부피가 고정되어 있으므로 부피가 증가하지 못하고 이는 압력을 올리는 데 영향을 주게 됩니다. 그러면 포화압 이상의 압력을 가지게 되므로 기체는 액화되어 압력이 줄어들게 됩니다. 이는 압력이 다시 포화압이 될 때까지 발생하므로 탱크의 압력은 그대로 9.5 bar를 유지합니다. 이는 주입된 기체 프로페인이 압력 증가를 발생시키지 않고 액화되어 액체의 양이 늘게 됨을 의미합니다.

(ⓒ) (a)의 조건으로부터 탱크의 원래 부피를 추산해 봅시다. 포화액체와 포화기체가 각각 5몰, 4몰씩 들어 있는 탱크였으므로

$$V = n^v v^v + n^l v^l = 5 \times 2.14 + 4 \times 0.0895 = 11.05 \, \text{L}$$

액화 이후 기체와 액체의 양을 알지 못하지만, 질량 보존에 의해 탱크 내 프로페인의 총 몰수가 10몰인 것은 알고 있으므로

$$V = 11.05 = n^v v^v + (10 - n^v) v^l = 2.14 n^v + 0.895 - 0.0895 n^v$$

$$n^v = \frac{11.05 - 0.895}{2.14 - 0.0895} = 4.95$$

기체분율은 다음과 같습니다.

$$x_{vf} = \frac{n^v}{n^v + n^l} = 0.495$$

(ⓓ) 프로페인, n-뷰테인을 각각 물질 1, 물질 2라고 합시다.
프로페인의 증기압은

$$x_1 P_1^{sat} = 0.4 \times 9.5 = 3.8 \, \text{bar}$$

n-뷰테인의 증기압은

$$x_2 P_2^{sat} = 0.6 \times 2.4 = 1.44 \, \text{bar}$$

혼합물의 전체 증기압은 다음과 같습니다.

$$x_1 P_1^{sat} + x_2 P_2^{sat} = 5.24 \, \text{bar}$$

(e) 이 혼합물이 라울의 법칙을 따르는 이상혼합물이라고 가정하면 상평형상태에서 다음이 성립해야 합니다.

$$\mathcal{P}_1 = x_1 P_1^{sat} = 3.8$$

$$\mathcal{P}_2 = x_2 P_2^{sat} = 1.44$$

이상혼합물이면 분압은 전체 압력을 각 물질의 몰분율만큼 나눠서 차지하고 있는 압력이므로 다음과 같습니다.

$$\mathcal{P}_1 = y_1 P$$

$$\mathcal{P}_2 = y_2 P$$

$$\mathcal{P}_1 + \mathcal{P}_2 = (y_1 + y_2)P = P = x_1 P_1^{sat} + x_2 P_2^{sat} = 5.24$$

$$y_1 = \frac{x_1 P_1^{sat}}{P} = \frac{3.8}{5.24} = 0.725$$

$$y_2 = \frac{x_2 P_2^{sat}}{P} = \frac{1.44}{5.24} = 0.275$$

이슬점과 기포점

순물질의 경우, 기체와 액체가 공존하는 포화상태는 하나의 압력에 하나의 온도가 대응됩니다. 이에 따라 특정 압력에서 기액이 공존하는 온도를 끓는점 혹은 포화온도, 특정 온도에서 기액이 공존하는 압력을 포화압으로 부르게 됩니다. 그러나 혼합물이 되면 기체와 액체가 공존하는 온도와 압력이 PT선도상 ∩모양으로 나타나게 되는데, 이를 혼합물의 포화곡선 혹은 상덮개(phase envelope)라고 부릅니다. 혼합물을 구성하는 물질의 조성에 따라 그 모양이 변화하며 상덮개의 왼쪽은 액체, 오른쪽은 기체, 내부는 기액혼합물이 공존하는 영역이 됩니다. 또한, 혼합물을 구성하는 물질의 특성에 따라 혼합물의 임계점이 순물질의 임계점보다 더 고압에서 형성되는 특징이 있습니다.

이러한 혼합물의 특성상 혼합물은 특정 압력에서 기액이 공존하는 온도가 하나의 온도가 아닌 범위를 가지게 되며, 특정 온도에서 기액이 공존하는 압력 또한 범위로 존재하게 됩니다. 때문에 포화압이라는 표현을 사용하기가 부적절하므로 혼합물의 경우 기포점(bubble point)과 이슬점(dew point)이라는 명칭으로 이를 구별하게 됩니다. 기포점이란 최초의 기체가 생기는 순간의 압력 혹은 온도를 말하며, 상덮개의 좌측 곡선을 의미하게 됩니다. 이슬점이란 최초의 액체가 생기는 순간의 압력 혹은 온도를 말하며, 상덮개의 우측 곡선을 의미하게 됩니다.

[그림 2-3]을 예로 들면 임의의 압력 P_1에서 매우 낮은 저온은 액체상태이나, 온도가 올라가다 보면 최초의 기체가 생성되는 온도에 도달하게 되며, 이 온도가 압력 P_1에서의 기포점 온도가 됩니다. 반대로 압력 P_1, 고온에서는 이 혼합물은 기체로 존재하게 되나 온도를 낮추다 보면 최초의 액

체가 생성되는 온도에 도달하게 되며, 이 온도가 압력 P_1에서의 이슬점 온도가 됩니다. 임의의 온도 T_1에서 이야기하면 고압에서는 액체상태이나 압력을 내리다 보면 최초의 기체가 생성되는 압력에 도달하게 되며 이 압력이 온도 T_1에서의 기포점 압력이 됩니다. 저압에서 압력을 올리다 최초의 액체가 생성되는 압력에 도달하게 되면 이 압력이 온도 T_1에서의 이슬점 압력이 됩니다.

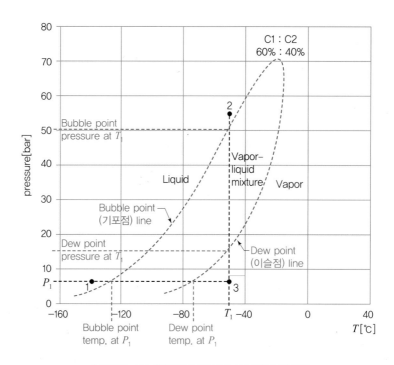

| 그림 2-3 | 혼합물의 PT선도, 기포점과 이슬점

2.4 수치해석법 기초

뉴턴-랩슨법(Newton-Raphson method)

어떤 문제에 대해서 논리적·수학적으로 접근하여 정확하게 얻은 해를 해석해(analytic solution)라고 합니다. 예를 들어, 2차 방정식의 해는 근의 공식과 같은 해석해가 존재합니다. 그러나 현실에서 대다수의 공학적 문제는 해석적으로 해를 얻을 수가 없습니다. 예를 들어서 다음과 같은 함수에 대해서 $y = 0$일 때 x값을 찾으려고 하면 이는 해석적으로는 어려운 일이 됩니다. $x = f^{-1}(y)$와 같은 관계를 만들기가 어렵기 때문입니다.

$$y = f(x) = x^2 - e^x - \sin x$$

이런 경우에 사용 가능한 방법이 반복적 연산을 통하여 해에 가까운 값을 근사해 나가는 수치해석법(numerical method)이라고 부르며, 공학 전 분야에 걸쳐서 다양하게 사용됩니다. 이렇게 얻어진 해를 수치해(numerical solution)라고 합니다.

수치해석법에는 굉장히 다양한 알고리즘이 존재합니다. 그중 가장 기초적인 뉴턴-랩슨법(Newton-Raphson method)을 소개합니다. 임의의 함수 $y = f(x)$가 있다고 합시다. 이 함수 위 임의의 점 $[x_1, f(x_1)]$에서 접선을 긋고 이 접선의 x절편값을 x_2라고 생각해 봅시다. 이 접선의 방정식은 다음과 같으므로

$$y - f(x_1) = f'(x_1)(x - x_1)$$

x절편 x_2는 다음과 같습니다.

$$x_2 = x_1 + \frac{[0 - f(x_1)]}{f'(x)} = x_1 - \frac{f(x_1)}{f'(x_1)}$$

다시 점 $[x_2, f(x_2)]$에서 접선을 긋고 이 접선의 x절편값을 x_3라고 합시다. x의 번호만 바뀔 뿐 계산은 위와 완전히 동일하므로, 점 $[x_k, f(x_k)]$에서 x_{k+1}을 찾는 식을 만들 수 있습니다.

$$x_{k+1} = x_k - \frac{f(x_k)}{f'(x_k)}$$

반복해서 회차 k를 늘려 가면서 이 과정을 반복해 보면 k가 증가할수록 x의 값이 $f(x) = 0$인 점

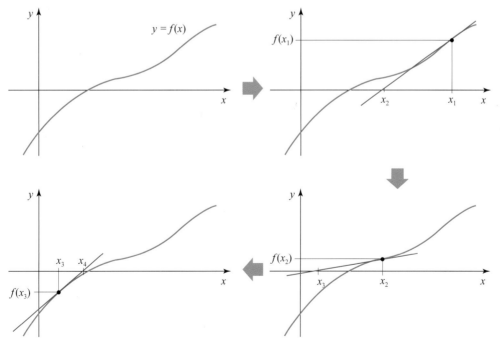

| 그림 2-4 | 뉴턴-랩슨법의 원리

을 향하여 수렴해 가는 것을 볼 수 있습니다. 즉, 충분히 많은 단계를 반복하면 역함수를 모르더라도 $f(x)=0$이 되는 x값을 허용된 오차 허용범위(tolerance) 내에서 찾을 수 있게 됩니다.

할선법(secant method)

뉴턴-랩슨법은 도함수를 이용하여 구성되어 있는데, 이는 함수 $f(x)$가 미분이 어렵거나 불가능하면 적용하기가 힘든 문제를 가지고 있습니다. 따라서 도함수를 사용하기 어려운 경우에 뉴턴-랩슨법상 도함수를 두 점 사이의 기울기로 근사하는 방법을 취할 수 있습니다. 이를 할선법(secant method)이라고 합니다.

$$x_{k+1} = x_k - \frac{f(x_k)}{f'(x_k)} \approx x_k - \frac{f(x_k)}{\frac{f(x_k)-f(x_{k-1})}{x_k-x_{k-1}}} = x_k - \frac{f(x_k)(x_k-x_{k-1})}{f(x_k)-f(x_{k-1})}$$

이는 시작하기 위해서 2개의 시작점을 필요로 하나, 미분을 신경 쓸 필요가 없고 뉴턴-랩슨법에 크게 뒤지지 않는 수렴속도를 가진 알고리즘으로 유용합니다.

ex 2-4 할선법

다음의 해를 찾아라.

$$x^2-e^x-\sin x = 1$$

해설

$f(x)$를 다음과 같이 두면

$$f(x) = x^2-e^x+\sin x-1$$

이는 $f(x)=0$으로 하는 x의 해를 찾는 문제가 됩니다.

임의의 두 점 $x_1=0$, $x_2=1$에서 시작하여 할선법을 적용하여 보면

$$x_1 = 0, \quad f(x_1) = f(0) = 0^2-e^0+\sin 0-1 = -2$$
$$x_2 = 1, \quad f(x_2) = f(1) = 1^2-e^0+\sin 0-1 = -3.56$$
$$x_3 = x_2 - \frac{f(x_2)(x_2-x_1)}{f(x_2)-f(x_1)} = 1 - \frac{(-3.56)\times(1-0)}{-3.56-(-2)} = -1.282,$$
$$f(x_3) = 1.325\cdots$$

k	x_k	$f(x_k)$
1	0	−2
2	1	−3.560
3	−1.282	1.325
4	−0.663	−0.460
5	−0.823	−0.030
6	−0.834	0.001
7	−0.833	0.000

$f(x)=0$이 되는 수치해 $x=-0.833$임을 알 수 있습니다.

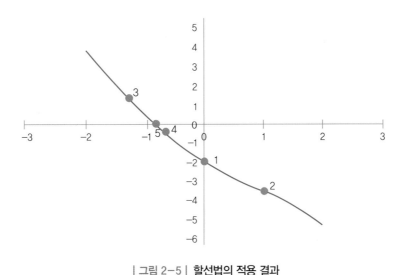

| 그림 2−5 | 할선법의 적용 결과

2.5 연소반응

연소반응(combustion reaction)과 반응양론(reaction stoichiometry)

선박의 배기가스에 대하여 이야기하려면 일단 배기가스가 형성되는 근본적인 메커니즘인 연소반응을 이해할 필요가 있습니다. 연료물질이 산소와 반응, 산화되어 에너지(열)를 발산하는 반응을 연소반응이라고 하며, 연소 후 발생한 물질들이 기체로 배출된 것이 배기가스 혹은 배가스입니다. 영어 표현상으로는 차량의 엔진 등에서 배출된 배기가스(exhaust gas)와 발전소의 보일러 등에서 굴뚝(flue)을 거쳐서 배출된 굴뚝 배기가스(flue gas)를 구별하여 사용하는 경우들이 있으나, 한국어상으로는 구별되어 있지 않아서 이 책에서는 연소 결과 발생한 가스를 통칭하여 배기가스로 표현하고 있습니다.

연소과정에서 연료가 산소와 모두 반응하여 생성물로 물과 이산화탄소만 생성되는 반응을 완전연소라고 합니다.

예 메테인의 완전연소반응

$$aCH_4 + bO_2 \quad \rightarrow \quad cCO_2 + dH_2O$$

만약, 산소가 부족하거나 연소온도가 지나치게 낮으면 연소반응 결과 물과 이산화탄소 이외에도 원하지 않는 물질들이 생성되는 불완전연소가 일어나게 됩니다. 불완전연소가 일어나면 연소결과 얻을 수 있는 반응열이 줄어들고, 인체 및 환경에 유해한 일산화탄소(CO), 그을음(soot) 등이 생성되게 됩니다.

반응에 참여하는 반응물 및 생성물의 정량적 관계를 나타내는 이론을 반응양론이라고 합니다. 화학반응이 일어나는 경우에도 반응 전후에서 물질을 구성하는 원자는 생성되거나, 소멸되지 않습니다. 반응 전후에 원자의 개수가 보존되도록 반응식의 분자계수가 조정된 식을 반응균형식(balanced equation)이라 하며, 이때 반응에 참여하는 분자의 개수를 양론계수(stoichiometric coefficient, ν)라고 합니다.

예를 들어, 물질 A, B, C, D가 참여하는 반응에 대하여 다음과 같은 식이 성립됩니다.

$$aA + bB \quad \rightleftharpoons \quad cC + dD$$

물질 i에 대한 양론계수 ν_i는 다음과 같이 나타낼 수 있으며, 분자의 개수에 비례하므로 단위는 일반적으로 몰(mol)을 사용합니다.

$$\nu_A = -a$$
$$\nu_B = -b$$
$$\nu_C = c$$
$$\nu_D = d$$

예를 들어, 메테인의 완전연소반응을 보면 탄소원자는 반응물과 생성물 모두 1몰씩 존재하면 되나, 수소원자의 경우 메테인 분자에는 4몰, 물분자에는 2몰이 존재하므로 원자의 개수가 보존되기 위해서는 물분자는 2몰이 생성되어야 합니다. 그럼 산소분자는 2몰이 반응하여야 반응물과 생성물에서 원자의 양이 보존됩니다.

즉, 메테인의 완전연소반응에서 각 물질의 양론계수는

$$CH_4 + 2O_2 \rightarrow CO_2 + 2H_2O$$

$$\nu_{CH_4} = -1$$

$$\nu_{O_2} = -2$$

$$\nu_{CO_2} = 1$$

$$\nu_{H_2O} = 2$$

이 반응식은 다음과 같이 적을 수도 있습니다.

$$2CH_4 + 4O_2 \rightarrow 2CO_2 + 4H_2O$$

즉, 양론계수를 2배로 늘리거나 반으로 줄여도 균형식을 유지하는 데에는 문제가 없습니다. 일반적으로 주 물질의 계수를 1몰로 하거나 혹은 가장 작은 정수비가 되도록 작성하는 것이 일반적입니다.

ex 2-5 옥테인의 완전연소

가솔린 성분 중 하나인 탄화수소 n-옥테인(n-C_8H_{18})의 완전연소 반응식을 구하라.

해설

단계 1: 계수 없이 반응식을 적습니다.

$$\square C_8H_{18} + \square O_2 \rightarrow \square CO_2 + \square H_2O$$

단계 2: 반응 전후에 하나만 존재하는 물질의 계수를 질량(원자)이 보존되도록 정합니다.

$$C_8H_{18} + \square O_2 \rightarrow 8CO_2 + 9H_2O$$

단계 3: 질량이 보존될 수 있도록 남아 있는 물질의 양론계수를 조정합니다.

$$C_8H_{18} + 12.5O_2 \rightarrow 8CO_2 + 9H_2O$$

보다 정확한 반응식을 위해서는 반응 전후 물질의 상(phase)을 같이 기입해 주어야 합니다. 상이 액체인지, 기체인지에 따라서 물질이 가지는 엔탈피 수준이 달라지므로 반응에 흡수·배출되는 열량이 변화하기 때문입니다.

$$C_8H_{18}(l) + 12.5O_2(g) \rightarrow 8CO_2(g) + 9H_2O(g)$$

2·1 몰(mol), 그램몰(gmol)이 다른 건가요?

몰(mole)은 입자의 개수를 나타내는 단위로, 어떤 입자가 아보가드로수($N_A = 6.02214076 \times 10^{23}$)만큼 있는 것을 의미하며, 단위기호로는 몰(mol)을 사용합니다. 정의상 반드시 분자의 개수를 의미하는 것은 아니며, 원자 등 다른 입자의 개수를 나타내기 위해서 사용하는 것도 가능하지만 일반적으로 화학에서는 분자의 개수를 의미하는 경우가 많습니다.

몰(mol)과 그램몰(gmol)은 한국에서는 동일한 단위입니다. 그런데 굳이 'g'를 붙여서 쓰는 이유는 다른 단위 체계(특히 영미 단위)가 되면 혼선이 오기 때문입니다. 분자량(molecular weight, M_W)은 보통 상대 분자질량(relative molecular mass)을 의미하며, 이는 탄소원자 질량의 1/12을 기준으로 하는 상대질량이므로 단위가 없습니다.

$$n = \frac{m}{M_W}$$

분자량이 2인 수소분자는 수소분자 1몰(6.022×10^{23}개)이면 2 g이 됩니다.

$$1 \text{ mol의 수소가 가지는 질량} = 2 \text{ g}$$

$$2 \text{ g의 수소} \rightarrow \frac{2 \text{ g}}{2 \text{ g/mol}} = 1 \text{ mol의 수소가 가지는 질량}$$

이때 분자량의 단위는 g/mol로 생각할 수 있습니다[엄밀하게 말하면 이렇게 분자 1몰이 가지는 질량은 몰질량(molar mass)이라고 구별해서 부르지만, 화학적으로 명확하게 구별할 필요가 없는 경우 혼용해서 쓰는 경우가 많습니다].

그런데 영미권의 경우, 질량의 대표 단위가 lb(pound)입니다. 그러면 수소의 분자량이 2라는 의미는

$$2 \text{ lb의 수소} \rightarrow \frac{2 \text{ lb}}{2 \text{ lb/mol}} = 1 \text{ mol의 수소 질량}$$

즉, 분자량의 단위가 실질적으로는 lb/mol이 되어 버립니다. 그럼 이렇게 해 놓고 보면, 잘못하면 마치 다음의 수식이 성립하는 것처럼 보이게 됩니다.

$$2 \text{ lb의 수소} = \frac{2 \text{ lb}}{2 \text{ lb/mol}} = 1 \text{ mol의 수소 질량} = \frac{2 \text{ g}}{2 \text{ g/mol}} = 2 \text{ g의 수소}$$

g과 lb는 같을 수가 없으므로 이건 문제가 됩니다. 이렇게 된 이유는 서로 다른 질량 단위(g, lb)를 사용한 체계에서 동일한 의미로 mol을 사용하였기 때문입니다. 이러한 착오를 막기 위해서 질량 단위 g/kg을 사용하는 체계의 몰은 gmol/kgmol로, 질량 단위 lb를 사용하는 체계의 몰은 lbmol로 표기하면 혼란도 없고 단위 환산 계산도 쉬워집니다.

$$2 \text{ g의 수소} \rightarrow \frac{2 \text{ g}}{2 \text{ g/mol}} = 1 \text{ gmol의 수소 질량}$$

$$2 \text{ lb의 수소} \rightarrow \frac{2 \text{ lb}}{2 \text{ lb/mol}} = 1 \text{ lbmol의 수소 질량}(= 453.6 \text{ gmol의 수소 질량})$$

한국에서 쓰지도 않는 lb와 같은 단위를 왜 신경 써야 하는지 하고 생각할 수도 있는데, 공학적인 문제는 특정 국가에서만 다루는 것이 아니기 때문입니다. 영미문화권의 엔지니어들과 같이 일을 할 때 이러한 사소한 곳에서 큰 착오가 발생할 수 있습니다. 대표적인 예로 1999년 NASA가 3억 달러 이상을 투자하여 발사한 화성 무인 기후 궤도 탐사선이 화성에 도착하자마자 소실되는 사고가 있었는데, 그 원인 중 하나가 소프트웨어 간 단위 불일치 때문이었던 것으로 밝혀진 바 있습니다(AG Stephenson et al., *Mars Climate Orbiter Mishap Investigation Board Phase I Report*, NASA, 1999).

가연성 한계범위

연소를 위해서는 연료·산소·점화원이 필요하며, 이를 연소의 3요소라고 부릅니다. 이 중 하나만 결여되어 있어도 연소는 발생하지 않습니다. 또한, 산소가 있다고 무조건 연소가 가능한 것이 아니라 물질에 따라 산소와 지속적으로 결합이 가능한 적절한 비율이 존재합니다. 때문에 공기 중 연료의 비율이 너무 낮거나 너무 높으면 산소가 존재하더라도 연소가 지속적으로 일어나지 못하는 특성이 있습니다. 이렇게 지속적으로 연소가 가능한 물질의 한계비율을 가연성 한계(flammable limit)라 하며, 가연성 하한한계비율을 LFL(Lower Flammable Limit), 가연성 상한한계비율을 UFL(Upper Flammable Limit)이라고 합니다. [표 2-4]는 천연가스를 구성하는 주요 물질의 가연성 한계범위에 대한 예시입니다. LFL/UFL의 수치는 출처 데이터베이스에 따라 차이가 날 수 있습니다.

| 표 2-4 | 천연가스 주요 물질의 가연성 한계범위

물질명	분자식	가연성 한계(공기 중 vol%)	
		LFL	UFL
메테인	CH_4	5%	14.3%
에테인	C_2H_6	3%	12~12.5%
프로페인	C_3H_8	2%	9.5~10%
n-뷰테인	n-C_4H_{10}	1.5%	8.5%

반응 엔탈피(enthalpy of reaction)와 생성 엔탈피(enthalpy of formation)

연소반응이 진행되면 반응의 결과 큰 열에너지를 얻을 수 있게 됩니다. 이처럼 반응이 진행되면 그 과정에서 계의 주변환경으로 열을 방출하거나, 흡수하는 현상이 나타나게 됩니다. 정압에서 계에 출입하는 열은 물질의 엔탈피 변화량과 동일하므로 이 열량을 해당 반응의 반응 엔탈피(enthalpy of reaction, Δh_{rxn}) 혹은 반응열(heat of reaction)이라고 부릅니다. 반응이 진행되면서 주변환경으로부터 열을 흡수, 계의 엔탈피가 증가하는 반응을 흡열반응(endothermic reaction)이라 하며, 반응 엔탈피의 변화량은 양수가 됩니다. 반대로 열을 방출하여 계의 엔탈피는 낮아지고 주변환경에 열을 공급하는 반응을 발열반응(exothermic reaction)이라 하며, 이때 계의 엔탈피는 감소하므로 반응 엔탈피의 변화량은 음수($\Delta h_{rxn} < 0$)가 됩니다. 연소반응이 대표적인 발열반응이며, 연소반응의 반응 엔탈피를 연소열(heat of combustion) 혹은 발열량(heating value)이라고도 합니다.

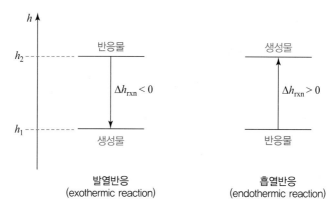

| 그림 2-6 | 발열반응과 흡열반응의 반응 엔탈피

 반응 엔탈피 역시 온도·압력의 조건에 따라서 변화하므로 이를 일치시키기 위해서는 기준이 되는 기준상태(reference state)가 필요합니다. 많이 사용되는 기준 압력은 표준상태(standard state) 혹은 SATP(Standard Ambient Temperature and Pressure)라고 불리는 1 bar입니다. 이러한 조건에서 측정된 반응 엔탈피를 '기준반응 엔탈피' 혹은 '표준반응 엔탈피'라 하며, Δh_{rxn}°과 같이 표기합니다($^{\circ}$표시는 표준상태에서의 값을 의미). 엄밀히 말하면 표준상태는 표준압력만 규정한 상태로, 온도의 함수[$\Delta h_{rxn}^{\circ} = \Delta h_{rxn}^{\circ}(T)$]로 나타나게 됩니다. 다만, 많은 자료들이 표준반응 엔탈피의 기준온도를 별도의 언급 없이도 SATP조건의 25℃를 기준으로 표기하고 있으므로 표준반응 엔탈피가 온도의 함수가 아닌 상수로 나타난 경우는 25℃에서의 표준반응 엔탈피라고 생각하는 것이 일반적입니다.

$$\Delta h_{rxn}^{\circ} \begin{cases} \Delta h_{rxn}^{\circ}(T) = \Delta h_{rxn,T}^{\circ} \\ \Delta h_{rxn}^{\circ}(T = 298.15\ \text{K}) = \Delta h_{rxn,298}^{\circ} \end{cases}$$

 엔탈피는 상태함수이므로 경로에 무관하게 화학반응이 일어나는 동안에 방출하거나 흡수하는 열량은 반응물과 생성물의 종류와 상태가 같으면 반응 경로에 관계없이 항상 일정합니다. 이를 '헤스(Hess)의 법칙'이라고 합니다. 이러한 속성을 이용, 공통된 약속에 따라 물질별 표준생성 엔탈피(standard enthalpy of formation, Δh_f°)를 정의해 두면 이를 이용하여 다양한 반응에 대한 표준반응 엔탈피를 계산하는 것이 가능해집니다. 표준생성 엔탈피란 표준상태에서 자연적으로 가장 보편적으로 안정된 형태로 존재하는 단일원소 물질의 생성 엔탈피를 0으로 두고, 이 원소들이 결합하여 만들어진 화합물은 각 원소의 기준상태로부터 생성될 때의 반응 엔탈피로 정의하는 것입니다.

예를 들어서 산소(O_2)의 경우, 25℃, 1 bar에서 자연적으로 가장 안정된 형태로 존재하는 것은 기체 산소분자입니다. 따라서 표준상태 기체 산소분자의 생성 엔탈피는 0으로 정의합니다.

$$O_2(g): \Delta h_f^\circ = 0$$

탄소(C)의 경우, 표준상태에서 자연적으로 가장 안정된 형태는 탄소 고체인 흑연(graphite)입니다. 따라서 탄소 고체 흑연의 생성 엔탈피를 0으로 정의합니다.

$$C(s, \text{ graphite}): \Delta h_f^\circ = 0$$

이산화탄소(CO_2)의 경우, 탄소와 산소가 결합하여 만들어진 화합물이며 표준상태에서 기체가 가장 일반적입니다. 따라서 기체 이산화탄소의 생성 엔탈피는 각 원소가 자연적으로 가장 보편적으로 안정된 흑연과 산소 기체로부터 만들어질 때의 반응 엔탈피양이 됩니다.

$$C(s, \text{ graphite}) + O_2(g) \rightarrow CO_2(g)$$
$$\Delta h_f^\circ = -393.5 \, \text{kJ/mol}$$

일산화탄소(CO)의 경우도 마찬가지입니다.

$$C(s, \text{ graphite}) + 0.5 O_2(g) \rightarrow CO(g)$$
$$\Delta h_f^\circ = -110.5 \, \text{kJ/mol}$$

그럼 일산화탄소가 이산화탄소가 되는 반응 R1은 가상의 반응 경로 R2와 R3를 거쳐서 가는 것으로 생각해 볼 수 있습니다. R2는 일산화탄소의 생성반응의 역반응이므로 반응 엔탈피는 110.5 kJ/mol이 될 것입니다. 반응 R3는 이산화탄소의 생성반응이므로 반응 엔탈피는 −393.5 kJ/mol이 됩니다. 따라서 반응 R1의 반응 엔탈피는 다음과 같이 추산할 수 있습니다.

$$\Delta h_{rxn}^\circ = -\Delta h_{f, CO}^\circ + \left(-\Delta h_{f, CO_2}^\circ \right)$$
$$= 110.5 - 393.5 = -283 \, \text{kJ/mol}$$

즉, 반응 엔탈피는 반응물 및 생성물의 반응양론계수와 생성 엔탈피로부터 다음과 같이 연산이 가능합니다.

$$\Delta h_{rxn}^\circ = \sum \nu_i \Delta h_{f, i}^\circ \tag{2.8}$$

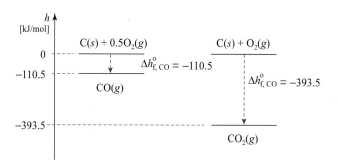

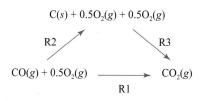

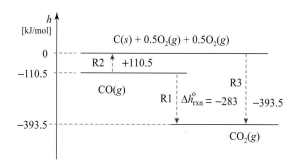

| 그림 2-7 | 생성 엔탈피와 반응 엔탈피 예시

ex 2-6 메테인의 연소열

메테인과 이산화탄소·물의 생성 엔탈피가 다음과 같을 때 표준상태 1 bar, 25°C에서 메테인 완전 연소반응의 반응열을 구하고자 한다.

$$\Delta h_{f, CH_4}^{o}(g) = -74.9 \, \text{kJ/mol}$$

$$\Delta h_{f, CO_2}^{o}(g) = -393.5 \, \text{kJ/mol}$$

$$\Delta h_{f, H_2}^{o}(l) = -285.8 \, \text{kJ/mol}$$

(a) 메테인 1몰을 연소할 때 몰당 반응열을 구하라.

(b) 메테인 1 kg을 연소할 때 질량당 반응열을 구하라.

┗ 해설

(a) 메테인의 완전연소반응은 다음과 같습니다.

$$CH_4 + 2O_2 \rightarrow CO_2 + 2H_2O$$

25℃, 1 bar에서의 상을 생각해 보면

$$CH_4(g) + 2O_2(g) \rightarrow CO_2(g) + 2H_2O(l)$$

기체 산소의 경우 25℃, 1 bar에서 가장 자연적인 상태는 산소분자이므로 생성열의 정의상 0이 됩니다. 따라서 이 연소반응의 반응 엔탈피는 다음과 같습니다.

$$\Delta h_{rxn}^{\circ} = \sum \nu_i \Delta h_{f,i}^{\circ} = -1 \times (-74.9) - 2 \times 0 + 1 \times (-393.5) + 2 \times (-285.8) = -890.2\,kJ/mol$$

다시 말하면, 메테인 1몰을 연소하면 890.2 kJ의 에너지를 얻을 수 있습니다. 이를 메테인의 연소열 또는 발열량, 보다 정확하게는 고위발열량(HHV, Higher Heating Value)이라고 합니다.

(b) 메테인 1 kg은 $1000/16 = 62.5\,mol$이므로

$$\Delta H_{rxn}^{\circ} = 62.5\,mol \times (-890.2\,kJ/mol) = -55.6\,MJ$$

즉, 메테인의 질량당 발열량은 55.6 MJ/kg입니다.

고위발열량(HHV)과 저위발열량(LHV)

연소반응을 통하여 얻은 열량, 즉 반응 엔탈피를 연소열(combustion heat) 혹은 해당 연료의 발열량(heating value)이라고 합니다. 이는 해당 연료를 단위 질량, 단위 몰 혹은 단위 부피 연소하였을 때 얻을 수 있는 열량의 이론적 최대치를 가지게 됩니다. 이는 표준상태의 연료를 연소하고 나서 생성된 생성물을 다시 표준상태로 되돌리면서 회수 가능한 열량으로 생각할 수 있습니다. 이 경우, 반응 생성 결과물인 물을 어떤 상태를 기준으로 하느냐에 따라서 회수 가능한 열량이 차이를 가질 수 있게 됩니다. [Ex 2-6]은 반응 결과 생성물 중 물이 액체가 될 때까지 열을 회수하는 것을 기준으로 하고 있습니다. 이를 해당 연료의 고위발열량(HHV, Higher Heating Value) 혹은 총발열량(gross calorific value)이라고 합니다.

$$CH_4(g) + 2O_2(g) \rightarrow CO_2(g) + 2H_2O(l)$$

그런데 실제 발전소나 엔진에서 일어나는 연소의 경우, 배기가스가 액체인 물을 회수할 수 있을 정도로 냉각되지 않고 수증기인 물을 포함한 배기가스로 배출되는 경우가 많습니다. 이 경우, 물의 증발열에 해당하는 엔탈피를 회수할 수 없게 되므로 발열량이 감소하게 됩니다. 이렇게 연산된 발열량을 저위발열량, LHV(Lower Heating Value) 혹은 순발열량(net calorific value)이라고 합니다.

$$CH_4(g) + 2O_2(g) \rightarrow CO_2(g) + 2H_2O(g)$$

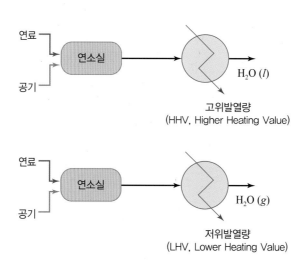

| 그림 2-8 | **고위발열량(HHV)과 저위발열량(LHV)**

이 두 가지 발열량은 모두 현재 공학에서 널리 사용되는 발열량입니다. 일반적인 엔진이나 보일러 등에서는 연소 후 물이 수증기로 배출되는 경우가 많기 때문에 HHV는 실제 회수 가능한 열량과 차이가 나며, 따라서 LHV를 기준으로 발열량을 사용하는 경우가 많습니다. 천연가스 발전업계 등의 경우, 열을 회수하는 공정을 포함하는 경우가 많기 때문에 HHV를 기준으로 많이 사용합니다. [표 2-5]는 천연가스를 구성하는 주요 물질의 고위발열량 및 저위발열량의 예시로, 사용하는 데이터베이스의 종류에 따라 발열량 수치는 미세하게 다를 수 있습니다.

| 표 2-5 | **천연가스 주요 구성 물질의 발열량**

물질명	분자식	발열량[MJ/kg]	
		HHV	LHV
메테인	CH_4	55.6	50.1
에테인	C_2H_6	51.9	47.6
프로페인	C_3H_8	50.3	46.3
n-뷰테인	$n-C_4H_{10}$	49.5	45.7

| 표 2-6 | 선박용 연료 물질의 대표 발열량[IMO MEPC.281(70)]

연료명	발열량(LHV, MJ/kg)
경유(diesel), MGO(Marine Gas Oil)	42.7
경질 연료유 LFO(Light Fuel Oil)	41.2
중유 HFO(Heavy Fuel Oil)	40.2
LNG(Liquefied Natural Gas)	48.0
메탄올(methanol)	19.9
에탄올(ethanol)	26.8

ex 2-7 메테인의 저위발열량(LHV)

수증기의 생성 엔탈피가 다음과 같을 때 표준상태 1 bar, 25°C에서 메테인 완전연소반응의 저위
발열량(LHV)을 구하라.

$$\Delta h^{\circ}_{f, H_2O(g)} = -241.8 \, \text{kJ/mol}$$

(a) 메테인 1몰을 연소할 때 몰당 LHV를 구하라.

(b) 메테인 1 kg을 연소할 때 질량당 LHV를 구하라.

해설

(a) 다음 반응을 기준으로 구할 수 있습니다.

$$CH_4(g) + 2O_2(g) \rightarrow CO_2(g) + 2H_2O(g)$$

$$\Delta h^{\circ}_{rxn} = \sum \nu_i \Delta h^{\circ}_{f, i} = -1 \times (-74.9) - 2 \times 0 + 1 \times (-393.5) + 2 \times (-241.8) = -802.2 \, \text{kJ/mol}$$

(b) 메테인 1 kg은 1000/16 = 62.5 mol이므로

$$\Delta H^{\circ}_{rxn} = 62.5 \, \text{mol} \times (-802.2 \, \text{kJ/mol}) = -50.1 \, \text{MJ}$$

즉, 메테인의 질량당 저위발열량은 50.1 MJ/kg입니다.

부피당 발열량 혹은 에너지 밀도

실제 연료를 수송하는 경우, 수송 가능한 연료의 양은 연료의 질량보다는 연료의 부피로 결정됩

니다. 때문에 질량당 혹은 몰당 나타낸 발열량보다 부피당 나타낸 발열량이 사용이 편리한 경우가 있습니다. 부피당 발열량은 발열량에 해당 연료의 밀도를 곱해서 얻을 수 있으며, 이를 연료의 에너지 밀도(energy density)라고 부릅니다.

$$\text{부피당 발열량(에너지 밀도)} = \text{질량당 발열량} \times \text{밀도(온도·압력에 따라 변화)}$$

주의해야 할 점은 몰당 혹은 질량당 발열량과는 달리 에너지 밀도는 온도와 압력에 따라서 변화한다는 점입니다. 같은 물질이라도 어떤 온도·압력에 있는지에 따라 밀도가 변화하기 때문입니다. 따라서 기준상태를 확인하는 것이 좋습니다.

ex 2-8 LNG와 CNG의 에너지 밀도

천연가스를 수송하는 방법은 크게 액화천연가스(LNG, Liquefied Natural Gas)와 압축천연가스(CNG, Compressed Natural Gas)로 나뉠 수 있다. 동일한 조성으로 구성된 LNG와 CNG의 조건이 다음과 같을 때, 저위발열량 기준 LNG와 CNG의 에너지 밀도[MJ/L]를 구하라.

물성	온도	압력	밀도	저위발열량
단위	°C	bar	kg/m^3	MJ/kg
LNG	−162	1.013	450	48
CNG	25	200	250	48

해설

상태에 상관없이 질량당 발열량은 동일하나 온도·압력에 따라 밀도가 다르므로 부피당 발열량은 다음과 같습니다.

$$\text{LNG: } 48\,\text{MJ/kg} \cdot 450\,\text{kg/m}^3 \cdot \frac{1\,\text{m}^3}{1000\,\text{L}} = 21.6\,\text{MJ/L}$$

$$\text{CNG: } 48\,\text{MJ/kg} \cdot 250\,\text{kg/m}^3 \cdot \frac{1\,\text{m}^3}{1000\,\text{L}} = 12\,\text{MJ/L}$$

한계반응물(limiting reactant)과 과잉반응물(excess reactant)

반응이 진행될 때 필요한 양론계수만큼의 물질량보다 양이 부족한 물질이 있는 경우 이 물질이 모두 소모될 때까지만 반응이 진행되고 그 이상은 반응이 진행할 수 없게 됩니다. 이러한 물질을 한계반응물(limiting reactant)이라 하며, 반응 종료 후에도 남아 있는 물질을 과잉반응물(excess reactant)이라고 합니다. 예를 들어, 메테인의 연소반응에서 메테인이 2몰 있다고 하더라도 산소가 2몰밖에 없다면 메테인은 1몰만 반응하고 1몰은 남아 있게 됩니다. 이러한 경우 산소가 한계반응물, 메테인이 과잉반응물이 됩니다.

반응식	CH_4	+	$2O_2$	$\rightleftharpoons$	CO_2	+	$2H_2O$
반응 전(n_i^o)	2		2		0		0
반응	−1		−2		1		2
반응 후(n_i)	1		0		1		2

이론공기량(theoretical air), 과잉공기율(% excess air)과 공연비(AFR)

연소반응에서 어떤 연료가 완전연소하기 위해서 필요한 산소의 최소량을 이론산소량(theoretical oxygen)이라 하며, 이론산소량을 공급하기 위해서 필요한 공기의 양을 이론공기량(theoretical air)이라고 합니다. 예를 들어, 메테인 1몰이 완전연소하기 위해서 필요한 이론산소량은 2몰입니다. 이 때 공기 중 산소의 몰분율은 약 21%이므로 이론공기량은 다음과 같습니다.

$$2 \cdot \frac{1}{0.21} = 9.524 \, \text{mol}$$

이상적으로는 이론공기량만 공급하여도 완전연소가 가능할 수 있겠으나, 실제 연소 과정에서는 이론공기량만큼의 산소가 존재하더라도 엔진 내 연소실에서 연료와 산소가 완전히 균질하게 섞이지 못하고 국소적으로 산소가 부족한 영역이 발생, 불완전연소가 발생할 수 있게 됩니다. 따라서 완전연소에 가까운 결과를 얻기 위해서는 보통 엔진에는 연료의 이론공기량보다 과량의 공기를 넣어주는 것이 일반적이며, 권장되는 공기량은 엔진의 특성에 따라 편차를 가질 수 있습니다. 얼마나 많은 공기가 과량 투입되었는지를 나타내는 데 사용될 수 있는 지표가 과잉공기율(% excess air)과 공기-연료비(AFR, Air-to-Fuel Ratio)이고, 줄여서 공연비라고도 합니다.

과잉공기율은 얼마나 많은 양의 공기가 과잉 공급되었는지를 이론공기량에 비하여 비율로 나타낸 값입니다.

$$\text{excess air} \, [\%] = \frac{n_{\text{air, supplied}} - n_{\text{air, theoretical}}}{n_{\text{air, theoretical}}}$$

공연비, AFR은 연소 과정에 공급되는 공기와 연료의 비율을 의미합니다. 일반적으로 AFR은 질량을 기준으로 평가하는 경우가 많으나, 몰로 나타내는 경우도 있습니다.

$$AFR(\text{mole}) = n_{\text{air}} : n_{\text{fuel}} = \frac{n_{\text{air}}}{n_{\text{fuel}}}$$

$$AFR(\text{mass}) = m_{\text{air}} : m_{\text{fuel}} = \frac{m_{\text{air}}}{m_{\text{fuel}}} = \frac{MW_{\text{air}} n_{\text{air}}}{MW_{\text{fuel}} n_{\text{fuel}}}$$

AFR은 몰이나 질량의 비이므로 기본적으로 단위가 없습니다. 그러나 경우에 따라 명확한 표기가 필요한 경우, $g_{\text{air}}/g_{\text{fuel}}$과 같이 구별해서 나타내기도 합니다.

---

ex 2 · 9 이론공기량과 과잉공기율

메테인의 완전연소반응을 위하여 50%의 과잉공기가 공급되고 있다. 공기의 조성을 몰분율 기준으로 질소 79%, 산소 21%로 가정하는 경우 다음 질문에 답하라

(a) 1몰의 메테인 완전연소반응을 위한 이론공기량을 구하라.

(b) 연소 시 50% 과잉공기율을 가지도록 하려면 메테인 1몰당 필요한 공기 공급량을 구하라.

(c) 50% 과잉공기율을 가질 때 AFR을 구하라.

해설

(a) 메테인의 완전연소반응에서

$$CH_4 + 2O_2 \rightarrow CO_2 + 2H_2O$$

메테인 1몰이 완전연소하기 위한 이론산소량은 2몰임을 알수 있습니다. 2몰의 산소를 공급하기 위해서 필요한 공기량은 다음과 같습니다.

$$n_{\text{air, theoretical}} = 2 \cdot \frac{1}{0.21} = 9.524 \, \text{mol} \, (\text{mol/CH}_4 \, \text{mol})$$

(b) 과잉공기율이 50%가 되려면

$$\text{excess air} [\%] = 50\% = \frac{n_{\text{air}} - 9.524}{9.524}$$

$$n_{\text{air}} = 14.29 \, \text{mol}$$

(c) 연소에 참여한 연료 대비 공기의 비율이 AFR이므로

$$AFR [\text{mole}] = \frac{n_{\text{air}}}{n_{\text{fuel}}} = \frac{14.29}{1} = 14.29$$

만약, 몰이 아닌 질량 기준으로 구하려고 하면 분자량을 알아야 합니다. 메테인의 분자량은 약 16이며, 공기의 경우 질소의 분자량(약 56)과 산소의 분자량(약 32)으로부터 평균 분자량을 계산해 보면 다음과 같습니다.

$$M_{\text{W, air}} = 0.79 \times 56 + 0.21 \times 32 = 28.8$$

$$\text{AFR(mass)} = \frac{M_{\text{W, air}}\, n_{\text{air}}}{M_{\text{W, fuel}}\, n_{\text{fuel}}} = \frac{28.8 \times 14.29}{16 \times 1} = 25.7$$

참고로 실제 공기를 구성하는 물질은 질소·이산화탄소 이외에도 아르곤 및 기타 가스를 포함하고 있으므로 이를 어떻게 가정하는지에 따라 공기의 평균 분자량은 편차가 발생합니다. 때문에 가정에 따라 28.8~28.9 내외의 값을 가지게 됩니다.

전환율(conversion)

반응에 참여하는 임의의 물질 A에 대해서 반응 전 공급된 양 대비 반응에 참여한 물질량의 비율을 반응에서 A의 전환율(conversion, X)이라고 합니다. 즉, 반응 전 A가 n_A^o몰만큼 있었고, 반응 후 n_A만큼 남았다면 A의 전환율 X_A는 다음과 같습니다.

$$X_A = \frac{\text{moles of A reacted}}{\text{moles of A fed}} = \frac{n_A^o - n_A}{n_A^o} \tag{2.9}$$

예를 들어, 다음 메테인의 연소반응에서 메테인의 전환율은 다음과 같습니다.

반응식	CH_4	+	$2O_2$	$\rightleftharpoons$	CO_2	+	$2H_2O$
반응 전(n_i^o)	2		2		0		0
반응	-1		-2		1		2
반응 후(n_i)	1		0		1		2

$$X_{CH_4} = \frac{n_{CH_4}^o - n_{CH_4}}{n_{CH_4}^o} = \frac{2-1}{2} = 50\%$$

전환율의 경우, 같은 반응 내에서도 어떤 물질에 대해서 나타내느냐에 따라서 차이가 있을 수 있습니다. 예를 들어, 위 메테인의 연소반응에서 산소의 전환율은 다음과 같습니다.

$$X_{O_2} = \frac{n_{O_2}^o - n_{O_2}}{n_{O_2}^o} = \frac{2-0}{2} = 100\%$$

반응진척도(extent of reaction)

임의의 반응에서 반응에 참여하는 물질의 양은 그 양론계수에 비례하여 결정됩니다. 예를 들어, 메탄의 완전연소반응에서 반응하는 물질의 비는 항상 $-1 : -2 : 1 : 2$가 됩니다.

$$a\mathrm{A} + b\mathrm{B} \; \rightleftharpoons \; c\mathrm{C} + d\mathrm{D}$$

즉, 어떤 반응에 대해서 반응에 참여한 물질의 몰수(Δn_i)는 양론계수(ν_i)에 비례하므로 그 비례량을 ξ로 두면 다음과 같이 나타낼 수 있습니다.

$$\Delta n_i = \nu_i \xi$$
$$\xi = \frac{\Delta n_i}{\nu_i} \tag{2.10}$$

이때 양론계수 대비 반응에 참여한 양인 ξ를 반응진척도(extent of reaction) 혹은 반응좌표(reaction coordinate)라 하며, 반응에 참여한 물질 i에 무관하게 일정한 값을 가지므로 반응이 얼마나 일어났는지를 파악하기에 용이합니다.

반응식	$a\mathrm{A}$	$+$	$b\mathrm{B}$	$\rightleftharpoons$	$c\mathrm{C}$	$+$	$d\mathrm{D}$
반응 전(n_i°)	n_{A}°		n_{B}°		n_{C}°		n_{D}°
반응(Δn_i)	$\nu_{\mathrm{A}}\xi$		$\nu_{\mathrm{B}}\xi$		$\nu_{\mathrm{C}}\xi$		$\nu_{\mathrm{D}}\xi$
반응 후(n_i)	n_{A}		n_{B}		n_{C}		n_{D}

그럼 반응 후 물질량은 반응진행도를 이용하여 다음과 같이 나타낼 수 있습니다.

$$n_i = n_i^{\circ} + \Delta n_i = n_i^{\circ} + \nu_i \xi$$

반응 후 물질 i의 몰분율 y_i는 전체 물질의 몰수 n 중 물질 i의 몰수 n_i를 의미하므로 이를 다음과 같이 ξ의 함수로 나타낼 수 있습니다.

$$y_i = \frac{n_i}{n} = \frac{n_i}{\sum_j n_j} = \frac{n_i^{\circ} + \nu_j \xi}{\sum_j (n_j^{\circ} + \nu_j \xi)} = \frac{n_i^{\circ} + \nu_j \xi}{\sum_j n_j^{\circ} + \xi \sum_j \nu_j}$$

$n^{\circ} \equiv \sum_j n_j^{\circ}, \; \sum_j \nu_j$로 정의하면 다음과 같습니다.

$$y_i = \frac{n_i^{\circ} + \nu_j \xi}{n^{\circ} + \nu \xi} \tag{2.11}$$

ex 2-10 반응진척도와 반응 후 몰분율

메테인 2몰이 산소 3몰과 반응하여 반응진척도가 1.5몰이 된 경우, 연소 후 이산화탄소의 몰분율을 구하라.

해설

식 (2.11)을 이용하면

$$y_{CO_2} = \frac{n^o_{CO_2} + \nu_i \xi}{n^o + \nu \xi} = \frac{n^o_{CO_2} + \nu_{CO_2} \xi}{\sum_j n^o_j + \xi \sum_j \nu_j} = \frac{0 + 1 \times 1.5}{(2+3) + 1.5 \times (-1-2+1+2)} = \frac{1.5}{5} = 0.3$$

이를 풀어서 살펴보면 다음과 같은 상황을 의미합니다.

반응식	CH_4	+	$2O_2$	$\rightleftharpoons$	CO_2	+	$2H_2O$
반응 전(n^o_i)	2		3		0		0
반응(Δn_i)	−1.5		−3		1.5		3
반응 후(n_i)	0.5		0		1.5		3

즉, 연소반응 후 생성된 이산화탄소의 몰분율은 다음과 같습니다.

$$y_{CO_2} = \frac{n_{CO_2}}{n} = \frac{n_i}{\sum_j n_j} = \frac{1.5}{0.5 + 1.5 + 3} = 0.3$$

FAQ

2-2 ξ는 어떻게 읽나요?

ξ는 그리스 문자로, 그리스식 발음과 영어식 발음이 다릅니다. 다음 표에 그리스 문자를 정리하였는데, 발음은 그리스식 발음을 기준으로 하고, 영어식 혹은 한국식으로 많이 통용되고 있는 발음도 괄호 안에 병기하였습니다. 정확한 읽는 법을 알고 싶으면 Greek alphabet으로 검색하여 온라인의 동영상 자료들을 참조하세요.

문자	$A\ \alpha$	$B\ \beta$	$\Gamma\ \gamma$	$\Delta\ \delta$	$E\ \varepsilon$	$Z\ \zeta$
이름	alpha	beta	gamma	delta	epsilon	zeta
읽는 법	알파	비타(베타)	감마	델타	엡실론(입실론)	지타(제타)
문자	$H\ \eta$	$\Theta\ \theta$	$I\ \iota$	$K\ \kappa$	$\Lambda\ \lambda$	$M\ \mu$
이름	Eta	theta	iota	kappa	lambda	mu
읽는 법	이타(에타)	씨[th]타(쎄타)	이오타(요타)	카파	람다	미(뮤)

문자	N ν	Ξ ξ	O o	Π π	P ρ	Σ σ
이름	Nu	xi	omikron	pi	rho	sigma
읽는 법	니(뉴)	크시(크사이)	오미크론	피[p](파이)	로	시그마
문자	T τ	Υ υ	Φ ϕ	X	Ψ ψ	Ω ω
이름	Tau	upsilion	phi	hi	psi	omega
읽는 법	타프(타우)	입실론(업실론)	피[f](파이)	히(키)	프시(프사이)	오메가

2.6 반응평형

반응평형과 깁스 자유에너지

깁스 자유에너지(Gibbs free energy)는 다음과 같이 정의되는 열역학 물성치입니다.

$$G \equiv H - TS$$

일정한 온도·압력을 유지하는 밀폐된 실린더에 기체와 액체가 존재한다고 생각해 봅시다. 열역학 제1법칙에서

$$dU = \delta Q_{\text{rev}} + \delta W_{\text{rev}} = \delta Q - PdV$$

엔탈피의 정의에서 압력이 일정하다면

$$dH = d(U + PV) = dU + PdV + VdP = \delta Q_{\text{rev}}$$

엔트로피의 정의에서

$$dS \geq \frac{\delta Q_{\text{rev}}}{T}$$

온도·압력이 일정한 상태에서 이는 다음과 같습니다.

$$dS \geq \frac{dH}{T}$$

$$0 \geq dH - TdS = d(H - TS)$$

따라서 깁스 자유에너지의 정의를 이용하면 등온·등압 상태에서 열역학 제1법칙과 제2법칙을 만

족하는 어떠한 계의 깁스 자유에너지 변화량은 항상 0보다 작거나 같게 됩니다.

$$0 \geq dG$$

즉, 별도의 개입이 없다면 어떠한 계의 깁스 자유에너지 G는 계속 줄어드는 방향으로 움직여 가게 됩니다. 다시 말해, 더 이상 변화가 없는 안정적인 상태(평형)는 깁스 자유에너지가 더 이상 줄어들지 못하고 최솟값을 가지는, 변화량이 0이 되는 점에서 가능하게 됩니다. 이러한 관계를 이용하면 반응평형을 깁스 자유에너지를 이용하여 설명할 수 있게 됩니다.

열역학에서는 '혼합물의 물성치'를 연산하기 위한 여러 가지 관계들을 유도하고 있습니다. 그중 혼합물의 깁스 자유에너지(G) 및 몰깁스 자유에너지($g = G/n$)는 일정한 온도·압력의 상태에서 다음의 관계를 만족하게 됩니다.

$$dG = \sum \overline{G}_i dn_i \tag{2.12}$$

$$G = \sum n_i \overline{G}_i \tag{2.13}$$

$$g = \sum y_i \overline{G}_i$$

이때 y_i는 물질 i의 몰분율을 의미하고, $\overline{G}_i$는 부분 몰깁스 에너지를 의미합니다.

$$\overline{G}_i = \left(\frac{\partial G}{\partial n_i} \right)_{P,T,n_{(j \neq i)}}$$

이상기체 혼합물 및 이상용액은 혼합물의 깁스 에너지 변화량에 대해서 다음의 관계가 성립합니다.

$$\Delta G_{mix}^{id} = RT \sum n_i \ln y_i$$

$$\Delta g_{mix}^{id} = RT \sum y_i \ln y_i$$

열역학적으로 혼합물에서 물질 i의 화학적 퍼텐셜 μ_i는 곧 부분 몰깁스 에너지 $\overline{G}_i$와 같으므로 어떠한 반응이 진행된 계에서 반응이 진행된 후 혼합물계의 전체 깁스 자유에너지는 다음과 같이 나타낼 수 있습니다.

$$G = \sum n_i \overline{G}_i = \sum n_i \mu_i \tag{2.14}$$

만약, 이 혼합물이 이상기체 혼합물에 가깝다고 가정하고 기준이 되는 표준상태를 압력 $P^o = 1$ bar 의 순물질 i 상태로 놓으면 물질 i의 화학적 퍼텐셜은 다음과 같이 기준상태에서 순물질 i의 몰깁스 에너지 g_i^o와 이상기체의 분압($\mathcal{P}_i = y_i P$)으로 나타낼 수 있습니다.

$$\mu_i = \mu_i^\circ + RT \ln \frac{\mathcal{P}_i}{\mathcal{P}_i^\circ} = g_i^\circ + RT \ln \frac{\mathcal{P}_i}{1} = g_i^\circ + RT \ln \mathcal{P}_i$$

이를 식(2.14)에 대입하면, 이 경우 혼합물의 전체 깁스 자유에너지는

$$G = \sum n_i \mu_i = \sum n_i g_i^\circ + RT \sum n_i \ln(y_i P) = \sum G_i^\circ + RT \sum n_i \ln(y_i P)$$

반응이 1 bar에서 일어나고 있다면

$$G = \sum G_i^\circ + RT \sum n_i \ln y_i$$

순물질 i의 깁스 에너지를 H와 S로 다시 나누어 표시하면 다음과 같이 나타낼 수 있습니다.

$$G = \sum H_i^\circ - T \sum S_i^\circ + RT \sum n_i \ln y_i$$

이때 마지막 부분은 곧 이상기체 혼합물의 깁스 에너지 변화량과 같으며($\Delta G_{mix}^{id} = RT \sum n_i \ln y_i$), 이상기체 혼합물의 경우 혼합물 엔탈피 변화량이 0이므로 이는 곧 혼합물 엔트로피 변화량의 반대 방향이 됩니다($\Delta S_{mix}^{id} = -R \sum n_i \ln y_i$). 다시 말해, 반응 결과 혼합물의 전체 깁스 자유에너지는 이를 구성하는 각 물질의 엔탈피 합($\sum H_i^\circ$), 여기서 엔트로피 증가분을 뺀 값($-T \sum S_i^\circ$) 그리고 혼합물이 되면서 발생하는 엔트로피 변화량($\Delta G_{mix}^{id} = RT \sum n_i \ln y_i = -T \Delta S_{mix}^{id}$)으로 나타낼 수 있음을 알 수 있습니다. 표준상태의 압력에서 온도가 일정할 때 순물질의 표준 엔탈피 및 엔트로피는 정해진 값을 가지며, 반응 후 몰분율 y_i는 식(2.11)과 같이 ξ의 함수로 나타낼 수 있으므로 G를 ξ에 대해서 도시하는 것이 가능해집니다.

[그림 2-9]는 임의로 가정한 어떤 반응에 대해서 G를 ξ에 대해서 도시한 사례입니다. 이 그림은 몇 가지 흥미로운 사실을 알려 줍니다. 이 반응은 생성물이 반응물보다 엔탈피가 큰 반응입니다. 따라서 반응이 진행됨에 따라 엔탈피 증가는 계의 전체 깁스 자유에너지를 증가시키는 데 기여합니다. 때문에 엔탈피만 놓고 생각해 보면 반응은 진행이 하나도 되지 않는 편이 안정적입니다. 그러나 엔트로피의 증가가 깁스 에너지를 감소시키는 방향으로 영향을 미치게 되므로 반응의 진행이 가능해집니다. 특히, 혼합물의 엔트로피 변화량($\Delta G_{mix}^{id} = RT \sum n_i \ln y_i$)의 경우에 반응 진행에 따라서 비례적으로 증감하는 것이 아니라 감소했다가 증가하는 경향을 보입니다. 이는 순물질에서 혼합물이 될수록 계의 미시상태 경우의 수가 증가, 엔트로피가 증가하고 이것이 깁스 에너지를 감소시키게 되기 때문입니다. 결과적으로 만약 이 반응이 어떤 시점에서 반응진척도 ξ_1에 있다면, 다른 외부 개입이 없으면 반응은 생성물 쪽으로 더 진행될 것입니다. 그편이 엔탈피가 증가하는 것 이상으로 엔트로피가 증가, 전체 깁스 에너지를 더 낮출 수 있기 때문입니다. 만약, 반응이 어떤 시점에서 반응진척도 ξ_2에 있다면 반대로 생성물이 반응물로 돌아오는 역반응이 진행되는 것이 깁스 에너지를 더 낮출 수 있게 됩니다. 엔탈피는 감소하고, 엔트로피는 증가하는 방향이 되기 때문입니

다. 결국 충분히 많은 시간이 지난 뒤 반응평형에 도달하였다면 이때의 반응진척도는 깁스 에너지가 최소점이 되는 ξ_{eq}가 될 것임을 알 수 있습니다. 즉, 반응평형은 엔탈피가 낮아지는 방향과 엔트로피가 증가하는 방향이 경합하여 가장 최소의 깁스 에너지를 가지는 상태에서 결정되게 됩니다.

 나아가 온도와 압력이 변화하지 않는다면 반응평형을 알기 위해서 어떤 계의 시작상태를 알 필요가 없다는 점도 알게 됩니다. 이 계가 최종적으로 도달할 반응평형 상태는 정해져 있기 때문입니다. 단, 우리가 관측하는 모든 반응이 평형에 도달한다고 단정할 수는 없습니다. 여기서 알 수 있는 것은 충분한 시간 동안 놔두면 결국 그러한 반응평형에 도달할 것이라는 점이며, 평형에 도달하기 위해서 몇 초면 충분한지 아니면 며칠, 몇 년이 더 걸릴지는 알 수 없습니다. 이는 평형이 아닌 반응속도론을 공부해야 평가할 수 있는 내용입니다.

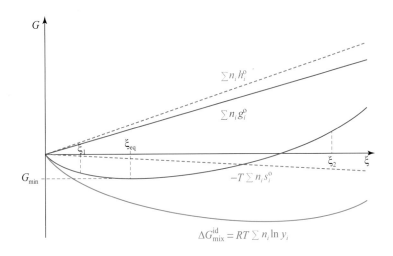

| 그림 2-9 | 반응진척도에 따른 계의 깁스 자유에너지 변화

반응평형상수(reaction equilibrium constant)

 식 (2.12)에서

$$dG = \sum \overline{G}_i \, dn_i = \sum \mu_i \, dn_i$$

단일반응으로 물질의 몰수가 변화하고 있다면 식 (2.10)에서 각 물질의 몰 변화 미분소를 반응진척도의 미분소로 나타낼 수 있습니다.

$$dn_i = \nu_i \, d\xi$$

 두 식을 결합하면

$$\frac{dG}{d\xi} = \sum \mu_i \nu_i$$

앞 절에서 다룬 것과 같이 반응평형은 G가 최솟값을 가지는 점에서 형성됩니다. 즉, 반응평형에서 반응진척도에 대한 깁스 에너지의 도함숫값은 0이 되어야 하므로

$$\frac{dG}{d\xi} = \sum \mu_i \nu_i = 0 \qquad (2.15)$$

열역학적으로 혼합물의 화학적 퍼텐셜은 퓨가시티로 나타낼 수 있습니다.

$$\mu_i - \mu_i^\circ = RT \ln \frac{\hat{f}_i}{\hat{f}_i^\circ}$$

기준상태를 표준상태의 압력(통상 $P^o = 1\,\text{bar}$)에서 물질 i의 순물질 상태라고 하면

$$\mu_i = g_i^\circ + RT \ln \frac{\hat{f}_i}{\hat{f}_i^\circ}$$

즉, g_i°는 표준상태 압력(1 bar)에서 물질 i가 순물질일 때의 몰깁스 에너지가 됩니다. 이를 식 (2.15)에 적용하여 보면

$$0 = \sum \mu_i \nu_i = \sum \nu_i \left(g_i^\circ + RT \ln \frac{\hat{f}_i}{f_i^\circ} \right) = \sum \nu_i g_i^\circ + \sum \nu_i RT \ln \frac{\hat{f}_i}{f_i^\circ}$$

좌우변을 재정렬하면

$$\sum \ln \left(\frac{\hat{f}_i}{f_i^\circ} \right)^{\nu_i} = -\frac{1}{RT} \sum \nu_i g_i^\circ$$

임의의 로그함수의 합수열은 로그 내의 곱수열로 전환이 가능하므로 다음과 같습니다.

$$\ln \prod \left(\frac{\hat{f}_i}{f_i^\circ} \right)^{\nu_i} = -\frac{1}{RT} \sum \nu_i g_i^\circ \qquad (2.16)$$

한편, 순물질 i의 몰깁스 에너지 g_i°의 기준점을 SATP의 압력·온도에서 자연적으로 가장 보편적으로 안정된 형태로 존재하는 단일원소 물질의 생성 깁스 에너지로 두면 이는 곧 표준생성 깁스 에너지(standard Gibbs energy of formation, $\Delta g_{\mathrm{f},i}^\circ$)와 동일한 의미를 가지게 됩니다. 따라서 여기에 양론계수를 곱한 합은 곧 이 반응의 표준반응 깁스 에너지가 됩니다.

$$\Delta g_{\mathrm{rxn}}^\circ = \sum \nu_i \Delta g_{\mathrm{f},i}^\circ = \sum \nu_i g_i^\circ$$

새로운 변수 K를 정의하면

$$K \equiv \prod \left(\frac{\hat{f}_i}{f_i^\circ} \right)^{\nu_i} \qquad (2.17)$$

즉, 식 (2.16)은 다음과 같이 나타낼 수 있습니다.

$$\ln K = -\frac{\Delta g_{\text{rxn}}^{\text{o}}}{RT}$$

혹은 다음과 같이 나타낼 수 있습니다.

$$K = e^{-\frac{\Delta g_{\text{rxn}}^{\text{o}}}{RT}}$$

이때 K를 반응평형상수(reaction equilibrium constant)라고 합니다.

2-3 로그함수의 합수열이 어떻게 곱수열로 전환되나요?

임의의 수열 a_1, a_2, $\cdots$ a_n에 대해서 로그함수의 합수열은

$$\sum \ln a_i = \ln a_1 + \ln a_2 + \ln a_n = \ln(a_1 a_2 \cdots a_n) = \ln(\textstyle\prod a_i)$$

반응평형상수의 단순화 형태

열역학에서 혼합물 내의 물질 i의 퓨가시티는 퓨가시티 계수($\hat{\varphi}_i$)에 따라 다음과 같이 나타낼 수 있습니다.

$$\hat{f}_i = \hat{\varphi}_i y_i P$$

그러면 식 (2.17) 평형상수 K의 정의에서 다음과 같이 나타낼 수 있습니다.

$$K = \prod \left(\frac{\hat{f}_i}{f_i^{\text{o}}}\right)^{v_i} = \prod \left(\frac{\hat{\varphi}_i y_i P}{\varphi_i^{\text{o}} P^{\text{o}}}\right)^{v_i} = \prod \left(\frac{\hat{\varphi}_i}{\varphi_i^{\text{o}}}\right)^{v_i} \prod (y_i P)^{v_i}$$

즉, 이상기체 혼합물에 가깝거나($\hat{\varphi}_i \approx \varphi_i^{\text{o}} \approx 1$), 이상용액과 같이 순물질 i의 퓨가시티가 혼합물에서의 i의 퓨가시티와 유사하면($\hat{\varphi}_i \approx \varphi_i^{\text{o}}$) 평형상수는 다음과 같이 분압의 곱 형태로 나타낼 수 있게 됩니다.

$$K = \prod \mathcal{P}_i^{v_i} \tag{2.18}$$

예를 들어, 임의의 반응 $a\mathrm{A} + b\mathrm{B} \rightleftharpoons c\mathrm{C} + d\mathrm{D}$에 대해 다음과 같이 분압을 기반으로 K를 나타낼 수 있습니다.

$$K = \prod \mathcal{P}_i^{v_i} = \mathcal{P}_A^{-a} \mathcal{P}_B^{-b} \mathcal{P}_C^c \mathcal{P}_D^d = \frac{\mathcal{P}_C^c \mathcal{P}_D^d}{\mathcal{P}_A^a \mathcal{P}_B^b}$$

몰농도(molarity) c_i(혹은 i)는 단위 부피당 물질의 몰량으로 정의되므로 이상기체 혼합물의 분압은 다음과 같이 농도로도 전환이 가능합니다.

$$\mathcal{P}_i = y_i P = \frac{n_i}{n} \cdot \frac{nRT}{V} = \frac{n_i}{V} RT = c_i RT$$

$$K = \prod \mathcal{P}_i^{v_i} = \prod (c_i RT)^{v_i} = (RT)^v c_i^{v_i}$$

이러한 농도 기반의 평형상수를 K_C로 정의하고, 분압 기반의 평형상수는 K_P로 구별하여 표기하기도 합니다.

$$\frac{K_P}{(RT)^v} = K_C = \prod c_i^{v_i}$$

예를 들어, 임의의 반응 $a\mathrm{A} + b\mathrm{B} \rightleftharpoons c\mathrm{C} + d\mathrm{D}$에 대해

$$K_C = \prod c_i^{v_i} = c_A^{-a} c_B^{-b} c_C^c c_D^d = \frac{c_C^c c_D^d}{c_A^a c_B^b}$$

혹은 농도표기법을 바꾸면 다음과 같이 나타낼 수 있습니다.

$$K_C = \frac{[\mathrm{C}]^c [\mathrm{D}]^d}{[\mathrm{A}]^a [\mathrm{B}]^b}$$

유도 과정에서 언급한 것과 같이 위 관계는 어디까지나 이상기체 혼합물이나 이상용액에 준하는 상태에 유효하므로 실제 물질의 반응평형상수는 비이상성이 커질수록 단순 농도 기반으로 추산한 평형상수와 차이가 나게 됩니다. 때문에 실제 혼합물의 경우, 혼합물 내에서 물질 i의 유효 농도를 의미하는 활동도(activity) a_i를 정의, 연산 및 계측하여 이를 기반으로 추산되는 것이 적합합니다. 활동도는 농도(혹은 몰분율)에 물질 i의 활동도계수(activity coefficient) γ_i를 곱한 형태로 정의되며, 활동도계수가 1이면 이상용액에 준하는 상태라고 볼 수 있습니다.

$$a_i = \gamma_i c_i$$

즉, 일반적으로 평형상수는 다음과 같이 정의될 수 있습니다.

$$K = \frac{a_C^c a_D^d}{a_A^a a_B^b} = \frac{[\mathrm{C}]^c [\mathrm{D}]^d}{[\mathrm{A}]^a [\mathrm{B}]^b} \Gamma$$

$$\Gamma = \frac{\gamma_C^c \gamma_D^d}{\gamma_A^a \gamma_B^b}$$

일반적으로 물질의 농도가 크지 않으면 활동도계수는 1에 가깝습니다. 만약, 반응에 참여하는 물질의 활동도계수가 1에 근접하거나, 활동도 간 상관관계 Γ가 반응조건에서 상수에 가깝다면 다음과 같은 접근 방식으로 농도 기반의 평형상수를 사용하는 것이 가능하게 됩니다. 이 책에서는 빠른 이해를 위하여 이렇게 농도 기반의 평형상수가 유효하다는 것을 전제로 설명합니다.

$$K_C = \frac{K}{\Gamma} = \frac{[\text{C}]^c\,[\text{D}]^d}{[\text{A}]^a\,[\text{B}]^b}$$

2.7 산화·환원반응

산화·환원반응

산화반응(oxidation reaction)은 분자·원자 또는 이온이 ① 산소를 얻거나, ② 수소를 잃거나, ③ 전자를 잃는 반응을 의미합니다. 연소반응은 빠른 산화반응의 대표적인 예입니다. 환원(reduction)반응은 이와 반대로 분자·원자 또는 이온이 ① 산소를 잃거나, ② 수소를 얻거나, ③ 전자를 얻는 반응을 의미합니다.

과거에는 단순히 산소를 얻고 잃는 것을 기준으로 산화·환원반응을 정의하였으나, 이후 산소가 개입하지 않는 경우에도 산화·환원반응이 일어나는 상황을 설명하기 위하여 범위가 넓어지면서 현재는 전자를 잃고 얻는 기준으로 설명하고 있습니다.

예를 들어, 철이 산화되어 산화철III이 되는 다음 반응은 단순히 산소를 얻어서 산화되는 반응으로도 설명할 수 있으나

$$4\text{Fe} + 3\text{O}_2 \;\rightarrow\; 2\text{Fe}_2\text{O}_3$$

다음과 같이 철이 전자를 잃고, 산소가 전자를 얻는 산화·환원반응의 결과물로도 해석이 가능합니다.

산화반응(반쪽 반응): $4\text{Fe} \;\rightarrow\; 4\text{Fe}^{3+} + 12\text{e}^-$

환원반응(반쪽 반응): $3\text{O}_2 + 12\text{e}^- \;\rightarrow\; 6\text{O}^{2-}$

전체 반응: $4\text{Fe} + 3\text{O}_2 \;\rightarrow\; 4\text{Fe}^{3+} + 6\text{O}^{2-} \;\rightarrow\; 2\text{Fe}_2\text{O}_3$

산·염기(acid-base)반응

산(acid)과 염기(base)를 정의하는 방법에는 여러 가지가 있습니다. 전통적으로 사용되어 온 것은 19세기 스웨덴의 화학자 아레니우스(Arrhenius : 1장에서 이산화탄소가 지구의 온실효과를 가속화할 수 있다고 했던 그분)가 정의한 다음의 내용입니다.

① 산: 물에 용해되었을 때 수소이온[H^+, hydrogen ion, 양성자(proton)]의 농도를 증가시키는 물질

② 염기: 물에 용해되었을 때 수산화이온(OH^-, hydroxide ion)의 농도를 증가시키는 물질

예를 들어, 염산(HCl)이 물에 녹으면 수소이온을 제공하므로 이는 산성물질입니다.

$$HCl \rightarrow H^+ + Cl^-$$

실제로 이 반응은 물을 매개로 이루어지므로 다음과 같이 나타내는 것이 보다 정확합니다.

$$HCl + H_2O \rightarrow H^+ + H_2O + Cl^-$$

수소이온은 불안정해서 물이 존재하는 경우, 수소이온 단독으로 존재하지 않고 물분자에 붙은 하이드로늄 이온(hydronium ion, H_3O^+) 형태로 존재하는 경향이 있습니다. 때문에 다음과 같은 표기가 많이 사용됩니다. (aq)는 해당 물질이 물을 매개체로 하는 수용액(aqueous solution) 형태로 존재한다는 의미입니다.

$$HCl(l) + H_2O(l) \rightarrow H_3O^+(aq) + Cl^-(aq)$$

그러나 이러한 아레니우스의 정의는 물이 포함되지 않은 반응에서는 산과 염기를 정의할 수 없는 문제를 가지고 있습니다. 때문에 물이 존재하지 않는 반응의 경우에는 보다 넓은 범위를 가지는 브뢴스테드-로우리(Brønsted – Lowry)의 산과 염기 정의가 많이 사용됩니다.

① 산: 수소이온(H^+, hydrogen ion)을 제공하는 물질

② 염기: 수소이온(H^+, hydrogen ion)을 받는 물질

예를 들어, 염산과 암모니아의 반응은 다음과 같으며, 수소이온을 제공하는 염산이 산이 되며 이를 받는 암모니아가 염기가 됩니다.

$$HCl(l) + NH_3(l) \rightarrow NH_4^+(aq) + Cl^-(aq)$$

이후 아레니우스 정의와 브뢴스테드-로우리 정의를 모두 설명할 수 있는 미국의 물리화학자 루이스(Gilbert Newton Lewis, 1875~

| 그림 2-10 |
미국의 물리화학자 루이스

1946)의 정의가 나오면서 수소이온의 유무와 상관없이 전자를 기준으로 보다 넓은 의미에서 산·염기반응을 정의할 수 있게 되었습니다.

① 산: 전자쌍(electron pair)을 받는 물질
② 염기: 전자쌍을 제공하는 물질

이 정의에 따르면 수소이온은 전자를 받기 때문에 산이 됩니다.

$$H^+ + :B \rightarrow BH$$

일반적으로 나타내면 다음과 같습니다.

$$HA + :B \rightleftharpoons A:^- + HB^+$$

예를 들어, 염산과 암모니아의 반응에서 전자를 받는 염산은 산이, 전자를 제공하는 암모니아는 염기가 됩니다.

$$H - \ddot{\underset{\cdot\cdot}{Cl}} : + : \underset{\underset{H}{|}}{\overset{\overset{H}{|}}{N}} - H \rightarrow H - \underset{\underset{H}{|}}{\overset{\overset{H}{|}}{N}} - H^+ + : \ddot{\underset{\cdot\cdot}{Cl}}^- :$$

pH지수

산성도를 나타내는 지수 중 덴마크의 화학자 쇠렌센(Søren Peter Lauritz Sørensen, 1868~1939)이 고안한 수소이온 지수인 pH지수가 널리 사용되고 있습니다.

$$pH = -\log[H^+] \qquad (2.19)$$

초창기 이 식은 수소이온의 몰농도(H^+)를 기준으로 제시되었으나, 이후 이 역시 몰농도가 아닌 활동도를 기준으로 하는 것이 더 적합하다는 과학적 동의에 따라 현재 SI단위계는 수소이온의 활동도를 기준으로 연산하도록 되어 있습니다.

| 그림 2-11 |
덴마크 화학자 쇠렌센

$$pH = -\log a_{H^+} = -\log \gamma_{H^+}[H^+]$$

다만, 수소이온의 농도가 낮으면 활동도계수가 1에 가까워서 두 식의 연산 결과 편차가 크지 않으므로 오늘날에도 수소의 몰농도를 기준으로 하는 식(2.19)도 여전히 광범위하게 사용되고 있습니다.

염산(HCl)은 강산(strong acid)으로, 거의 모든 염산(HCl)분자가 수소이온(H$^+$)으로 해리된다. 0.01 M 염산 용액 pH를 구하라.

해설

HCl이 모두 해리되면 염산의 농도와 용액 중 수소이온의 농도는 동일하게 됩니다. 활동도계수가 1에 가깝다면 식(2.19)에서 다음과 같이 연산할 수 있습니다.

$$pH = -\log[H^+] = -\log(0.01) = 2$$

물의 자동이온화(autoionization)와 이온곱상수(ion-product constant, K_w)

다른 물질이 없는 순수한 물이라도 아주 소량의 물분자는 스스로 이온화되어 H$^+$이온과 OH$^-$이온을 만드는 특성이 있습니다. 이를 물의 자동이온화(autoionization)라고 합니다.

$$H_2O + H_2O \;\rightleftharpoons\; H_3O^+ + OH^-$$

이 반응의 평형상수는 다음과 같습니다.

$$K = \frac{[H_3O^+][OH^-]}{[H_2O]^2}$$

이때 이온화되는 이온의 양은 물의 양에 비해서 너무 적기 때문에 물의 농도는 이온화되기 전이나 후나 거의 차이가 없어서 상수에 가깝다고 볼 수 있습니다. 이에 다음과 같이 물의 이온곱상수 (ion-product constant) K_w를 정의할 수 있으며, 25°C에서 물의 이온곱상수는 10^{-14}으로 일정한 값을 가집니다.

$$K_w = K[H_2O]^2 = [H_3O^+][OH^-] = 1.0 \times 10^{-14}$$

이 값은 매우 작아서 지수로 나타내기에 불편하므로 pH와 마찬가지로 음수로그값을 취하여 pK_w 로 표기하는 경우도 많습니다.

$$pK_w = -\log(10^{-14}) = 14$$

전기적 퍼텐셜 차이가 있는 특정 상황이 아니면 물은 중성이어야 하므로 하이드로늄 이온과 수산화이온의 농도는 같아야 합니다. 그럼 이온곱상수가 10^{-14}이 되기 위해서는

$$[H_3O^+] = [OH^-] = 10^{-7}$$

수용액에서 하이드로늄 이온(H_3O^+)의 농도와 수소이온(H^+)의 농도는 결국 같으므로 다음과 같이 나타냅니다.

$$pH = -\log(10^{-7}) = 7$$

즉, 중성인 물의 pH는 7입니다. 산성물질이 용해되면 수소이온이 해리되어 수소이온의 농도가 상승하여 pH가 7보다 작아지게 되며, 염기성물질이 용해되면 수소이온 농도가 감소해 pH가 7보다 커지게 됩니다.

ex 2-12 묽은 염산 용액의 pH

염산(HCl)은 강산(strong acid)으로, 거의 모든 염산(HCl)분자가 수소이온(H^+)으로 해리된다. 10^{-20} M 염산 용액의 pH를 구하라.

해설

[Ex 2-11]에서처럼 풀면 다음과 같은 착각을 할 수 있습니다.

$$pH = -\log[H^+] = -\log(10^{-20}) = 20(???)$$

이는 묽은 염산 용액은 강염기성이 된다(?)는 이상한 해석 결과를 유발합니다. 이는 애초에 자동이온화되어 물에 존재하는 하이드로늄 이온의 농도를 감안하지 않았기 때문입니다. 즉, 염산 용액 중 수소이온의 농도는 염산의 해리에 의한 수소이온의 농도만이 아니라 물의 자동이온화로 인한 수소이온의 농도까지 포함하여야 합니다. 엄밀하게 말하면 염산으로 인하여 수소이온이 해리되면 수용액의 중성을 유지하기 위해 자동이온화의 평형이 변화하게 되므로 이를 정확하게 풀려면 뒤에 소개할 전하균형식을 사용하여 풀어야 하지만, 일단 여기서는 단순화해 다음과 같이 단순합으로 생각해 보아도 큰 차이가 발생하지 않습니다.

$$pH = -\log[H^+] = -\log(10^{-7}+10^{-20}) = 7.0000$$

이처럼 염산의 농도가 자동이온화되는 수소이온의 농도(10^{-7})보다 너무 낮은 경우, 물의 pH는 중성에서 변화하지 않게 됩니다.

그럼 왜 [Ex 2-11]은 이렇게 풀지 않았는지 궁금할 수 있습니다. [Ex 2-11]을 같은 방식으로 다시 계산해 보면 다음과 같습니다.

$$pH = -\log[H^+] = -\log(0.01 + 10^{-7}) = 1.999996 = 2$$

이번엔 자동이온화된 수소이온의 농도에 비하여 산이 기여한 수소이온이 훨씬 많기 때문에 자동이온화된 수소이온의 농도를 반영하지 않더라도 결과상으로는 동일한 pH를 가짐을 알 수 있습니다.

2-4 **수용액에서 물은 용매인데 어떻게 농도를 말할 수 있나요?**

수용액의 몰농도(molarity)는 보통 용액 1 L에 용해되어 있는 용질의 몰량으로 정의됩니다. 수용액에서 물의 농도를 정의하는 방법은 물을 용질이자 동시에 용매에 해당된다고 보는 것입니다. 즉, 1 L의 용매 물에 용질인 물의 몰량은

$$1L \, \frac{1\,m^3}{1000\,L} \cdot \frac{1000\,kg}{m^3} \cdot \frac{1000\,g}{1\,kg} \cdot \frac{1\,mol}{18\,g} = 55.56\,mol$$

따라서 물의 몰농도는 55.56 M(=mol/L)이 됩니다.

엄밀하게 말하면 물의 밀도가 1,000 kg/m³인 것은 4℃에서이므로 온도가 바뀌면 물의 밀도가 바뀌고 이에 따라 몰농도도 변화합니다. 예를 들어, 25℃에서 물의 밀도는 약 997 kg/m³로 동일한 방식으로 계산하면 물의 몰농도는 55.4 L가 됩니다. 다만, 이러한 차이가 '공학적으로 유의한 차이'를 만들지 않는 경우에는 엄밀하게 구별하여 사용하지 않는 경우도 많습니다. 때문에 문헌에서 사용되는 물의 몰농도는 기준에 따라서 55.4~55.6 등 편차가 있을 수 있습니다.

산해리상수(acid dissociation constant, K_a)

산성물질 중에는 수용액에서 거의 완전히 해리되어 모든 분자가 수소이온을 제공하는 경향을 지닌 물질들이 있습니다. 이를 강산(strong acid)이라고 부르며 염산(HCl), 황산(H_2SO_4), 질산(HNO_3) 등의 몇몇 물질이 이에 해당됩니다. 반대로 약산(weak acid)은 수용액에서도 모든 분자가 해리되지 않고 일부만 수소이온을 제공하는 물질을 의미합니다. 이러한 경우, 임의의 산이 물에 해리되는 반응을 나타내 보면 다음과 같습니다.

$$HA + H_2O \rightleftharpoons A^- + H_3O^+$$

이 반응의 평형상수는 다음과 같습니다.

$$K = \frac{[H_3O^+][A^-]}{[HA][H_2O]}$$

즉, K값이 클수록 수소이온이 해리되는 정반응이 더 많이 진행되어 산의 세기가 커지게 된다는 것을 알 수 있습니다.

몰농도를 사용하는 경우, 일반적으로 해리되는 이온의 양은 물의 양보다 매우 작기 때문에 반응 전후에 물의 농도는 변화하지 않고 거의 일정한 상수에 가깝다고 볼 수 있습니다. 물의 농도를 좌변으로 옮기면 새로운 평형상수 K_a를 정의할 수 있으며, 이를 산해리상수(acid dissociation constant) 또는 산이온화상수(acid ionization constant)라고 합니다.

$$K_a = K[H_2O] = \frac{[H_3O^+][A^-]}{[HA]}$$

경우에 따라 물을 제외하고 다음과 같이 반응을 단순하게 표기하는 경우도 있으며, 이렇게 정의하더라도 의미 및 연산은 동일합니다.

$$HA \ \rightleftharpoons \ H^+ + A^-$$

$$K_a = \frac{[H^+][A^-]}{[HA]}$$

물질에 따라 2개 이상의 수소원자를 가지고 수소 양이온(양성자)을 여러 개 제공할 수 있는 물질들이 있는데, 이를 다양성자 산(polyprotic acid) 혹은 다산염기라고 합니다. 예를 들어, 탄산(H_2CO_3)의 경우 다음과 같이 2단계에 걸쳐서 수소 양이온이 해리됩니다. 다만, 일반적으로 산해리상수는 첫 번째 수소이온이 발생하는 경우가 가장 큽니다.

$$H_2CO_3 + H_2O \ \rightleftharpoons \ H_3O^+ + HCO_3^- \qquad K_{a1} = 4.3 \times 10^{-7}$$
$$HCO_3^- + H_2O \ \rightleftharpoons \ H_3O^+ + CO_3^{2-} \qquad K_{a2} = 5.6 \times 10^{-11}$$

K_a값 역시 통상 매우 작아서 매번 지수로 표기하기가 불편하기 때문에 다음과 같이 로그를 이용하여 정의된 pK_a를 종종 사용합니다.

$$pK_a = -\log K_a$$

예를 들어, 위의 탄산의 첫 번째 해리반응에서

$$pK_{a1} = -\log(4.3 \times 10^{-7}) = 6.4$$

음의 로그값을 취했기 때문에 강산일수록 pK_a값은 작아지게 됩니다.

ex 2-13 약산의 pH

임의의 산 HA의 산해리상수가 다음과 같을 때, HA 1 M 용액의 pH를 구하라.

$$K_a = 1 \cdot 10^{-6}$$

해설

이 산의 해리반응은 다음과 같습니다.

$$HA + H_2O \rightleftharpoons A^- + H_3O^+$$

$$K_a = \frac{[H_3O^+][A^-]}{[HA]} = 1 \cdot 10^{-6}$$

반응 전 HA는 1 L 중 1몰이 있었습니다. HA가 x몰 반응하였다면 H^+ 및 A^-도 그만큼 생성되어야 하므로

반응식	HA	$\rightleftharpoons$	A^-	+	H_3O^+
반응 전	1		0		0
반응	$-x$		x		x
반응 후	$1-x$		x		x

즉, 반응 후

$$[HA] = 1-x$$
$$[H_3O^+] = x$$
$$[A^-] = x$$

산해리상수값을 알고 있으므로 x에 대해서 풀어 보면 다음과 같습니다.

$$K_a = \frac{x \cdot x}{1-x} = 1 \cdot 10^{-6}$$

$$x^2 + K_a x - K_a = 0$$

$$x = \frac{-K_a \pm \sqrt{K_a^2 + 4K_a}}{2}$$

$$x = (0.001, -0.001)$$

반응량이 음수라는 것은 역반응이 진행되어야 한다는 의미인데 초기 A이온이 존재하지 않으므로 이는 물리적으로 불가능합니다. 따라서 다음의 식이 성립됩니다.

$$[H_3O^+] = 0.001$$

$$pH = -\log[H^+] = -\log(0.001) = 3$$

질량균형식(mass balance)과 전하균형식(charge balance)

이온 역시 무에서 생성되거나 소멸될 수 없고 반응의 결과 생성되어야 하므로 반응 전후 분자나 이온에 포함된 원자의 총량은 일정하여야 합니다. 이를 질량균형식(mass balance) 혹은 물질균형식(material balance)이라고 합니다. 예를 들어, 임의의 산 HA의 해리반응에서

$$HA + H_2O \ \rightleftharpoons \ A^- + H_3O^+$$

A^-이온은 분자 HA에서 생성되므로 A^-이온이 x몰 증가했다면 HA분자는 반드시 x몰 감소해야 합니다. 몰농도의 경우, 단위 부피(L)당 몰수이므로 농도에 대한 식으로 나타내도 이는 성립합니다.

$$[HA]_{final} = [HA]_{initial} - x$$
$$[A^-]_{final} = x$$

즉, 반응 전 HA의 몰수와 반응 후 HA+A^- 몰수의 합은 항상 동일해야 합니다. 이와 같은 식을 반응에서 질량균형식이라고 부릅니다.

$$[HA]_{final} + [A^-]_{final} = [HA]_{initial}$$

반응이 하나만 존재하는 것이 아닌 약한 다양성자 산의 경우 좀 더 복잡해집니다. 예를 들어, 탄산나트륨(탄산소듐, Na_2CO_3)이 물에 녹아 해리되는 경우에 최소한 네 종류의 반응이 동시에 일어납니다. 탄산나트륨이 해리되어서 형성된 탄산이온(carbonate, CO_3^{2-})은 수용액상에서 물과 반응하여 탄산(carbonic acid, H_2CO_3), 탄산수소이온(bicarbonate, HCO_3^-, 중탄산이온이라고도 함) 등 다양한 형태로 존재하게 되기 때문입니다.

$$Na_2CO_3 \ \rightleftharpoons \ 2Na^+ + CO_3^{2-}$$
$$HCO_3^- + H_2O \ \rightleftharpoons \ H_3O^+ + CO_3^{2-}$$
$$H_2CO_3 + H_2O \ \rightleftharpoons \ H_3O^+ + HCO_3^-$$
$$H_2O + H_2O \ \rightleftharpoons \ H_3O^+ + OH^-$$

이때 탄산나트륨이 x몰 반응하면 나트륨(Na^+)이온은 $2x$몰이 형성됩니다.

$$[Na_2CO_3]_{final} = [Na_2CO_3]_{initial} - x$$
$$[Na^+]_{final} = 2x$$

즉, 다음과 같은 식이 성립됩니다.

$$[Na_2CO_3]_{initial} - [Na_2CO_3]_{final} = x = 0.5[Na^+]$$
$$2([Na_2CO_3]_{initial} - [Na_2CO_3]_{final}) = [Na^+] \tag{2.20}$$

탄소를 기준으로 생각해 보면 탄산이온(CO_3^{2-})과 탄산수소이온(HCO_3^-), 탄산(H_2CO_3)은 모두 탄산나트륨(Na_2CO_3)으로부터 만들어지는 것을 알 수 있습니다. 즉, 탄산나트륨이 x몰 해리되었다면 반응 후 탄산이온과 탄산수소이온, 탄산분자의 총량의 합은 x몰이어야만 질량이 보존됩니다.

$$[Na_2CO_3]_{initial} - [Na_2CO_3]_{final} = [CO_3^{2-}] + [HCO_3^-] + [H_2CO_3] \qquad (2.21)$$

반응식 (2.20)과 (2.21)을 결합하면 다음과 같은 질량균형식을 얻을 수 있습니다.

$$[Na^{2+}] = 2([CO_3^{2-}] + [HCO_3^-] + [H_2CO_3])$$

물질은 전기적으로 중성을 유지하려는 성질이 있습니다. 때문에 외부 간섭이 없다면 이온이 존재하는 전해질 용액이라도 양전하와 음전하가 동량이 존재하여 전기적으로는 중성상태를 유지하게 됩니다. 최종적으로 중성이 성립하기 위해서는 양전하의 총 크기와 음전하의 총 크기가 같아야 하므로 반응 후에 다음의 식이 성립하여야 합니다. 이를 전하균형식(charge balance)이라고 합니다.

양전하의 몰수(moles of positive charge) = 음전하의 몰수(moles of negative charge)

단위 부피당으로 나타내면 농도에 대한 식으로 나타내도 무방합니다.

1 L당 양전하의 몰수 = 1 L당 음전하의 몰수

수식으로 나타내면 다음과 같습니다.

$$\sum n_i^+ \left[C_i^{n_i^+} \right] = \sum n_i^- \left[C_i^{n_i^-} \right]$$

이때 $\left[C_i^{n_i^+} \right]$는 양이온인 물질 i의 농도, $\left[C_i^{n_i^-} \right]$는 음이온인 물질 i의 농도입니다. 분자는 중성이므로 전하균형식에는 고려하지 않아도 무방합니다. 이때 이온 농도 앞에 계수로 n_i^+, n_i^-를 고려하는 이유는 해당 물질의 원자가가 양전하 및 음전하의 몰수에 영향을 미치기 때문입니다. 예를 들어, 0.01몰의 염화나트륨(NaCl)이 물에 녹아 0.01 M 수용액이 되었다면

$$NaCl \ \rightleftharpoons \ Na^+ + Cl^-$$
$$H_2O + H_2O \ \rightleftharpoons \ H_3O^+ + OH^-$$

이 용액에는 Na^+, H_3O^+의 양이온과 Cl^-, OH^-의 음이온이 존재하게 됩니다. 전하균형식을 생각해 보면 다음과 같습니다.

$$\sum n_i^+ \left[C_i^{n_i^+} \right] = [Na^+] + [H_3O^+] = 0.01 + 10^{-7}$$
$$\sum n_i^- \left[C_i^{n_i^-} \right] = [Cl^-] + [OH^-] = 0.01 + 10^{-7}$$

염화나트륨이 아닌 탄산나트륨이 해리된 상황을 생각해 보면, 조금 더 복잡해집니다. 이때 용액에 존재하는 양이온은 Na^+, H_3O^+의 두 종류이며, 음이온은 CO_3^{2-}, HCO_3^-, OH^-의 세 종류입니다. Na^+, H_3O^+이온은 1몰당 양전하 1몰의 기여를 하고, HCO_3^-, OH^-이온은 1몰당 음전하 1몰의 기여를 합니다. 그런데 CO_3^{2-}이온은 1몰당 음전하 2몰의 기여를 하게 됩니다. 예를 들어, CO_3^{2-}, HCO_3^-, OH^-이온이 각 1몰씩 있다면 음전하의 몰수는 $2 \times 1 + 1 + 1 = 4$가 되므로 양전하의 몰수가 4몰이 되어야 중성을 유지할 수 있습니다. 즉, 전하 균형이 맞아서 중성이 되기 위해서는 다음의 전하균형식이 성립해야 합니다.

$$[Na^+] + [H_3O^+] = 2[CO_3^{2-}] + [HCO_3^-] + [OH^-]$$

ex 2-14 전하균형식에 따른 묽은 염산 용액의 pH

[Ex 2-11], [Ex 2-12]를 질량균형식과 전하균형식을 고려하여 다시 구하시오.

해설

염산의 해리반응과 물의 자동이온화 반응을 고려하면

$$HCl + H_2O \rightarrow H_3O^+ + Cl^-$$
$$H_2O + H_2O \rightleftharpoons H_3O^+ + OH^-$$

염산은 완전해리되므로 HCl은 수용액에 거의 남아 있지 않고 모두 이온화됩니다. 초기 염산의 농도를 c라고 하면

$$[Cl^-] = [HCl]_{initial} = c$$

25°C에서

$$K_w = [H_3O^+][OH^-] = 1.0 \times 10^{-14}$$

전하균형식은 다음과 같습니다.

$$[H_3O^+] = [Cl^-] + [OH^-]$$

계산을 편하게 하기 위해서 $[H_3O^+] = x$라고 하면

$$[H_3O^+][OH^-] = x(x - c) = 10^{-14}$$
$$x^2 - cx - 10^{-14} = 0$$

2차 방정식의 근의 공식을 적용하면 다음과 같은 식이 성립됩니다.

$$x = \frac{0.5c \pm \sqrt{0.25c^2 + 10^{-14}}}{1}$$

[Ex 2-12]와 같이 산의 농도($c = 10^{-20}$)가 순수한 물의 자동이온화 결과 생성되는 수소이온 농도(10^{-7})에 비하여 매우 작은 경우, c를 가지고 있는 항은 무시할 만하여 결과값에 거의 영향을 미치지 못하는 것을 알 수 있습니다.

$$x = 0.5c \pm \sqrt{0.25c^2 + 10^{-14}} \approx \pm\sqrt{10^{-14}} = +10^{-7} = 10^{-7}$$

반대로 [Ex 2-11]과 같이 산의 농도가 높은 경우, 초기 산의 농도로 수렴하게 되는 것을 확인할 수 있습니다.

$$x = 0.5c \pm \sqrt{0.25c^2 + 10^{-14}} \approx 0.5c \pm \sqrt{(0.5c)^2} = (0.01, 0) = 0.01$$

2-5 부탄/뷰테인, 나트륨/소듐과 같이 같은 물질에 왜 다른 이름이 사용되는 건가요?

같은 물질을 국가별로 부르는 방법이 달라서 발생한 일입니다. 천연가스를 구성하는 주요 탄화수소인 methane·ethane·propane·butane과 같은 경우, 독일식으로 읽으면 메탄·에탄·프로판·부탄이 됩니다. 영어식으로 읽으면 메테인·에테인·프로페인·뷰테인에 가까운 발음이 됩니다.

중세시대부터 한동안 과학의 중심지는 유럽이었고, 독일을 중심으로 하는 다수의 국가들은 라틴어를 기반으로 한 명명법을 지지하였습니다. 한국은 일제강점기에 독일식 표기를 기반으로 하는 일본어 표기법을 통하여 화학물질을 명명하였고, 그 결과 메탄·에탄·프로판·부탄 등과 같은 명칭이 사용되어 왔습니다. 그러나 90년대 들어 독일식 발음이 일본을 통해 들어온 것에 대한 비판과 더불어 국제사회에서 영어가 표준화되고 있음을 근거로 98년 대한화학회에서 화학용어 개정안을 만들었고, 그 결과 현재 한국 표준어상에서는 영어 발음을 기준으로 하는 메테인 등이 표준 명칭입니다. 그러나 독일 등 다수의 국가들이 여전히 메탄 등으로 읽고 있으므로 메탄이라는 명칭이 잘못되었다고 단정 짓기는 어렵다고 봅니다.

같은 물질을 다르게 부르고 있는 소듐(sodium)/나트륨(natrium)과 포타슘(potassium)/칼륨(kalium) 등의 경우도 유사합니다. 소듐과 포타슘은 영국의 화학자 험프리(Humphry Davy, 1778~1829)가 1807년 최초로 분리 정제한 것으로 알려져 있습니다. 이후 1809년 독일의 화학자 루트비히(Ludwig Wilhelm Gilbert, 1769~1824)가 해당 원소의 이름을 나트륨과 칼륨으로 명명하자는 제안을 했는데, 이것이 받아들여지면서 지금의 원소기호 Na와 K가 만들어지고 소듐/나트륨, 포타슘/칼륨의 이중 명칭이 존재하게 되었습니다. 현재에도 여전히 영국·미국 등의 국가는 소듐과 포타슘을 표준 명칭으로 사용하고 있으며, 독일 등의 국가는 나트륨과 칼륨을 표준 명칭으로 사용하고 있습니다.

 한국은 과거에는 나트륨/소듐, 칼륨/포타슘 등을 모두 사용하여 왔으나, 2010년대 들어 대한화학회는 IUPAC (International Union of Pure and Applied Chemistry, 국제순수·응용화학연합)에서 정의한 명칭을 근거로 소듐과 포타슘을 단독 표준어로 변경하였습니다. 다만, 여전히 국제적으로도 적지 않은 국가들이 나트륨이라는 명칭을 사용하고 있고, 한국에서도 일상생활에서는 여전히 나트륨이라는 표현을 더 많이 사용하고 있으며, 심지어 원소기호 표기도 나트륨과 칼륨의 앞글자를 딴 'Na'와 'K'가 사용되고 있기 때문에 소듐/포타슘만 올바른 표기법이라고 하기에는 혼란이 있는 상황이라고 판단됩니다. 실제로 학계에서도 일본이 붙인 이름이 아니라 라틴어를 기반으로 한 이름인데 왜 표준 명칭을 수정해야 하는지에 대한 반론이 존재하며, 국립국어원은 양 용어를 모두 표준어로 인정하고 있습니다.

2장 연습문제

1 1 bar, 30°C에서 이산화탄소의 농도가 400 ppmv였을 때 대기 1 m³ 중 이산화탄소의 질량(mg)을 추산하라.

2 −20°C에서 프로페인과 n 뷰테인의 포화압이 각각 2.46 bar, 0.455 bar일 때 프로페인 : n-뷰테인 1 : 1 혼합물의 기포점을 구하라.

3 각 물질의 생성열이 다음과 같을 때 표준상태에서 가솔린의 주성분 중 하나인 n−옥테인의 HHV, LHV 를 몰당 발열량 및 질량당 발열량으로 구하라.

물질	생성열[kJ/mol]
n−C_8H_{18} (l)	−250.1
CO_2 (g)	−393.5
H_2O (g)	−241.8
H_2O (l)	−285.8

4 대기 중 질소 및 산소가 반응하여 일산화질소를 형성하는 다음 반응에 대해 질문에 답하라.

$$N_2(g) + O_2(g) \rightleftharpoons 2NO(g)$$

(1) 1 bar 25°C에서 일산화질소의 생성 깁스 자유에너지가 86.6 kJ/mol일 때, 다음 식을 이용하여 평형상수를 추정하라.

$$K = e^{\frac{\Delta g_{rxn}^o}{RT}}$$

(2) 이상기체에 가깝다고 가정하고 분압에 대한 평형상수를 적용 시 해당 반응의 반응평형에서 일산화질소의 분압을 구하라.

$$K = \frac{\mathcal{P}_{NO}^2}{\mathcal{P}_{N_2} \mathcal{P}_{O_2}}$$

5 대기 중 이산화탄소는 물에 녹아 수소이온을 형성한다. 대기 중 이산화탄소와 평형을 이루고 있는 $[CO_2(aq)]$의 농도가 1.2×10^{-5} M일 때 물의 pH를 구하라.

$$CO_2(aq) + H_2O \rightleftharpoons HCO_3^- + H^+$$

$$K_a = \frac{[HCO_3^-][H^+]}{[CO_2]} = 4.5 \times 10^{-7}$$

Understanding ENVIRONMENTALLY-FRIENDLY SHIPS

chapter **3**

오염물질 배출 저감 기술

3.1 질소산화물(NO$_x$)의 배출 저감 기술 개요

질소산화물의 생성 원리

질소산화물(NO$_x$)은 질소(N$_2$)와 산소(O$_2$)가 결합하여 생성되는 물질들의 집합 명칭으로 대표적인 물질로는 일산화질소(NO, nitrogen oxide)나 이산화질소(NO$_2$, nitrogen dioxide) 등이 존재합니다. 일반적으로 엔진 배기가스에 가장 많이 포함되어 있는 질소산화물은 일산화질소이며, 이중 일부가 다시 산화되어 이산화질소가 되는 것으로 알려져 있습니다. 대표적인 생성반응은 다음과 같습니다.

$$N_2 + O_2 \rightleftharpoons 2NO$$
$$2NO + O_2 \rightleftharpoons 2NO_2$$

일반적으로 질소산화물이 생성되는 경로는 크게 세 가지로 분류됩니다.

1) 연료 생성 질소산화물(fuel NO$_x$)

화석연료 내에 존재하는 질소 성분이 연소 과정에서 산소와 반응하여 형성되는 질소산화물을 말합니다. 만약, 연료 내에 질소 성분이 전혀 존재하지 않는다면 이러한 질소산화물은 생성되지 않습니다. 일반적으로 석탄의 경우, 질소를 포함한 다양한 불순물이 존재하여 연료 생성 질소산화물의 양이 많은 편이며, 천연가스의 경우는 생산 과정에서 일부 질소 성분이 제거되기 때문에 상대적으로 연료 생성 질소산화물의 양은 적은 편입니다.

2) 고온 생성 질소산화물(thermal NO$_x$)

일반적으로 화석연료의 연소를 위하여 산소가 필요하고, 산소를 공급하기 위해서 공기를 공급합니다. 공기의 약 80%는 질소이므로 이러한 질소가 고온·고압의 연소 과정 중 산소와 결합하여 질소산화물이 형성될 수 있습니다. 이처럼 연소를 위하여 공기를 공급하는 경우, 산화 과정에서 질소산화물이 발생하는 것을 피할 수 없습니다. 통상 1,200~1,300℃ 이상에서 급격하게 생성되기 시작하며 온도가 높아짐에 따라 질소산화물의 생성량이 지수적으로 증가하는 것으로 알려져 있습니다. 배기가스의 질소산화물에 가장 많은 영향을 끼치는 것으로 알려져 있습니다.

3) 순간 발생 질소산화물(prompt NO$_x$)

연료가 공기와 완전 혼합되어 고온이 되기 이전에도 1,000℃ 이상 고열의 화염 근처에 순간적으로 노출되는 경우에 매우 빠른 속도로 질소혼합물이 생성되는 현상이 있음이 보고되고 있으며, 이

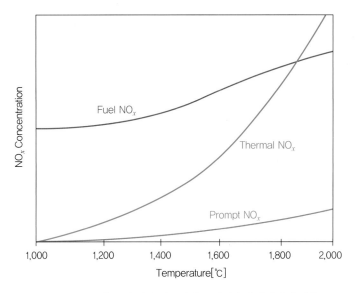

| 그림 3-1 | **온도에 따른 질소산화물 생성량의 일반적인 경향**

렇게 형성된 질소혼합물을 의미합니다. 2)의 경우와 합쳐서 논의되는 경우도 있습니다.

ex 3-1 질소산화물의 생성반응

1 bar에서 다음 질소산화물 생성반응이 반응평형까지 진행되고 분압(bar) 기준 반응평형상수 K_P를 따른다고 가정할 때, 반응 전 질소 8몰, 산소 2몰이 있는 계에서 다음의 경우 반응평형에서 반응진척도와 질소의 전환율을 구하라.

$$N_2 + O_2 \ \rightleftharpoons \ 2NO$$

$$K_P = \prod \mathcal{P}_i^{v_i} = \frac{\mathcal{P}_{NO}^2}{\mathcal{P}_{N_2} \mathcal{P}_{O_2}}$$

(a) 임의의 고온 T_1에서 반응평형상수가 분압(bar) 기준으로 0.01인 경우

(b) 보다 낮은 온도 T_2에서 반응평형상수가 분압(bar) 기준으로 0.005가 된 경우

해설

(a) 반응진척도를 ξ라 하면, 반응 후 몰분율은 식 (2.11)에서

$$y_i = \frac{n_i^o + v_i \xi}{n^o + v \xi}$$

$$n^o = \sum n_i^o = 8 + 2 = 10$$

$$v = \sum v_j = -1 - 1 + 2 = 0$$

$$y_{N_2} = \frac{8 - \xi}{10}$$

$$y_{O_2} = \frac{2 - \xi}{10}$$

$$y_{NO} = \frac{2\xi}{10}$$

이상기체에 가깝다고 가정하면 분압은 다음과 같습니다.

$$\mathcal{P}_i = y_i P$$

반응식	N_2	+	O_2	$\rightleftharpoons$	2NO
반응 전(n_i^o)	8		2		0
반응(Δn_i)	$-\xi$		$-\xi$		2ξ
반응 후(n_i)	$8-\xi$		$2-\xi$		2ξ
몰분율(y_i)	$\dfrac{8-\xi}{10}$		$\dfrac{2-\xi}{10}$		$\dfrac{2\xi}{10}$
분압($\mathcal{P}_i$)	$\dfrac{8-\xi}{10}$		$\dfrac{2-\xi}{10}$		$\dfrac{2\xi}{10}$

반응 후 평형상수가 0.01이므로 다음과 같은 식이 성립합니다.

$$\frac{\left(\dfrac{2\xi}{10}\right)^2}{\dfrac{8-\xi}{10} \cdot \dfrac{2-\xi}{10}} = 0.01$$

$$400\xi^2 = \xi^2 - 10\xi + 16$$

$$399\xi^2 + 10\xi - 16 = 0$$

$$\xi = \frac{-10 \pm \sqrt{100 - 4 \times 399 \times (-16)}}{2 \times 399} = (0.1881, -0.2132)$$

반응진척도가 음수가 되려면 역반응이 진행되어야 하나 반응 전 NO가 존재하지 않았으므로 이는 물리적으로 불가능합니다. 즉, 평형에서의 반응진척도는

$$\xi = 0.1881$$

이때 질소의 전환율은 식(2.9)에서 다음과 같이 나타낼 수 있습니다.

$$X_{N_2} = \frac{n^o_{N_2} - n_{N_2}}{n^o_{N_2}} = \frac{\xi}{n^o_{N_2}} = \frac{0.1881}{8} = 2.35\%$$

(b) 계산 과정은 (a)와 동일합니다. 반응 후 평형상수가 0.005가 되었으므로

$$\frac{\left(\frac{2\xi}{10}\right)^2}{\frac{8-\xi}{10} \cdot \frac{2-\xi}{10}} = 0.005$$

$$799\xi^2 + 10\xi - 16 = 0$$

$$\xi = \frac{-10 \pm \sqrt{100 - 4 \times 799 \times (-16)}}{2 \times 799} = (0.1354, -0.1479)$$

$$\xi = 0.1354$$

즉, (a)의 결과에 비해 일산화질소가 약 30% 가량 적게 생산됨을 알 수 있습니다. 이때 질소의 전환율은 다음과 같습니다.

$$X_{N_2} = \frac{n^o_{N_2} - n_{N_2}}{n^o_{N_2}} = \frac{\xi}{n^o_{N_2}} = \frac{0.1354}{8} = 1.7\%$$

질소산화물의 저감 기술

질소산화물(NO_x)을 저감하는 기술은 오랜 개발 역사를 가지고 있어 다양한 유형의 기술들이 존재합니다.

① 연소 최대온도의 감소 : 질소산화물이 생성되는 원리 중 가장 큰 비율을 차지하는 것은 고온으로 인하여 생성되는 질소산화물이며, 온도가 높을수록 지수적으로 생성량이 늘어납니다. 따라서 연소 시 엔진 내 최고온도를 줄이면 질소산화물의 생성량 자체를 줄일 수 있습니다. 그러나 일반적으로 엔진의 연소효율은 고온일수록 높게 나타나므로 질소산화물 생성을 줄이고자 엔진의 온도를 너무 낮추면 연소효율이 낮아져서 연료 소모량이 증가하는 문제 또한 발생할 수 있습니다. 따라서 엔진과 연료에 따른 최적의 연소온도에 대한 연구가 필요합니다.

② 발생한 질소산화물의 회수 : 연소 후 발생한 질소산화물을 물리적·화학적 방법을 통해 분리·회수하는 기술들을 의미합니다.

이 책에서는 현재 적용되고 있는 대표적인 방법론으로 배기가스 재순환 시스템(EGR, Exhaust Gas Recirculation) 및 선택적 촉매 환원법(SCR, Selective Catalytic Reduction) 두 가지 시스템의 원리를 소개합니다.

3.2 배기가스 재순환(EGR) 시스템

EGR 시스템 원리

EGR(Exhaust Gas Recirculation), 즉 배기가스 재순환 시스템은 질소산화물(NO$_x$)을 감소시키기 위하여 차량 등 여러 응용제품에 적용되어 온 시스템입니다. EGR 시스템은 배기가스의 약 30~40% 정도를 엔진으로 재순환하며, 이는 엔진 내 산소의 분압을 낮추고 연소 후 유체의 온도를 낮추어 질소산화물의 발생량을 감소시킬 수 있습니다. 엔진 배기가스는 질소(N), 이산화탄소(CO$_2$), 수증기 등으로 구성됩니다. 이를 냉각하여 재순환시키는 경우, 산소의 분압이 낮아지고 연소반응 결과 발생한 연소열의 일부가 재순환된 가스의 온도를 높이는 데 사용되므로 연소 후 기체의 온도 상승을 낮추는 효과를 가져옵니다. 질소산화물의 경우, 앞서 언급한 것과 같이 고온에서 더 많이 생성되므로 온도를 낮춤으로써 생성되는 질소산화물의 양을 줄이는 것이 가능해집니다.

엄밀하게 말하면 배기가스를 재순환하여 질소를 추가 공급하면 반응물인 질소의 분율이 증가하므로 생성물인 질소산화물이 증가하는 쪽으로 반응이 진행될 수 있으나, 이로 인하여 증가하는 양보다 온도 저감 때문에 질소산화물의 생성량이 감소하는 효과가 더 크기 때문에 질소산화물의 생성 저감이 가능합니다.

ex 3-2 메테인의 연소온도

1 bar의 일정한 압력으로 유지되는 연소실에서 메테인 1 mol이 연소하였다. 연소실이 완전 단열되었고 25°C에서 연소가 일어났을 때 다음 경우 배기가스의 최종온도를 구하라.

(a) 질소 8몰, 산소 2몰의 공기가 연소실에 공급되었을 때 메테인 1몰이 2몰의 산소와 완전연소하여 이산화탄소와 수증기만 생성된 경우

(b) 질소 8몰, 산소 2몰의 공기와 질소 4몰, 이산화탄소 1몰의 배기가스가 연소실에 혼합 공급되었을 때 메테인 1몰이 완전연소하여 이산화탄소와 수증기만 생성된 경우

※ 질소와 이산화탄소·물의 1 bar에서의 정압 비열용량(c_P)은 온도(T[K])에 따라 다음의 식으로 추산 가능(임영섭, 2021)

$$c_P\,[\mathrm{J/(mol \cdot K)}] = R(\mathrm{A} + \mathrm{B}T + \mathrm{C}T^2 + \mathrm{D}T^3)$$
$$R = 8.314\,\mathrm{J/(mol \cdot K)}$$

물질	A	B×10³	C×10⁶	D×10⁹	T_{min}	T_{max}
질소	3.297	0.732	−0.109		100	2,000
이산화탄소	3.307	4.962	−2.107	0.318	300	2,000
물(기체)	3.999	−0.643	2.970	−1.366	300	1,000

해설

(a) 메테인의 완전연소 반응식에서

$$CH_4(g) + 2O_2(g) \rightarrow CO_2(g) + 2H_2O(g)$$

연소반응 전의 상태를 상태 1, 반응 후의 상태를 상태 2라고 하면, 이는 다음과 같이 25°C에서 연소반응이 일어나는 공정 A와 이때 발생한 반응열이 연소실에 남아 있는 기체의 온도를 올리는 데 소모되어 온도가 올라가는 공정 B로 나누어 생각해 볼 수 있습니다.

완전히 단열되었다면 반응 전 상태 1과 반응 후 상태 2의 엔탈피 총량은 동일해야 하므로 다음과 같은 식이 성립됩니다.

$$\Delta H = 0 = \Delta H^o_{rxn} + \sum \Delta H_i$$

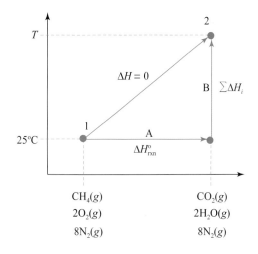

| 그림 3-2 | 연소반응 전후 상태

연소로 인하여 발생하는 열량은 메테인의 저위발열량과 동일합니다. [Ex 2-7]에서 다음과 같은 식이 성립됩니다.

$$\Delta h^o_{rxn} = \sum v_i \Delta h^o_{f,i}$$
$$= -1 \times (-74.9) - 2 \times 0 + 1 \times (-393.5) + 2 \times (-241.8) = -802.2 \text{ kJ/mol}$$
$$\Delta h^o_{rxn} = n_{CH_4} \Delta h^o_{rxn} = -802.2 \text{ kJ}$$

반응 후 존재하는 물질의 온도가 변화하는 것은 각 물질의 온도를 올리는 데 엔탈피가 얼마나 필요한지에 따라 결정되게 됩니다. 질소의 경우, 반응에 참여하지는 않으나 반응 후 존재하므로 온도 변화에 필요한 엔탈피는 고려해야 합니다.

$$\sum \Delta H_i = \Delta H_{N_2} + \Delta H_{CO_2} + \Delta H_{H_2O} = n_{N_2} \Delta h_{N_2} + n_{CO_2} \Delta h_{CO_2} + n_{H_2O} \Delta h_{H_2O}$$

1 bar는 충분히 낮은 압력이므로, 이때 반응에 참여하는 기체들은 이상기체로 가정할 수 있

습니다. 이상기체를 가정하면 각 물질 1몰이 임의의 온도 T_1에서 T_2로 변화할 때 요구되는 몰 엔탈피를 식 (2.3)과 같이 정압비열을 적분하여 얻을 수 있습니다.

$$\Delta h_i = \int_{T_1}^{T_2} c_{P,i}\, dT$$

즉, 각 물질별로 25°C에서 온도 T까지 상승하는 데 필요한 엔탈피는 다음과 같습니다.

$$\Delta H_{N_2} = n_{N_2} \int_{298}^{T} c_{P,N_2}\, dT = n_{N_2} \int_{298}^{T} R(A_{N_2} + B_{N_2} T + C_{N_2} T^2 + D_{N_2} T^3)\, dT$$

$$= n_{N_2} R\left[A_{N_2}(T-298) + \frac{B_{N_2}}{2}(T^2 - 298^2) + \frac{C_{N_2}}{3}(T^3 - 298^3) + \frac{D_{N_2}}{4}(T^4 - 298^4) \right]$$

$$\Delta H_{CO_2} = n_{CO_2} \int_{298}^{T} c_{P,CO_2}\, dT = n_{CO_2} \int_{298}^{T} R(A_{CO_2} + B_{CO_2} T + C_{CO_2} T^2 + D_{CO_2} T^3)\, dT$$

$$= n_{CO_2} R\left[A_{CO_2}(T-298) + \frac{B_{CO_2}}{2}(T^2 - 298^2) + \frac{C_{CO_2}}{3}(T^3 - 298^3) + \frac{D_{CO_2}}{4}(T^4 - 298^4) \right]$$

$$\Delta H_{H_2O} = n_{H_2O} \int_{298}^{T} c_{P,H_2O}\, dT = n_{H_2O} \int_{298}^{T} R(A_{H_2O} + B_{H_2O} T + C_{H_2O} T^2 + D_{H_2O} T^3)\, dT$$

$$= n_{H_2O} R\left[A_{H_2O}(T-298) + \frac{B_{H_2O}}{2}(T^2 - 298^2) + \frac{C_{H_2O}}{3}(T^3 - 298^3) + \frac{D_{H_2O}}{4}(T^4 - 298^4) \right]$$

메테인 1몰이 산소 2몰과 완전연소하였고, 질소는 반응에 참여하지 않았으므로 반응 후 물질량은 다음과 같습니다.

$$n_{N_2} = 8$$
$$n_{CO_2} = 1$$
$$n_{H_2O} = 2$$

각 물질의 계수 A, B, C, D는 표와 같이 알고 있으므로 이 엔탈피의 합 $\Sigma \Delta H_i$는 곧 온도의 함수가 됩니다. 즉, 다음을 만족하는 T를 찾으면 되므로

$$0 = -802.2 + \sum \Delta H_i = f(T)$$

할선법을 적용, 임의의 시작점 $T_0 = 400\,K$, $T_1 = 500\,K$에 대해서 풀어 보면

$$T_{k+1} = T_k - f(T_k) \frac{T_k - T_{k-1}}{f(T_k) - f(T_{k-1})}$$

k	T [K]	Δh_{N_2} [kJ/mol]	Δh_{CO_2} [kJ/mol]	Δh_{H_2O} [kJ/mol]	$\Sigma \Delta H_i$ [kJ]	$f(T)$
0	400	3.0	4.1	0.9	30.0	−772.2
1	500	6.0	8.3	4.4	65.2	−737.0
2	2,593	77.9	128.2	71.0	893.0	90.8

k	T	Δh_{N_2}	Δh_{CO_2}	Δh_{H_2O}	$\Sigma\Delta H_i$	f(T)
	[K]	[kJ/mol]	[kJ/mol]	[kJ/mol]	[kJ]	
3	2,364	69.4	113.9	71.3	811.5	9.3
4	2,337	68.4	112.2	71.1	801.7	−0.5
5	2,339	68.5	112.3	71.1	802.2	0.0

즉, 반응 후 최종온도는 다음과 같습니다.

$$T = 2,339 \text{ K} = 2,066°C$$

(b) (a)와 계산 방법은 동일하나 엔진에 유입되는 물질에 질소가 4몰, 이산화탄소가 1몰 증가하여 반응 후 질소가 12몰, 이산화탄소는 2몰이 되므로

$$n_{N_2} = 12$$
$$n_{CO_2} = 2$$
$$n_{H_2O} = 2$$

k	T	Δh_{N_2}	Δh_{CO_2}	Δh_{H_2O}	$\Sigma\Delta H_i$	f(T)
	[K]	[kJ/mol]	[kJ/mol]	[kJ/mol]	[kJ]	
0	400	3.0	4.1	0.9	46.0	−756.2
1	500	6.0	8.3	4.4	97.5	−704.7
2	1,869	51.5	83.5	59.5	903.6	101.4
3	1,697	45.4	73.1	53.0	796.7	−5.5
4	1,706	45.7	73.7	53.4	802.2	0.0

반응 후 최종온도는 다음과 같습니다.

$$T = 1,706 \text{ K} = 1,433°C$$

연소 결과 가스의 온도가 (a)의 경우에 비하여 크게 줄어든 것을 알 수 있습니다. 이는 연소열의 일부가 추가 공급된 질소와 이산화탄소의 온도를 상승시키는 데 소모되기 때문입니다.

EGR 시스템의 개요 및 특징

[그림 3-3]은 EGR 시스템의 구성을 단순화하여 나타낸 것입니다. 최근 엔진은 일반적으로 연소를 위한 공기를 압축, 엔진에 공급하며 여기에 연료가 분사 혼합되어 연소되게 됩니다. 엔진에서 발생한 고온·고압의 배기가스는 터빈을 거쳐 에너지를 회수한 뒤 배출됩니다. 이렇게 배기가

스의 터빈을 이용하여 공급 공기의 압력을 높이도록 압축·팽창이 연동된 설비를 통상 터보차저(turbocharger, 터보과급기)라고 부릅니다. 이러한 배기가스의 일부를 터보차저를 통과하기 전 혹은 통과한 후 대기에 배출하지 않고 EGR 밸브를 통하여 다시 엔진에 유입시키는 것이 EGR 시스템의 핵심입니다.

선박의 경우, 배기가스를 엔진에 재주입하기 전 일반적으로 세척기(scrubber)를 두고 물을 분사하여 배기가스를 세척하는 과정이 포함됩니다. 이는 중유를 주 연료로 사용하는 선박 엔진의 배기가스의 경우, 미세먼지(PM)나 황산화물(SO_x) 등의 불순물이 적잖게 포함되어 있어서 이를 바로 엔진에 주입하는 경우에 엔진의 부식, 성능·지하니 고장 빈도 증기 등의 다양한 문제가 발생할 수 있기 때문입니다. 배기가스가 황산화물과 같이 산성물질을 포함하는 경우, 세척수는 산성을 띠게 되므로 수산화나트륨(NaOH)과 같은 염기성물질을 투여하여 세척수를 중화하는 과정이 포함될 수 있습니다.

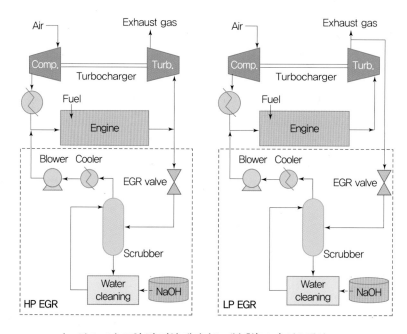

| 그림 3-3 | **고압 및 저압 배기가스 재순환(EGR) 시스템의 PFD**

EGR 시스템은 배기가스를 재순환하는 것 이외에 특별한 운전을 요구하지 않아서 비교적 단순한 구성이며, 엔진과 통합되어 설치되므로 설치 공간이 많이 요구되지 않습니다. 그러나 배기가스를 재순환하여 산소(O_2)의 분압 및 연소온도가 낮아지게 되면 연소효율이 떨어지는 문제점이 발생할 수 있습니다. 또한, 세척기를 두더라도 엔진으로 재순환되는 배기가스에서 미세먼지 등의 불순물이 100% 제거되지 못할 수 있습니다. 이는 연소효율의 감소 및 엔진 수명의 저하 등의 문제를 야기할 수 있습니다.

EGR 시스템에서 미세먼지와 황산화물 등을 세척하기 위해 사용된 세척오수는 누출수(bleed-off water)라 하며, 선외 배출을 위해서는 IMO의 규정을 지켜야 합니다. 세척오수에서 발생한 슬러지(sludge, 침전오물)는 항만에서 적절한 폐수처리 업체를 통하여 처리되어야 합니다.

IMO에 따르면 EGR 설치에 따른 추가 투자비용은 엔진 출력에 따라 다르나, $55~82/kW 정도로 알려져 있습니다(MEPC 66/INF.4, 2014). 운전비용은 연료비용의 4~6% 정도로 추정됩니다.

3-1 fan, blower, compressor, pump의 차이가 무엇인가요?

모두 유체를 압축해서 고압의 유체 흐름을 만드는 설비입니다. 팬(fan), 블로어(blower), 컴프레서(compressor)는 기체를 대상으로 하며, 펌프(pump)는 액체를 대상으로 합니다. 원리는 유사하나, 압축이 잘되는 기체와 달리 비압축성에 가까운 액체는 물리적 성질이 다르기 때문에 기계적 사양들이 다르게 설계됩니다. 팬의 경우, 우리가 일상적으로 보는 선풍기의 개념을 생각하시면 됩니다. 날개를 돌려서 팬 앞의 유체의 압력을 작게 올려서 송출합니다. 블로어의 경우, 팬보다 좀 더 기체의 압력을 높여서 송출할 수 있는 설비를 말합니다. 압축기는 아주 고압의 기체를 만드는 것이 가능하게 됩니다. ASME(American Society of Mechanical Engineers, 미국기계기술자협회)에서는 압축비에 따라서 설비를 구별하고 있습니다.

① 팬(fan): 압축비 1.1 이내
② 블로어(blower): 압축비 1.1~1.2 이내
③ 컴프레서(compressor): 압축비 1.2 이상

3.3 선택적 촉매 환원(SCR) 시스템

SCR 시스템 원리

SCR(Selective Catalytic Reduction, 선택적 촉매 환원) 시스템은 발전 및 정유업계에서 70년대부터 사용해 온 역사가 오래된 기술 중 하나입니다. 질소산화물(NO_x)은 산화반응을 통하여 질소(N)가 산화되어서 생성됩니다. 다시 말하면, 반대로 질소산화물을 다시 질소로 되돌리는 환원반응을 일으킬 수 있다면 질소산화물을 질소로 되돌려서 대기 방출하는 것이 가능해집니다.

질소산화물을 환원시키는 환원제(reducing agent)로는 여러 물질이 있으나, 상업적으로 널리 사용되어 온 것은 암모니아(NH_3)를 이용하는 것입니다. 적절한 촉매가 존재할 때 질소산화물은 다음

과 같이 다양한 반응 경로에 따라 환원제인 암모니아와 반응, 질소로 환원됩니다. 환원반응 후 생성되는 물질은 물과 질소이므로 질소산화물 배출 걱정 없이 대기 배출이 가능합니다. 이러한 반응들을 이용하여 질소산화물이 포함된 배기가스에 암모니아를 분사, 질소산화물을 질소로 환원하는 유형의 공정을 통틀어 SCR 공정이라고 부릅니다.

$$4NO+4NH_3+O_2 \rightleftharpoons 4N_2+6H_2O$$
$$6NO+4NH_3 \rightleftharpoons 5N_2+6H_2O$$
$$6NO_2+8NH_3 \rightleftharpoons 7N_2+12H_2O$$
$$2NO_2+4NH_3+O_2 \rightleftharpoons 3N_2+6H_2O$$
$$NO+NO_2+2NH_3 \rightleftharpoons 2N_2+3H_2O$$

SCR은 순수한 암모니아나 암모니아를 물에 용해한 암모니아수를 이용하여 질소산화물을 환원하는 것이 가능하나, 암모니아의 경우 독성물질로 인체에 피해를 입힐 수 있으므로 수송 및 저장에 주의가 필요합니다. 일반적으로 사업장 내에서 허용되는 암모니아의 농도는 20~25 ppm 이내입니다.

| 표 3-1 | 암모니아 농도에 따른 위험도(한국가스안전공사)

농도	증상
5 ppm	특유의 악취가 발생
~20 ppm	눈 자극 및 호흡기 자극 유발 가능
~200 ppm	두통, 구역질, 호흡기 자극 등 유발 가능
~700 ppm	눈 및 목구멍 등에 즉각적인 자극 유발
~1,700 ppm	호흡이 어려워지며 기침 발생
~4,500 ppm	30분 노출 시 사망에 이를 수 있음.
5,000 ppm 이상	수 분 내 사망에 이를 수 있음.

이러한 이유 때문에 차량이나 선박의 경우에 보다 안전한 이용을 위하여 요소(Urea)수를 이용한 2단 반응 SCR을 적용하는 경우도 많습니다. 요소[(NH_2)_2CO]란 탄소(C)와 산소(O)가 이중 결합된 형태에 암모니아 기능기가 2개 결합한 분자 구조를 가지는 물질로, 고온에서 물과 반응하면 2개의 암모니아 분자로 해리되는 특성을 가지고 있습니다.

| 그림 3-4 |
요소의 분자 구조

$$(NH_2)_2CO+H_2O \rightleftharpoons 2NH_3+CO_2 \qquad (3.1)$$

SCR 시스템에 사용되는 요소수의 농도는 일반적으로 40%w/w이며, 요소수를 사용하는 SCR

시스템은 요소가 분해되어 암모니아가 형성되는 첫 번째 반응과 생성된 암모니아가 질소산화물을 환원하는 두 번째 반응이 연달아 일어나도록 구성되어 있습니다.

FAQ

3-2 % 뒤의 w가 무슨 의미인가요?

용액의 농도를 %로 나타낸 경우, 용액과 용질의 질량을 기준으로 연산한 것인지, 부피를 기준으로 한 것인지 알 수가 없습니다. 이를 구별하기 위해서 용액과 용질 모두 질량을 기준으로 %를 연산한 경우 질량백분율, '% w/w(weight by weight)'로 표기합니다. 용액과 용질 모두 부피를 기준으로 %를 연산하는 경우 부피백분율이라 하며, '% v/v(volume by volume)'으로 표기합니다. 경우에 따라 '% w/v' 혹은 '% v/w'가 사용되기도 합니다. 일반적으로 많이 사용되는 것은 '% w/w'입니다.

SCR 시스템의 개요 및 특징

일반적으로 SCR 시스템은 [그림 3-5]와 같이 암모니아(NH_3), 암모니아수 또는 요소수와 같은 환원제를 분사하여 배기가스와 혼합하고, 촉매물질이 들어 있는 반응기를 통하여 환원반응이 일어날 수 있도록 구성됩니다. 요소수를 이용하는 경우, 첫 단계로 요소수가 암모니아로 분해되는 반응이 일어나며, 두 번째 단계에서 질소산화물(NO_x)이 질소(N_2)로 환원되게 됩니다.

질소산화물의 환원반응은 암모니아가 촉매 표면에 흡착된 후, 배기가스 중 질소산화물이 촉매 표면의 암모니아와 반응하며 일어나는 현상을 이용합니다. SCR 반응기에 이용 가능한 촉매는 금속

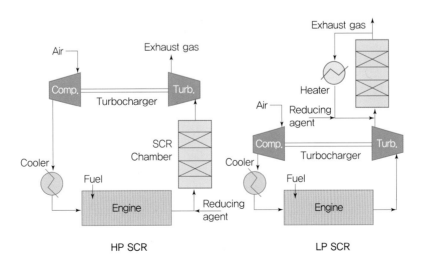

| 그림 3-5 | **고압 및 저압 SCR 시스템의 개요**

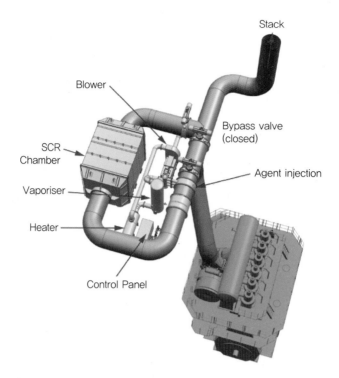

| 그림 3-6 | SCR 시스템의 구성 예시(MAN Energy Solutions, 2022)

이나 세라믹 기반 다공성 구조물로, 형성 초창기엔 백금(Pt) 등의 귀금속이 이용되었으나 이후 비용을 절감할 수 있는 대체물질들이 연구되면서 최근에는 지르코늄(Zr)이나 바나듐(V) 기반 금속산화물(ZrO_2, V_2O_5) 등이 널리 사용되고 있습니다.

　SCR의 장점은 적합한 설계조건하에서 거의 100%에 가깝게 질소산화물을 제거할 수 있다는 점입니다. 실제 상용 적용된 사례에서도 90% 이상의 제거율이 보고되고 있습니다. 질소산화물의 제거율을 높이기 위해서는 많은 양의 암모니아를 반응시키는 것이 좋으나 지나치게 과량을 투입하는 경우에 반응하지 못한 암모니아가 배출되는 문제가 발생할 수 있으며, 이를 암모니아 슬립(ammonia slip)이라고 합니다. 또한, 과량의 암모니아가 공급되거나, SCR로 유입되는 배기가스에 황산화물이 다량 존재하거나, 운전온도가 부적절한 경우에 NH_4HSO_4와 같은 황산암모늄염이 생성되는 부반응이 진행, 반응기에 축적되는 문제가 보고되고 있습니다. 이는 오염물질인 동시에 촉매에 점착되어 성능을 저하시키기 때문에 주의가 필요합니다.

$$SO_3 + 2NH_3 + H_2O \rightleftharpoons (NH_4)_2SO_4$$
$$SO_3 + NH_3 + H_2O \rightleftharpoons NH_4HSO_4$$

　SCR 공정의 적정 운전온도는 사용하는 촉매의 종류, 배기가스 중 질소산화물의 양, 암모니아 공급량 등에 따라 편차가 있으나 제거효율을 높이고 암모늄염의 생성을 방지하기 위해서는

300~450℃ 근처에서 운전되는 것이 적합한 것으로 알려져 있습니다. 운전온도가 지나치게 낮으면 암모니아가 황산화물과 반응하여 암모니아염이 형성되어 촉매에 점착되는 문제가 발생하며, 지나치게 고온에서 운전되면 촉매가 분해 혹은 소결(입자가 뭉쳐서 덩어리지는 현상)되거나, 삼산화황(SO_3)이 생성되는 문제가 있는 것으로 알려져 있습니다.

$$SO_2 + 0.5O_2 \rightleftharpoons SO_3$$

고압(HP, High Pressure)에서 운전되는 HP SCR의 경우 터보차저를 통과하기 전 고온의 배기가스에서 SCR반응이 진행됩니다. 따라서 저황유뿐만 아니라 황 성분이 많은 고황유를 사용하는 경우에도 적용이 가능합니다. 터보차저 후단에 SCR이 설치되는 LP SCR의 경우, 황 성분이 적어서 암모늄염의 형성온도가 낮아지는 저황유를 연료로 사용하는 경우에 적용이 가능합니다. 배기가스의 온도가 SCR의 적정 운전온도 이하인 경우, 온도 상승을 위한 추가적인 공정이 필요할 수 있습니다.

US EPA 분석 결과에 따르면 SCR 시스템의 투자비용은 엔진 출력에 따라 0.5~2백만 달러 정도로 알려져 있으며, IMO에 따르면 \$40~135/kW 가량으로 보고되고 있습니다(MEPC 66/INF.4, 2014). 운전비용은 주로 소모되는 요소수의 공급비용과 시간이 지나면서 수명이 다한 촉매의 교체비용으로 구성됩니다. 촉매는 반응에 참여하지 않으므로 이론적으로는 소모되지 않으나, 실질적으로는 시간이 지남에 따라 촉매 표면에 불순물이 점착되거나, 고온으로 인한 입자 구조의 붕괴 등으로 인하여 촉매가 비활성화되어 수명이 단축됩니다. 제조사에 따라 다르나 일반적으로 3~5년마다 촉매의 교체가 권장됩니다. 요소수의 소모량은 엔진 출력에 따라 7 g/kWh 가량으로 추정되며, 운전비용은 약 \$5~10/MWh 정도로 알려져 있으나, 요소수 공급 가격 등에 따라 변동 폭이 큽니다. 요소수 1톤에 \$150~400/t의 가격 변동이 보고되고 있으며, IMO에 따르면 운전비용은 연료비용의 약 7~10%로 추정되고 있습니다.

SCR 시스템은 촉매반응 시스템이므로 정량적인 예측을 위해서는 촉매반응속도 모델이 필요합니다. 일반적으로 촉매반응은 다음의 과정을 거쳐서 발생하며 물질 전달 및 반응 문제를 풀어야 가능한 시스템으로, 반응공학의 고급 과정에서 다룹니다. 이때 발생하는 확산 문제를 정교하게 모사하기 위하여 전산유체역학(CFD, Computational Fluid Dynamics) 기법이 함께 사용되기도 합니다.

| 일반적인 촉매반응 단계 |

1. 유체 중 반응물 A의 분자가 확산을 통하여 촉매입자의 외부 표면으로 이동함.
2. 촉매의 내부로 A가 확산됨.
3. 촉매의 내부 표면에 A가 흡착됨.
4. 반응이 일어나서 생성물 B가 생성됨.

5. 표면에서 B가 탈착됨.

6. 입자의 내부에서 외부 표면으로 B가 확산됨.

7. 촉매에서 유체로 B가 확산 이동함.

SCR 사용 시 발생하는 또 다른 문제는 요소의 분해 과정에서 이산화탄소가 발생한다는 점입니다. 그러나 이는 엔진에서 연소로 인하여 발생하는 이산화탄소 질량의 1% 이내 정도로 그 양이 많지는 않은 것으로 보고되고 있습니다.

필요 환원제의 소모량 추산

SCR은 질소산화물(NO_x) 제거를 위하여 암모니아나 요소와 같은 환원제를 사용하게 되므로 시스템 설계를 위해서 필요한 그 소모량 추산이 필요합니다. 다음과 같은 과정을 거쳐서 필요한 암모니아 혹은 요소의 양을 추산하는 것이 가능합니다.

1) 질소산화물의 제거효율

질소산화물의 제거효율은 어떤 시스템을 통해서 제거되는 질소산화물의 비율을 의미합니다. 질소산화물의 양을 나타내는 방법은 다양합니다. 일상생활에서 많이 사용되는 방법은 대기 중 질소산화물의 양을 부피나 몰을 기준으로 ppm(parts per million) 단위 농도로 나타내는 방법입니다. 다만 엔진의 경우, 생성되는 질소산화물의 양이 엔진의 출력에 비례하기 때문에 배기가스로 배출되는 배기가스 중 일화산질소(NO), 이산화질소(NO_2) 등 모든 질소산화물의 총량[g]을 엔진이 한 일, 즉 출력[kWh]으로 나눈 개념의 배출계수(EF, Emission Factor)를 사용하는 경우가 많습니다.

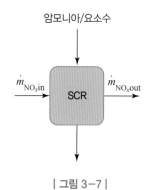

| 그림 3-7 |
SCR 유입·유출 질소산화물의 흐름도

그러면 배기가스에 포함된 질소산화물의 총질량유량은 엔진의 출력 P_E, 엔진 부하 MCR%로부터 다음과 같이 계산할 수 있습니다.

$$\dot{m}_{NO_x} = EF_{NO_x} \cdot P_E \cdot MCR\%$$

SCR에 유입되는 배기가스 중 일산화질소·이산화질소 등 모든 질소산화물의 총유량을 $\dot{m}_{NO_x\text{in}}$, SCR을 거쳐서 배출되는 배기가스 중 질소산화물의 양을 $\dot{m}_{NO_x\text{out}}$이라고 하면 SCR에서 제거되는 질소산화물의 유량은

$$\dot{m}_{NO_x \, rem} = \dot{m}_{NO_x \, in} - \dot{m}_{NO_x \, out}$$

질량 기준 제거효율 η_{NO_x}는

$$\eta_{NO_x} = \frac{\dot{m}_{NO_x \, rem}}{\dot{m}_{NO_x \, in}} = \frac{\dot{m}_{NO_x \, in} - \dot{m}_{NO_x \, out}}{\dot{m}_{NO_x \, in}}$$

동일 출력 기준으로 하면 이는 곧

$$\eta_{NO_x} = \frac{\dot{m}_{NO_x \, in} - \dot{m}_{NO_x \, out}}{\dot{m}_{NO_x \, in}} = \frac{EF_{NO_x \, in} \cdot P_E \cdot MCR\% - EF_{NO_x \, out} \cdot P_E \cdot MCR\%}{EF_{NO_x \, in} \cdot P_E \cdot MCR\%}$$

$$= \frac{EF_{NO_x \, in} - EF_{NO_x \, out}}{EF_{NO_x \, in}}$$

질량이 아닌 몰을 기준으로 하는 경우, 다음과 같습니다.

$$\eta_{NO_x} = \frac{\dot{n}_{NO_x \, rem}}{\dot{n}_{NO_x \, in}} = \frac{\dot{n}_{NO_x \, in} - \dot{n}_{NO_x \, out}}{\dot{n}_{NO_x \, in}}$$

질량유량을 몰유량으로 환산하려면 분자량이 필요한데 질소산화물은 혼합물이기 때문에 분자량을 물질별로 각각 적용하여 합산하거나, 평균 분자량 연산이 필요합니다. 혼합물의 분자량은 각 물질의 혼합물 중 몰분율 y_i로부터 연산이 가능합니다.

$$M_{W, \, NO_x} = \sum y_i M_{W, \, i}$$

만약, 유입·유출 가스 내 질소산화물의 조성이 동일하다면 평균 분자량 역시 동일하므로 제거효율은 몰 기준이나 질량 기준이나 동일하게 됩니다. SCR 유입·유출 배기가스의 조성비가 동일하지 않다면 제거효율은 기준에 따라 다를 수 있습니다.

2) 양론비율계수(SRF, Stoichiometric Ratio Factor)

양론비율계수 SRF란 1몰의 질소산화물을 제거하기 위해서 얼마나 많은 양의 환원제(암모니아 혹은 요소 등)가 필요한지를 나타내는 지표입니다. 질소산화물 제거에 소모된 환원제(reducing agent)의 양을 n_R이라고 하면,

$$SRF = \frac{n_R}{n_{NO_x \, rem}}$$

예를 들어, 암모니아의 환원반응 중 주가 되는 다음 2개의 반응을 살펴보면 다음과 같습니다.

$$NO + NH_3 + 0.25O_2 \;\rightleftharpoons\; N_2 + 1.5H_2O$$
$$NO + NO_2 + 2NH_3 \;\rightleftharpoons\; 2N_2 + 3H_2O$$

첫 번째 반응은 1몰의 암모니아가 1몰의 일산화질소를 질소로 환원합니다. 두 번째 반응은 2몰의 암모니아가 1몰의 일산화질소와 1몰의 이산화질소를 질소로 환원합니다. 즉, 질소산화물 1몰의 환원을 위해서 필요한 암모니아의 총량 또한 1몰이 되므로 SRF가 1이 될 것을 알 수 있습니다. 실제로 SCR에서 일어나는 반응은 위의 2개 반응 이외에도 다양하게 많은 반응이 일어나며 존재하는 일산화질소, 이산화질소의 비율도 다양하기 때문에 SRF는 정확하게 1은 아니며, 통상 1.05 정도 되는 것으로 알려져 있습니다(Sorrels et al., 2016). 요소를 쓰는 경우, 식 (3.1)과 같이 1몰의 요소가 2몰의 암모니아를 만들게 되므로 SRF는 반으로 저감되어서 0.525가 됩니다.

SRF는 몰/몰이므로 단위가 없습니다. 그러나 분모는 질소산화물의 양을 의미하고, 분자는 환원제의 양을 의미하므로 연산 시에는 주의가 필요합니다.

3) 환원제의 소모량 추산

저감하고자 하는 질소산화물의 양에 SRF를 곱하여 필요한 환원제의 양을 추산하는 것이 가능합니다.

$$\dot{n}_{\text{R}} = \eta_{\text{NO}_x} \cdot \dot{n}_{\text{NO}_x\text{in}} \cdot \text{SRF}$$

질량유량으로 연산하는 경우 SRF는 몰비율이므로 이를 질량비율로 환산할 필요가 있습니다.

$$\dot{m}_{\text{R}} = \eta_{\text{NO}_x} \cdot \dot{m}_{\text{NO}_x\text{in}} \cdot \text{SRF} \cdot \frac{M_{\text{W,R}}}{M_{\text{W,NO}_x}}$$

이는 순수한 환원제의 필요량이므로 수용액을 사용하는 경우 농도로 나누어 용액의 필요량을 추산할 필요가 있습니다. 농도 c가 질량백분율[wt%]이라면 필요한 환원제 용액의 양은 다음과 같습니다.

$$\dot{m}_{\text{Sol}} = \frac{\dot{m}_{\text{R}}}{c}$$

4) 저장 공간의 추산

필요 저장 공간(V_{tank})을 추산하기 위해서는 용액의 밀도(ρ)와 재충전 없이 운전해야 하는 연속 운전일수(d_{op})가 필요합니다.

$$V_{\text{tank}} = \frac{\dot{m}_{\text{Sol}}}{\rho} d_{\text{op}}$$

단, 이는 여유분이 없는 공간량이므로 실제 설계 시에는 안전여유(safety margin)분을 두고 이보다 20~30% 더 큰 탱크를 설계하게 됩니다.

5) 운항 프로파일의 고려

선박은 100% 부하로만 운전하지는 않으므로 평균 부하를 결정하고(ⓔ 75% MCR) 이에 따른 환원제 소모량을 계산하는 것이 가능합니다. 혹은, 경우에 따라 부하별 운항시간을 추산하고 이에 따른 총소모량을 계산하기도 합니다.

| 표 3-2 | 엔진 부하에 대한 선박 운항 프로파일 예시

	운항시간[hr/y]	비율[%]
연간 총운항시간(sailing time)	6,000	100
25% MCR 운항	1,800	30
50% MCR 운항	1,800	30
75% MCR 운항	1,800	30
100% MCR 운항	600	10

ex 3-3 질소산화물의 제거효율

(a) $NO_x EF = 10\ g/kWh$인 엔진에 SCR을 적용하여 최종 배출 배기가스의 질소산화물 $EF = 1\ g/kWh$로 배출량을 낮췄을때 질소산화물의 제거효율을 구하라.

(b) SCR 시스템에 유입되는 질소산화물 유량이 1 mol/s, 유출 유량이 0.1 mol/s일 때 제거효율을 몰 및 질량 기준으로 구하라. $NO : NO_2$의 비율은 9 : 1로 가정한다.

해설

(a) 제거 효율식을 적용하면 다음과 같습니다.

$$\eta_{NO_x} = \frac{EF_{NO_x\,in} - EF_{NO_x\,out}}{EF_{NO_x\,in}} = \frac{10\ g/kWh - 1\ g/kWh}{10\ g/kWh} = 90\%$$

(b) 유입·유출 질소산화물의 조성이 동일하므로 각 물질의 조성을 고려하지 않아도 무방합니다.

$$\eta_{NO_x} = \frac{\dot{\eta}_{NO_x\,in} - \dot{\eta}_{NO_x\,out}}{\dot{\eta}_{NO_x\,in}} = \frac{1 - (0.1)}{1} = 90\%$$

다음과 같이 조성을 고려한 연산과 결과가 동일하기 때문입니다(역으로 유입·유출 조성이 편차가 생기면 동일하지 않게 됩니다).

$$\eta_{\mathrm{NO}_x} = \frac{\dot{\eta}_{\mathrm{NO}_x\mathrm{in}} - \dot{\eta}_{\mathrm{NO}_x\mathrm{out}}}{\dot{\eta}_{\mathrm{NO}_x\mathrm{in}}} = \frac{(\dot{\eta}_{\mathrm{NOin}} + \dot{\eta}_{\mathrm{NO}_2\mathrm{in}}) - (\dot{\eta}_{\mathrm{NOout}} + \dot{\eta}_{\mathrm{NO}_2\mathrm{out}})}{\dot{\eta}_{\mathrm{NOin}} + \dot{\eta}_{\mathrm{NO}_2\mathrm{in}}} = \frac{0.9 + 0.1 - (0.09 + 0.01)}{0.9 + 0.1}$$

$$= 90\%$$

질량을 기준으로 하는 경우, 일산화질소의 분자량은 약 30, 이산화질소의 분자량은 약 46이므로

$$\eta_{\mathrm{NO}_x} = \frac{(M_{\mathrm{W,NO}}\dot{n}_{\mathrm{NOin}} + M_{\mathrm{W,NO}_2}\dot{n}_{\mathrm{NO}_2\mathrm{in}}) - (M_{\mathrm{W,NO}}\dot{n}_{\mathrm{NOout}} + M_{\mathrm{W,NO}_2}\dot{n}_{\mathrm{NO}_2\mathrm{out}})}{(M_{\mathrm{W,NO}}\dot{n}_{\mathrm{NOin}} + M_{\mathrm{W,NO}_2}\dot{n}_{\mathrm{NO}_2\mathrm{in}})}$$

$$= \frac{27 + 4.6 - (2.7 + 0.46)}{27 + 4.6} = 90\%$$

즉, 유입·유출 질소산화물의 조성이 동일하므로 평균 분자량이 같고, 따라서 몰과 질량 기준 제거율도 동일한 상황입니다.

$$\eta_{\mathrm{NO}_x} = \frac{\dot{\eta}_{\mathrm{NO}_x\mathrm{in}} - \dot{\eta}_{\mathrm{NO}_x\mathrm{out}}}{\dot{\eta}_{\mathrm{NO}_x\mathrm{in}}} = \frac{M_{\mathrm{W,NO}}\dot{n}_{\mathrm{NOin}} - M_{\mathrm{W,NO}_x}\dot{n}_{\mathrm{NO}_x\mathrm{out}}}{M_{\mathrm{W,NO}_x}\dot{n}_{\mathrm{NO}_x\mathrm{in}}} = \frac{\dot{m}_{\mathrm{NO}_x\mathrm{in}} - \dot{m}_{\mathrm{NO}_x\mathrm{out}}}{\dot{m}_{\mathrm{NO}_x\mathrm{in}}} = \underline{\eta}_{\mathrm{NO}_x}$$

ex 3-4 SCR 요소 소모량 추정

출력이 10 MW인 엔진의 질소산화물 배출량이 MCR 100% 기준 17 g/kWh일 때 이를 40 wt%의 요소수를 이용한 SCR을 이용하여 3.4 g/kWh로 저감하고자 한다. 14일간 연속 운항이 가능하려면 요구되는 요소수 저장탱크의 최소 부피를 구하라. 질소산화물의 조성은 NO 90 mol%, NO$_2$ 10 mol%로 추정되며 요소의 SRF는 0.525, 40 wt%의 요소수 밀도는 약 1,100 kg/m^{3}이다.

해설

제거되어야 하는 질소산화물의 양은

$$\dot{m}_{\mathrm{NO}_x\mathrm{rem}} = \dot{m}_{\mathrm{NO}_x\mathrm{in}} - \dot{m}_{\mathrm{NO}_x\mathrm{out}} = (\mathrm{EF}_{\mathrm{NO}_x\mathrm{in}} - \mathrm{EF}_{\mathrm{NO}_x\mathrm{out}})P_{\mathrm{E}} = (17 - 3.4)\frac{\mathrm{g}}{\mathrm{kWh}} \times 10{,}000 \ \mathrm{kW}$$

$$= 136 \ \mathrm{kg/hr}$$

일산화질소의 분자량은 약 30, 이산화질소의 분자량은 약 46입니다.

질소산화물의 평균 분자량은

$$M_{\mathrm{W,NO}_x} = (0.9 \times 30) + (0.1 \times 46) = 31.6$$

필요한 요소의 양은(요소 분자량 약 60)

$$\dot{m}_R = \dot{m}_{NO_x\,rem} \cdot SRF \cdot \frac{M_{W,R}}{M_{W,NO_x}} = 136\,\frac{kg}{hr} \times 0.525 \times \frac{60}{31.4} = 135.6\,kg/hr$$

필요한 요소수 저장탱크의 최소 크기는 다음과 같습니다.

$$V_{tank} = \frac{\dot{m}_R}{c\rho}d_{op} = \frac{135.6\,kg/hr}{0.4 \times 1100\,kg/m^3} \cdot 14\,\text{day}\,\frac{24\,\text{hr}}{\text{day}} = 103.5\,m^3$$

3.4 황산화물(SOₓ)의 배출 저감 기술

황산화물의 생성 원리

황산화물(SO_x)은 황(S)이 산소(O)와 반응, 산화되어서 생기는 생성물의 집합 명칭으로, 대표적으로 이산화황(SO_2, sulfur dioxide), 삼산화황(SO_3, sulfur trioxide) 등이 있습니다.

$$S + O_2 \rightleftharpoons SO_2$$
$$SO_2 + 0.5O_2 \rightleftharpoons SO_3$$

질소(N_2)와 달리 황은 자연대기 성분 중에 거의 존재하지 않습니다. 때문에 연소로 인하여 생성되는 황산화물은 연료에 포함된 황 성분에 정비례하게 됩니다.

황산화물의 저감 기술

황산화물의 생성 원리에 따라 연료에 황 성분이 존재하지 않으면 애초에 황산화물은 발생하지 않습니다. 때문에 황산화물 저감을 위해서 선택할 수 있는 방법 중 하나는 정유사에서 제조 판매하는 저황유(LSFO, Low Sulfur Fuel Oil 혹은 VLSFO, Very Low Sulfur Fuel Oil), 초저황유(ULSFO, Ultra Low Sulfur Fuel Oil) 등 애초에 황 성분이 제거된 연료를 사용하는 것입니다. 명확한 기준이 있는 것은 아니나 통상 황 성분이 0.5% 이하로 제거된 것을 VLSFO, 0.1% 이하로 제거된 것을 ULSFO로 부릅니다. 그러나 이런 저황유를 사용하는 경우, 연료비 증가의 부담을 안게 됩니다. 정유사에서 탈황설비를 설치 및 운영하는 비용이 추가된 중유를 구입해야 하기 때문입니다.

[그림 3-8]은 황 함량 0.5% 이하인 VLSFO가 IFO 중유에 비하여 어느 정도의 가격 차이를 보

이는지 보여 주고 있습니다. VLSFO의 가격이 IFO 중유보다 높은 가격대를 형성하고 있는 것을 확인할 수 있습니다. 통상 저황유를 사용하는 경우, 기존 연료비 대비 평균 30~40% 이상 연료비가 증가하는 것으로 알려져 있습니다.

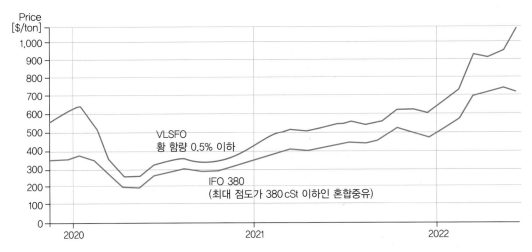

| 그림 3-8 | IFO 중유와 VLSFO의 가격 변화 추이(USDA, 2022)

이러한 연유로 기존 운항선이 황산화물 배출 규제를 준수하기 위해서 선택한 다른 방법이 이하 절에서 설명할 황산화물 세척 시스템입니다. 이는 기존의 황 성분이 높은 중유를 연료로 사용하되, 배기가스에서 황산화물을 제거할 수 있는 설비를 두어서 대기로 방출되는 황 성분을 저황유를 사용하는 것과 마찬가지로 낮추고자 하는 방법입니다. 이는 현존선에도 적용이 가능하여, 2010년대 후반 이후 황산화물 세척기를 설치한 선박이 급격하게 증가한 이유가 되었습니다.

황산화물 세척기나 저황유 대신 황산화물 배출 규제를 준수할 수 있는 또 다른 방법은 고압가스 주입 엔진을 주 추진엔진으로 사용하여 LNG를 연료로 사용하는 것입니다. LNG는 천연가스 (natural gas)를 액화하여 생산되고, 그 과정에서 불순물을 제거하는 여러 과정을 거치며 특히 그중 산성가스 제거 공정은 황 성분을 ppm 수준으로 제거하게 되므로 LNG에는 황 성분이 거의 존재하지 않습니다. 결과적으로 상업적으로 유통되는 LNG는 생산 과정에서 황 성분 및 이산화탄소·질소를 제거하게 되므로 그 함량이 상대적으로 적고, 따라서 이를 연료로 사용하는 경우, 배기가스 내의 황산화물과 질소산화물이 중유를 사용하는 경우에 비하여 줄어들게 됩니다. IMO에 따르면 LNG를 연료로 사용하는 경우, 질소산화물 발생량은 중유(HFO)를 사용한 경우의 10분의 1 이하이며, 황산화물 및 미세분진은 거의 발생하지 않는 것으로 알려져 있습니다.

그 대신 가스 추진 엔진, LNG 저장시설 및 공급 시스템을 갖추어야 하므로 기존의 선박보다 더 많은 돈을 투자해야 하며, 더 복잡한 연료 공급 시스템을 포함해 운전해야 하므로 운전비용도 증가합니다. 통상적으로 알려진 바에 따르면 같은 스펙의 선박을 LNG 추진선으로 건조하려면 대략 기

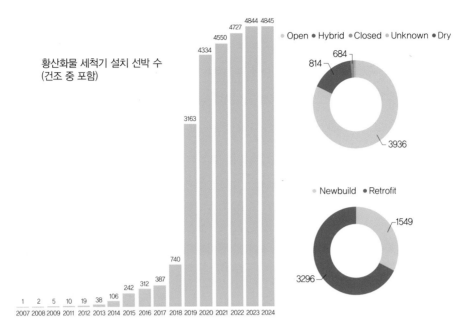

| 그림 3-9 | 황산화물 세척 시스템 도입 선박 추세(DNV alternative fuels insight)

| 표 3-3 | 선박 연료별 배출계수(IMO GHG 4th study, 2020)

구분	Emission factors		
	NO$_x$[g/kWh]	SO$_x$[g$_{SO_x}$/g$_{fuel}$]	PM[g$_{PM}$/kWh]
HFO	75.9~78.6	44.6~50.8	6.96~7.53
MDO	52.1~57.6	1.56~2.74	0.92~0.97
LNG	5.6~10.95	~0.03	~0.11

존 선가보다 20~25%의 더 높은 금액을 투자해야 하는 것으로 알려져 있습니다. 그럼에도 불구하고 별도의 배출물 저감설비를 설치할 필요가 없다는 장점 때문에 LNG 추진선의 수요는 지속적으로 증가하고 있습니다.

3.5 황산화물 건식 세척기(dry scrubber)

건식 세척 시스템의 원리

황산화물 건식 세척기(dry scrubber) 혹은 세척 시스템(cleaning system)은 액체를 사용하지 않고 황산화물(SO$_x$)을 배기가스로부터 제거하는 설비입니다. 이를 위해서는 황산화물과 선택적으로 반응이 가능한 물질이 필요하며, 많이 사용되는 물질로는 수산화칼슘[Ca(OH)$_2$] 등이 있습니다. 이는 황산화물과 반응하여 황산칼슘(CaSO$_4$, 석고)을 형성하는 특징이 있습니다. 즉, 수산화칼슘 입자를 채운 통에 황산화물을 포함한 배기가스를 통과시키면 황산화물은 반응을 통하여 황산칼슘의 형태로 붙잡히게 되어 제거됩니다.

$$Ca(OH)_2 + SO_2 \rightleftharpoons CaSO_3 + H_2O$$
$$CaSO_3 + 0.5O_2 \rightleftharpoons CaSO_4$$
$$Ca(OH)_2 + SO_3 \rightleftharpoons CaSO_4 + H_2O$$

또한, 이 과정에서 미세먼지(PM)도 입자에 흡착되어 제거가 가능합니다.

황산화물 건식 세척기의 개요 및 특징

건식 세척 시스템은 황산화물을 흡수할 수 있는 염기성물질을 과립화(granulation)하여 작은 알갱이로 만든 뒤 이를 용기에 채워 넣어서 배기가스가 통과되면서 황산화물이 제거될 수 있도록 구성됩니다. 건식 세척 시스템은 배기가스 온도 250~450℃ 정도에서 운전되며 발열반응이므로 반응 결과 온도가 떨어지지 않습니다. 따라서 폐열 회수가 용이하며, 고온의 반응조건을 요구하는 SCR 시스템과 연동하여 사용이 수월합니다. 저온에서도 운전이 가능하나 흡수 성능이 떨어져서 입자 소모량이 늘어나게 됩니다.

건식 시스템의 문제점은 황산화물과 반응하여 황산칼슘이 된 수산화칼슘 입자는 더 이상 황산화물과 반응을 할 수 없다는 점입니다. 때문에 반응하지 않은 수산화칼슘 입자를 싣고 다니면서 주기적으로 교체해 주어야 하는 문제가 발생합니다. 또한, 반응이 완료된 황산칼슘 역시 무단으로 배출할 수 없으므로 이를 적절히 폐기 혹은 판매·재활용하는 과정이 필요하게 됩니다. 이러한 이유로 선박에는 건식 세척 시스템이 잘 사용되지는 않습니다.

3.6 황산화물 습식 세척기(wet scrubber)

황산화물 습식 세척기의 원리

물은 극성물질과 친화력이 높아서 이를 흡수하는 성질이 있습니다. 이 성질을 이용하여 황산화물은 물을 기반으로 하는 수용액으로 흡수하는 것이 가능합니다. 황산화물은 물에 녹아서 다양한 물질을 형성하는데, 가장 대표적으로 알려진 것이 아황산(sulfurous acid, H_2SO_3)과 황산(sulfuric acid, H_2SO_4)입니다.

$$SO_2 + H_2O \rightleftharpoons H_2SO_3$$
$$SO_3 + H_2O \rightleftharpoons H_2SO_4$$

염기성 수용액의 경우, 물에 녹은 황산과 염기성물질이 중화반응을 일으키게 되므로 순수한 물보다 황산화물을 더욱 잘 흡수하게 됩니다. 예를 들어, 수산화나트륨이 존재하는 경우에 다음과 같은 산염기반응이 일어나게 됩니다.

$$H_2SO_3 + 2NaOH + 0.5O_2 \rightleftharpoons Na_2SO_4 + H_2O$$
$$H_2SO_4 + 2NaOH \rightleftharpoons Na_2SO_4 + H_2O$$

실제로 수용액에서 일어나는 일은 산과 염기의 산화·환원반응으로, 주요 반응만 고려하더라도 복잡한 시스템을 다루어야 합니다. 황산은 수용액에서 거의 대부분이 이온으로 해리되는 강산입니다. 또한, 수소원자가 2개 있는 다양성자 산이라서 두 가지 다른 이온을 형성할 수 있습니다. 아황산은 HSO_3^-[중아황산이온(bisulfite ion) 혹은 아황산수소이온(hydrogen sulfite ion)] 및 SO_3^{2-}[아황산이온(sulfite ion)]으로 해리됩니다.

$$H_2SO_3 \rightleftharpoons H^+ + HSO_3^-$$
$$HSO_3^- \rightleftharpoons H^+ + SO_3^{2-}$$

황산은 HSO_4^{2-}[중황산이온(bisulfate ion) 혹은 황산수소이온(hydrogen sulfate ion)] 및 SO_4^{2-}[황산이온(sulfate ion)]으로 해리됩니다.

$$H_2SO_4 \rightleftharpoons H^+ + HSO_4^-$$
$$HSO_4^- \rightleftharpoons H^+ + SO_4^{2-}$$

배기가스에는 황산화물 이외에도 이산화탄소가 거의 반드시 존재합니다. 이산화탄소 역시 물에 녹아서 탄산(carbonic acid, H_2CO_3)을 형성합니다.

$$CO_2 + H_2O \rightleftharpoons H_2CO_3$$

수용액 상태에서 탄산 역시 이온화되어 HCO_3^-[중탄산이온(bicarbonate ion) 혹은 탄산수소이온(hydrogen carbonate ion)] 및 탄산이온(carbonate, CO_3^{2-})을 형성합니다.

$$H_2CO_3 \rightleftharpoons H^+ + HCO_3^-$$
$$HCO_3^- \rightleftharpoons H^+ + CO_3^{2-}$$

물의 자동화반응과 염기성물질의 해리반응까지 같이 일어나게 되면 이러한 반응의 모든 질량균형 및 전하균형을 만족하는 평형을 고려해야 하며, 실제 반응의 경우 기체 중 황산화물과 액체가 접촉하면서 반응이 이뤄지기 때문에 물질의 전달속도 및 반응속도 또한 영향을 미치게 됩니다.

황산화물 습식 세척기의 개요 및 특징

황산화물 세척기는 간단하게 말하면 가스가 통과할 수 있도록 만든 통의 상부에서 물을 분사하는 형태로 이루어져 있습니다. 그러면 떨어지는 물과 상승하는 기체 내의 황산화물이 접촉하여 흡수반응이 진행되며, 황산화물을 포함한 세척수가 통의 아래쪽으로 떨어지고 황산화물이 제거된 배기가스는 상부로 배출됩니다. 습식 세척기(wet scrubber)는 황산화물을 98% 이상 효과적으로 제거할 수 있는 것으로 알려져 있으며, 이는 사용하는 세척수의 유량 및 알칼리도(alkalinity), 염도(salinity)에 따라 영향을 받습니다.

세척수를 공급 및 처리하는 방식에 따라 크게 개방형(open), 폐쇄형(closed)으로 나뉘며, 이를 혼합한 하이브리드(hybrid) 유형도 존재합니다. 개방형 세척 시스템은 일반적으로 해수(sea water)를

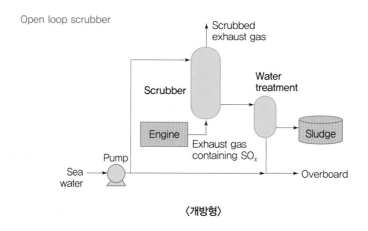

〈개방형〉

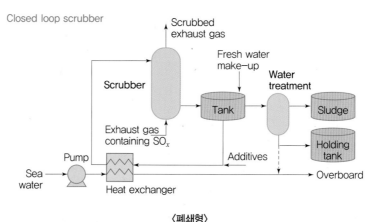

〈폐쇄형〉

| 그림 3-10 | 개방형(open) 및 폐쇄형(closed) 세척 시스템의 개요

세척수로 사용하며, 사용된 세척수는 배출 규제 기준에 따라 희석하여 다시 바다로 방출합니다. 불순물이 누적되어 세척수 배출 규제를 준수하지 못하는 경우에 슬러지(침전오수)를 분리·저장하는 수처리(water treatment 혹은 water cleaning) 과정을 두기도 합니다. 슬러지는 항만 접안 시 별도의 폐수 처리를 하게 됩니다. 통상적으로 개방형 세척 시스템은 1 MWh당 45~50 m³의 해수를 필요로 하는 것으로 알려져 있습니다(황 함유량 2.7% 연료 기준).

폐쇄형 세척 시스템은 해수를 직접 세척수로 사용하지 않고 냉각수로만 사용하며 별도의 청수(fresh water)를 세척수로 사용한 뒤 이 대부분을 재순환하여 세척수로 재활용합니다. 세척 과정에서 세척수의 산성화 및 미세먼지 등 불순물의 누적이 발생하므로 이를 제거하기 위해서 100% 재순환을 하지 않고 세척수의 일부는 배출하게 되는데, 이를 유출(bleed-off) 세척수라 하며, 수처리 과정을 거쳐서 선외로 배출하거나 보관탱크(holding tank)에 저장한 뒤 후처리하게 됩니다. 일반적으로 재순환되는 유량은 20~30 m³/MWh 가량이며, 유출 유량은 0.1~0.3 m³/MWh 가량으로 알려져 있습니다(IMO MEPC 58/23, 2008). 따라서 개방형 시스템에 비하여 적은 유량을 순환하며, 배출량도 적은 장점이 있습니다.

황산화물을 흡수하면 세척수가 산성화되므로 폐쇄형 시스템은 세척수가 누적 산성화되는 것을

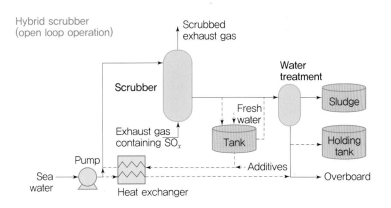

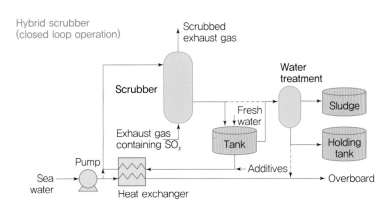

| 그림 3-11 | 하이브리드 세척 시스템의 운전 유형별 개요

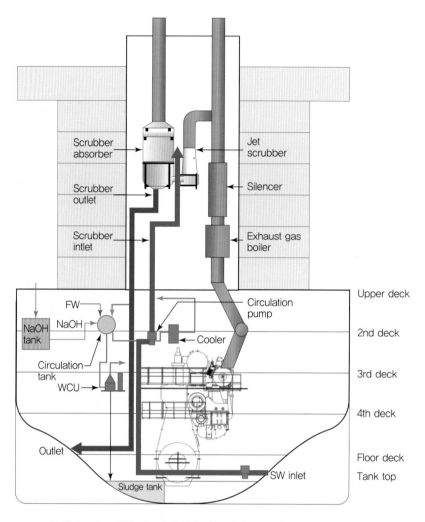

| 그림 3-12 | 하이브리드 세척 시스템의 선내 설치 사례 개념도(Man Energy Solutions, 2022)

피하기 위하여 수산화나트륨(NaOH, sodium hydroxide)과 같은 염기성물질을 첨가, 중성화하는 과정이 포함됩니다. 따라서 이러한 물질을 저장할 공간 및 청수를 지속적으로 소모해야 하는 특징을 가지고 있습니다. 또한, 수산화나트륨과 같은 물질은 강염기성 물질로 눈과 피부에 피해를 입힐 수 있는 물질이므로 적합한 안전 시스템이 필요합니다. 일반적으로 철 소재에 대한 부식은 산성물질로 인하여 유발된다고 많이 알려져 있으나, 강염기성 물질 또한 염기성 부식(caustic corrosion)을 유발할 수 있습니다. 특히, 수산화나트륨과 같은 강염기성 물질은 저장온도가 높아지면 부식성이 강화되므로 통상 50℃ 이하의 저온에 보관해야 합니다.

하이브리드 유형 세척 시스템의 경우는 개방형과 폐쇄형을 결합한 형태로, 상황에 따라 선택적인 운전이 가능합니다. 세척수 배출이 규제되어 있거나 연안이라 해수의 알칼리도가 낮은 경우에는 폐쇄형으로 운전하고, 배출이 가능한 경우 개방형으로 운전하는 등 운전 모드를 전환할 수 있도록 구성되어 있습니다.

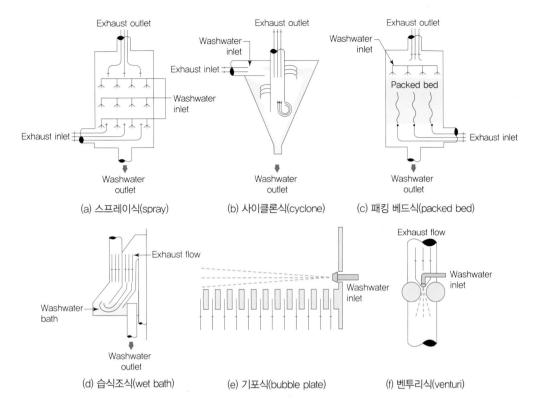

(a) 스프레이식(spray) (b) 사이클론식(cyclone) (c) 패킹 베드식(packed bed)

(d) 습식조식(wet bath) (e) 기포식(bubble plate) (f) 벤투리식(venturi)

| 그림 3-13 | 습식 세척기의 다양한 형태

세척기는 세척수와 배기가스가 고르게 잘 접촉할 수 있도록 설계되어야 하며, [그림 3-13]과 같이 다양한 형태의 세척기가 이용되고 있습니다. 규정상 세척기에서도 세척수의 산성도는 pH 3 이하로 낮아지면 안됩니다. 그러나 pH 3의 세척수는 배관 등에 빠른 부식을 유발할 수 있을 만큼의 충분히 강한 산성을 이미 가지고 있습니다. 때문에 황산화물 세척 시스템의 배관 및 설비에는 부식에 강한 스테인리스강(stainless steel) 등의 물질이 사용되고 있습니다.

습식 세척 시스템의 설치 가격은 선박의 크기에 따라서 다르나 6,000~13,000 TEU 컨테이너선의 경우를 예로 들면 6백만~1천만 달러(6~10 million USD) 정도가 필요한 것으로 알려져 있습니다. 이는 전체 선가의 10~20%에 상응하는 금액으로, 적은 금액은 아닙니다.

배출 기준 규정에 적합 여부 판단 기준

배출계수[g/kWh]를 모니터링하도록 규정된 질소산화물(NO_x)과는 달리 황산화물(SO_x) 제거 설비의 경우, 조금 다른 방식을 취하고 있습니다. 크게 A안과 B안으로 나뉘는데, A안의 경우는 엔진과 세척기를 결합한 상태에서 성능을 검증한 후, 실제 운항 시에는 황산화물을 모니터링하는 대신 세정수 압력, 유량, 배기가스 압력, 배기가스 온도 등의 매개변수를 측정하여 이것이 검증된 수치에서 변화하지 않으면 제거 성능이 적합하다고 보는 방식입니다. B안의 경우, 이산화탄소(CO_2)

3.6 황산화물 습식 세척기(wet scrubber) **117**

의 부피 대비 이산화황(SO_2)의 부피비율을 상시 모니터링하여 이것이 지정 수치 이하면 제거 성능이 적합한 것으로 보도록 하고 있습니다. 이는 질소산화물과 달리 황산화물은 연료 내에 포함된 황의 양에 의해서만 결정되어서 실험 및 연산 결과 단순히 이산화탄소 대비 이산화황의 비율을 감시하는 것만으로 충분히 정확하고 효과적인 모니터링이 가능한 것으로 판단되었기 때문입니다[IMO MEPC.184(59), 2009]. [표 3-4]는 IMO에서 추산한 연료 내 황 함유량과 그에 대응되는 배기가스 SO_2/CO_2 비율[ppm/%]을 나타냅니다.

| 표 3-4 | 연료 내 황 함유량 및 그에 대응되는 배기가스 SO_2/CO_2 비율

연료내 황 함유량[% m/m]	SO_2[ppm]/CO_2[% v/v] 비율
4.5	195.0
3.5	151.7
1.5	65.0
1.0	43.3
0.5	21.7
0.1	4.3

나아가 습식 세척기를 사용하는 경우, 배출되는 세척수로 유발되는 해양오염을 방지하기 위해 배출 세척수에 대한 규정이 존재합니다. 즉, 산성도(pH), 탁도, PAHs(Polycyclic Aromatic Hydrocarbons, 다환방향족 탄화수소) 농도, 질산염(nitrate) 농도 등의 기준치를 규정, 배출에 대한 규제를 하고 있습니다. PAHs의 경우 불완전연소로 인하여 생성되는 방향족 고리가 2개 이상인 화합물로, 발암물질 등 유해물질로 지정되어 있습니다. 질산염은 질산나트륨($NaNO_3$)과 같이 이산화질소가 물에 용해되어 형성되는 질산이온(NO_3^-)을 포함한 염으로, 과도하게 배출되면 해양생태계의 부영양화(eutrophication)를 초래하여 녹조(algal bloom)와 같은 문제를 일으킬 수 있습니다.

| 표 3-5 | 세척수 배출 관련 기준치

항목	기준치
pH	• pH 6.5 이상이어야 하며 세척수 유입·유출 시 pH 편차가 2 이하여야 함. • 혹은 배출구에서 4 m 지점에서 pH 6.5 이상이어야 함.
PAHs	• 세척수 유량이 45 t/MWh일 때 PAHs 농도가 50 μg/L 이하, 유량이 변경되는 경우 총량이 45 t/MWh×50 μg/L 이하가 되도록 함.
탁도(turbidity)	• 25 FNU 혹은 25 NTU 이하 (FNU/NTU: 이물질로 인한 빛의 산란을 이용하여 탁도를 측정하는 단위 중 하나)
질산염	• 유량이 45 t/MWh일 때 질산염 농도가 60 mg/L 이하, 유량이 변경되는 경우 총량이 45 t/MWh×60 mg/L 이하가 되도록 함. • 혹은 배기가스 내 질소산화물 양의 12% 이하가 되도록 함(AEA, 2009).

필요 유틸리티 및 중화제의 소모량 추산

황산화물 습식 세척기를 설계하기 위해서는 기본적으로 필요한 에너지 소모량, 중화제 소모량, 슬러지 저장량의 내역이 결정되어야 합니다. 이는 다음과 같은 절차를 거쳐서 연산이 가능합니다.

1) 세척수량 추산

습식 세척기에 필요한 세척수량은 일반적으로 시간당 유량(예 $\dot{V}=1\,\mathrm{m^3/h}$)이 아닌 출력 및 시간당 유량(예 $\dot{v}=1\,\mathrm{m^3/h/MW}=1\,\mathrm{m^3/MWh}$)으로 제공됩니다. 이는 같은 엔진을 사용하는 경우에도 엔진 출력의 100%를 사용하는지, 50%의 출력을 사용하고 있는지에 따라서 필요한 세척수의 양도 연동되어서 변화하게 되기 때문입니다. 따라서 엔진의 소모 출력에 따라 필요한 세척수의 양은 변화하게 됩니다. 일반적으로 개방형 세척기의 경우 약 $50\,\mathrm{m^3/MWh}$의 세척수량이, 폐쇄형 세척기의 경우 약 $30\,\mathrm{m^3/MWh}$의 세척수량이 필요한 것으로 알려져 있습니다.

$$\dot{V}=P_{\mathrm{ME}}\cdot\mathrm{MCR\%}\cdot\dot{v}$$

2) 소모 에너지량 추산

습식 세척 시스템에서 필요한 에너지는 거의 대부분 세척수를 해수면 혹은 저장탱크에서 시스템 높이까지 끌어올려 주입하기 위하여 압력을 올리는 데 필요합니다. 펌프를 이용, 액체를 가압하여 이동시키는 것이 가능하며, 최근에는 전기 펌프를 사용하는 경우가 대부분이므로 전력에너지를 주로 소모하게 됩니다. 대상 유체인 해수나 청수는 비압축성 유체에 가까우므로 식 (2.5)에서 다음과 같이 나타낼 수 있습니다.

$$\frac{\dot{W_s}}{\dot{m}}=\frac{\Delta P}{\rho}+\frac{1}{2}\Delta\left(\bar{v}^2\right)+g\Delta h_e$$

순수한 물의 밀도는 상압에서 4°C에서 $1{,}000\,\mathrm{kg/m^3}$로 최대가 되며, 25°C에서는 $997\,\mathrm{kg/m^3}$, $988\,\mathrm{kg/m^3}$ 정도로 온도에 따라 변화합니다. 해수의 밀도는 염도와 수온에 따라 다르므로 해역에 따라 다르나, 일반적으로 순수한 물보다는 높은 $1{,}020\,\mathrm{kg/m^3}$ 정도입니다.

| 표 3-6 | 1기압에서 물의 밀도(NBS steam table)

온도[°C]	밀도[kg/m³]
4	1,000
10	999.7
20	998.2
25	997.1
30	995.6
40	992.2
50	988.0

| 그림 3-14 | 세계 해수면 밀도 평균(NASA, https://svs.gsfc.nasa.gov/3652)

유입구·토출구의 배관 크기가 크게 차이가 나지 않는다면 유체의 평균 유속 차이는 거의 나지 않으므로($\overline{v^2} \approx 0$) 압축에 필요한 에너지는

$$\dot{W}_s = \dot{m}\left(\frac{\Delta P}{\rho} + g\Delta h_e\right)$$

이는 에너지 손실이 없는 이상적인 경우이므로 펌프의 효율이 η_{pump}라면 실제 필요한 일은 다음과 같습니다.

$$\dot{W}_s^{actual} = \frac{\dot{W}_s}{\eta_{pump}} = \frac{\dot{m}}{\eta_{pump}}\left(\frac{\Delta P}{\rho} + g\Delta h_e\right)$$

3) 중화제 소모량

연료 내 황산화물을 흡수한 세척수를 중화해야 하므로 필요한 중화제의 양은 연료의 황 성분에 비례하게 됩니다. 운전에 필요한 연료량은 요구되는 엔진의 출력에 단위 출력당 연료 소모량 SFC(Specific Fuel Consumption)를 곱해서 얻을 수 있습니다.

$$\dot{m}_{Fuel} = P_{ME} \cdot MCR\% \cdot SFC$$

세척기를 통하여 제거해야 할 황 성분의 양은 연료의 황 성분 함유율(S_{Fuel})과 목표 황 성분 함유율(S_{Target})의 차이가 됩니다.

$$\dot{m}_S = \dot{m}_{Fuel}(S_{Fuel} - S_{Target})$$

황은 수용액에서 2가 음이온을 형성하게 되므로 이를 중화하는 염기성물질에 따라 필요로 하는 중화제의 물질량은 변화하게 됩니다. 예를 들어, 수산화나트륨을 사용한다면 황산 1몰을 중화하기 위하여 수산화나트륨은 2몰이 필요하게 됩니다.

$$H_2SO_4 + 2NaOH \rightleftharpoons Na_2SO_4 + H_2O$$

이 경우, 필요한 수산화나트륨의 양은 존재하는 황원자 몰수의 2배가 되므로 다음과 같습니다.

$$n_{NaOH} = 2n_S$$

$$\frac{\dot{m}_{NaOH}}{M_{W,NaOH}} = 2m\frac{\dot{m}_S}{M_{W,S}}$$

$$\dot{m}_{NaOH} = 2\dot{m}_S\frac{M_{W,NaOH}}{M_{W,S}}$$

이는 수산화나트륨의 필요량이므로 수용액을 사용하는 경우, 농도로 나누어 용액의 필요량을 추산할 필요가 있습니다. 농도 c_{NaOH}가 질량백분율[wt%]이라면 필요한 염기성 용액의 유량은

$$\dot{m}_{Sol,NaOH} = \frac{\dot{m}_{NaOH}}{c_{NaOH}}$$

밀도를 기반으로 부피유량으로 전환이 가능합니다.

$$\dot{V}_{Sol,NaOH} = \frac{\dot{m}_{Sol,NaOH}}{\rho_{Sol,NaOH}}$$

4) 저장 공간의 추산

필요 저장 공간(V_{tank})을 추산하기 위해서는 부피유량과 재충전 없이 운전해야 하는 연속운전일수(d_{op})가 필요합니다.

$$V_{tank} = \dot{V}_{Sol,NaOH} \cdot d_{op}$$

단, 이는 여유분이 없는 공간량이므로 실제 설계 시에는 안전여유(safety margin)분을 두고 이보다 20~30% 더 큰 탱크를 설계하게 됩니다.

5) 운항 프로파일의 고려

선박은 100% 부하로만 운전하지는 않으므로 평균 부하를 결정하고(⑩ 75% MCR), 이에 따른 필요 세척수 및 중화제 소모량을 계산하는 것이 가능합니다. 혹은 경우에 따라 부하별 운항시간을 추산하고 이에 따른 총소모량을 계산하기도 합니다.

특히, 황산화물 세척 시스템의 경우 항상 가동되는 것이 아니라 ECA 내에 있는지, 저황유를 사용하고 있는지 등에 따라서 가동이 필요한 경우와 그렇지 않은 경우로 나뉘게 됩니다. 따라서 단순 운항 프로파일이 아니라 ECA 내 운항 이력 해역과 그렇지 않은 해역으로 나뉘게 됩니다. 또한, 하

이브리드 시스템을 사용하는 경우 필요에 따라 개방형 운전을 할지, 폐쇄형 운전을 할지를 결정해야 합니다. 따라서 초기 계획 시부터 운항 프로파일이 고려되는 것이 효율적입니다.

| 표 3-7 | 운항 프로파일 예시

구분	ECA 내 운항시간[hr/y]	ECA 외 운항시간[hr/y]
연간 총 운항시간(sailing time)	2,000(40%)	3,000(60%)
25% MCR 운항	800(16%)	500(10%)
50% MCR 운항	600(12%)	1,000(20%)
75% MCR 운항	400(8%)	1,000(20%)
100% MCR 운항	200(4%)	500(10%)

ex 3-5 황산화물 세척 시스템의 필요 에너지 및 중화제량

황 함량이 3 wt%인 중유를 공급하여 30 MW의 주 엔진을 사용하는 선박에 폐쇄형 세척 시스템을 적용하여 ECA 연료 내 황 함량 0.1 wt% 기준에 맞추고자 한다. 세척수 공급을 위하여 등엔트로피 효율 80%의 펌프를 사용하며, 세척기는 세척수 공급 펌프의 20 m 상단에 설치되어 있다. 단위 출력당 필요 세척수 공급량은 30 m³/MWh이며 세척기 주입 요구 압력은 3 bar이다. 중화제로 50 wt% 수산화나트륨 수용액(밀도 1.5 kg/L)을 사용할 때 다음 질문에 답하라.

(a) MCR 75% 운전 시 공급되어야 하는 세척수의 유량을 kg/s 단위로 구하라.

(b) 세척기에 세척수를 공급하기 위해서 사용되는 펌프의 에너지 소모량을 구하라.

(c) MCR 75%에서 엔진의 SFC가 160 g/kWh일 때 세척수를 중화하기 위하여 공급되어야 하는 수산화나트륨 용액의 부피유량을 구하라.

해설

(a) 주 엔진 30 MW의 75%로 운전하는 상황에서 요구되는 세척수의 시간당 부피유량은

$$\dot{V} = P_{ME} \cdot MCR\% \cdot \dot{v} = 30 \text{ MW} \times 75\% \times 30 \text{ m}^3/\text{MWh} = 675 \text{ m}^3/\text{h}$$

밀도를 대략 1,000 kg/m³로 가정하고(엄밀히 말하면 세척수의 온도가 4℃는 아니며 염이 녹아 있으므로 차이가 있을 수 있음) 필요한 세척수의 양을 질량유량으로 환산하면 다음과 같습니다.

$$\dot{m}_{SW} = 675 \frac{\text{m}^3}{\text{h}} \cdot \frac{1000 \text{ kg}}{\text{m}^3} \cdot \frac{1 \text{ h}}{3600 \text{ s}} = 187.5 \text{ kg/s}$$

(b) 유입 유체와 토출 유체의 유속 차는 무시할 만하다고 가정하면 펌프의 에너지 소모량은

$$\dot{W}_s = \dot{m}_{SW}\left(\frac{\Delta P}{\rho} + g\Delta h_e\right)$$

저장탱크에서 펌프로 유입되는 물의 압력이 1 bar라고 가정하면 압력을 3 bar로 올리기 위해서 필요한 에너지 소모량은 다음과 같습니다.

$$\dot{m}_{SW}\left(\frac{\Delta P}{\rho}\right) = 187.5\,\frac{kg}{s}\left(\frac{(3-1)\,bar}{1000\,kg/m^3}\right)\cdot\frac{10^5\,Pa}{1\,bar}\cdot\frac{1\,N/m^2}{1\,Pa}\cdot\frac{1\,J}{1\,N\cdot m}\cdot\frac{1\,kJ}{1000\,J} = 37.5\,kW$$

또한, 20 m의 높이 차가 있으므로

$$\dot{m}_{SW}g\Delta h_e = 187.5\,\frac{kg}{s}9.8\,m/s^2\cdot 20\,m\cdot\frac{1\,N}{1\,kg\cdot m/s^2}\cdot\frac{J}{N\cdot m}\cdot\frac{1\,kJ}{1000\,J} = 36.75\,kW$$

$$\dot{W}_s = 375.+36.75 = 74.25\,kW$$

이는 손실이 없는 경우에 해당되는 에너지 소모량이므로 80% 효율의 펌프를 사용하고자 하는 경우 실제 소모량은 식 (2.7)에서 다음과 같이 계산합니다.

$$\dot{W}_s^{actual} = \frac{\dot{W}_s^{id}}{0.8} = \frac{74.25}{0.8} = 94.8\,kW$$

(c) MCR 75% 운전을 위해서 엔진에 공급되어야 하는 연료의 양은

$$\dot{m}_{Fuel} = P_{ME}\cdot MCR\%\cdot SFC = 30\,MW\times 75\%\times 160\,kg/MWh = 3,600\,kg/h$$

이 연료에 포함된 황 성분은 3%이므로 0.1% 배출을 준수하려면 제거되어야 하는 황 성분의 양은

$$\dot{m}_S = \dot{m}_{Fuel}(S_{Fuel}-S_{Target}) = 3600\,kg/h(3\%-0.1\%) = 104.4\,kg/h$$

이 황을 중화하기 위해서 필요한 수산화나트륨의 양은

$$\dot{m}_{NaOH} = 2\dot{m}_S\frac{M_{W,NaOH}}{M_{W,S}} = 2\times 104.4\times\frac{40}{32} = 261\,kg/h$$

그러면 필요한 50% 수산화나트륨 용액의 부피유량은 다음과 같습니다.

$$\dot{V}_{Sol,NaOH} = \frac{\dot{m}_{NaOH}}{\rho\cdot c_{NaOH}} = \frac{261\,kg/h}{1.5\,kg/L\times 0.5} = 348\,L/h$$

1 다음을 설명하라.

(1) EGR의 원리

(2) SCR의 원리

(3) 암모니아 슬립

(4) VLSFO

2 (1) 요소수를 사용한 SCR의 주요 반응을 설명하라.

(2) 40 wt% 요소수를 사용한 SCR에서 1 mol/s의 질소산화물을 제거하기 위해서 필요한 요소수의 유량을 kg/hr 단위로 추정하라.

3 LNG 연료 사용 시와 중유 사용 시를 대비하여 NO_x 및 SO_x 배출량 저감률은 몇 % 정도 되는지 추정하고, 저감률의 편차가 나는 이유를 추정하라.

4 황산화물이 물과 만나 해리되는 과정을 반응식을 통하여 설명하라.

5 황산화물 습식 세척 시스템 중 개방형(open), 폐쇄형(closed), 하이브리드형(hybrid)의 차이에 대하여 설명하라.

4

온실가스
배출
저감 기술

4.1 온실가스의 배출지표

EEDI(에너지 효율 설계 지수)

1장에서 다룬 것과 같이 온실가스 저감은 전 지구적인 문제로, 그 중요성이 점차 강조되고 있습니다. 온실가스 배출을 둘러싼 논의와 그 결과물을 다루기 위해서는 온실가스와 배출을 어떻게 규정하고 평가하는지 그 지표에 대한 이해가 필요합니다. 온실가스와 관련하여 IMO MEPC에서 가장 먼저 논의되고 적용된 대표적인 지표는 에너지 효율 설계 지수 EEDI(Energy Efficiency Design Index)입니다. 이전부터 관련 논의는 수행되어 왔으나, 본격적인 온실가스 관련 규정은 2011년 62차 MEPC의 결의안 203번을 통하여 수립되었고, 2013년부터 강제화되었습니다. 이에 따라 기존 부속서 VI이 개정되면서 4장(Chapter IV)을 추가, 선박의 온실가스 관련 지표가 도입되었고 그 중요 내용은 EEDI의 도입 및 적용이었습니다.

| 표 4-1 | MEPC 결의안(resoultion)을 통한 부속서(annex) VI 개정 추가 내용

Resolution MEPC.176(58)(개정 전)	Resolution MEPC.203(62)(개정 후)
Chapter III • Reg.12 Ozone Depleting Substances • Reg.13 Nitrogen Oxides(NO$_x$) • Reg.14 Sulfur Oxides(SO$_x$) and Particular Matter • Reg.15 Volatile Organic Compounds(VOCs) • Reg.16 Shipboard Inclination • Reg.17 Reception Facilities • Reg.18 Fuel Oil Availability and Quality	Chapter III: 개정 전과 동일 Chapter IV(신설) • Reg.19 Application • Reg.20 Attained EEDI • Reg.21 Required EDI • Reg.22 SEEMP • Reg.22A Data Collection System(DCS) • Reg.23 Promotion of technical cooperation and transfer of technology

육상에서는 이산화탄소 배출량을 '단위 에너지당 발생한 이산화탄소의 양'으로 나타내는 경우가 많습니다. 예를 들어, 어떤 발전소에서 1 kWh의 에너지를 생산하기 위해서 1 g의 이산화탄소와 등가의 온실가스가 발생했다면 1 g$_{CO_2}$eq/kWh가 됩니다. 선박의 경우, 이 개념을 적용하면 '단위 선박 수송일당 발생한 이산화탄소의 양(CO$_2$ emissions per transport work)'이 됩니다. 이때 다양한 선박, 다양한 환경에 따라 수송일(transport work)을 정의하는 방법이 다를 수 있는데, IMO에서는 화물의 중량과 이동거리를 곱한 톤마일(ton-mile) 척도를 이용하여 수송일을 나타내고 있습니다. 이는 철도와 항공기 등의 수송량을 나타내기 위해서 많이 사용되는 지표로, 선박의 경우에도 동일한 개념이나 사용되는 거리의 단위인 마일이 육상의 마일(1 mile = 1.6 km)이 아닌 해리(1 nautical mile = 1.852 km)를 의미합니다.

EEDI는 다음과 같이 정의됩니다.

$$EEDI = \frac{CO_2 \text{ 배출량[g]}}{\text{수송량[t]} \times \text{수송거리[nm]}}$$

즉, EEDI가 $1\ g_{CO_2}/(ton \cdot nm)$인 선박은 1톤의 화물을 1해리(nautical mile) 수송할 때 1 g의 이산화탄소가 배출된다는 의미입니다. EEDI는 모든 선박에 대해서 적용되는 것이 아니라 일정 기준의 크기 이상이며, 영해 밖의 공해를 운항하는 선박에만 적용됩니다. 또한, 2013년 이후 신조선 혹은 신조에 준하다고 판단될 정도로 개조된 선박에만 적용됩니다. EEDI는 선박 인도 시 검증하며, 달성값이 허용값을 초과하지 않는 경우에만 운항이 가능합니다.

EEDI 기준값(reference EEDI) 및 허용값(required EEDI)

EEDI를 평가하기 위해서는 일단 기준이 되는 값이 필요합니다. 즉, 10%, 20% 저감 등을 이야기하려면 어떤 수치 대비 10%, 20%를 줄이겠다는 것인지를 결정할 필요가 있기 때문입니다. 현재 기준이 되는 값은 2008년의 이산화탄소 배출량으로, IMO는 선종별 데이터를 기반으로 매개변수를 제공, 식 (4.1)에 따라 기준 EEDI값(reference EEDI)을 연산할 수 있도록 규정하고 있습니다.

$$\text{Reference EEDI} = a \cdot b^{-c} \tag{4.1}$$

| 표 4-2 | 기준 EEDI 연산을 위한 주요 선종별 매개변수(MARPOL Annex VI Regulation 24.3)

선종	a	b	c
산적 화물선(bulk carrier)	961.79	선박 DWT(재화중량)	0.477
가스 운반선(gas carrier)	1120.00	선박 DWT(재화중량)	0.456
액체 운반선(tanker)	1218.80	선박 DWT(재화중량)	0.488
컨테이너선(container ship)	174.22	선박 DWT(재화중량)	0.201
일반 화물선(general cargo ship)	107.48	선박 DWT(재화중량)	0.216
냉장·냉동 화물선(refrigerated cargo ship)	227.01	선박 DWT(재화중량)	0.244
LNG 운반선(LNG carrier)	2253.7	선박 DWT(재화중량)	0.474

그럼 감축률(reduction factor) x에 대해서 EEDI 허용값(required EEDI)은 다음과 같이 나타낼 수 있습니다.

$$\text{Required EEDI} = \left(1 - \frac{x}{100}\right) \cdot (\text{reference EEDI})$$

신조선을 대상으로 추산한 EEDI 달성값(attained EEDI)이 이 EEDI 허용값보다 낮아야 해당 선박은 EEDI 규정에 적합한 것이 됩니다. IMO는 MEPC.203(62)에서 감축 계획안을 수립하고, 이후 3단계 강화안을 수정 적용, 2022년 8월 기준 다음과 같은 목표를 제시하고 있습니다.

| 표 4-3 | 선종 및 크기별 요구되는 저감률(reduction factor)

2022년 4월부터 3단계 조기 적용 대상

선종	크기	1단계(Phase 1) 2015년 1월부터	2단계(Phase 2) 2020년 1월부터	3단계(Phase 3) 2022년 4월부터
가스 운반선(gas carrier)	15,000 DWT 이상	10%	20%	30%
컨테이너선 (container ship)	200,000 DWT 이상	10%	20%	50%
	120,000~200,000 DWT	10%	20%	45%
	80,000~120,000 DWT	10%	20%	40%
	40,000~80,000 DWT	10%	20%	35%
	15,000~40,000 DWT	10%	20%	30%
	10,000~15,000 DWT	0~10%	0~20%	15~30%
일반 화물선 (general cargo ship)	15,000 DWT 이상	10%	15%	30%
	3,000~5,000 DWT	0~10%	0~15%	0~30%
LNG 운반선*	10,000 DWT 이상	10%	20%	30%
크루즈선* (cruise passenger ship)	85,000 GT 이상	5%	20%	30%
	25,000~85,000 GT	0~5%	0~20%	0~30%

2025년 1월부터 3단계 적용 대상

선종	크기	1단계(Phase 1) 2015년 1월부터	2단계(Phase 2) 2020년 1월부터	3단계(Phase 3) 2025년 1월부터
산적 화물선 (bulk carrier)	20,000 DWT 이상	10%	20%	30%
	10,000~20,000 DWT	0~10%	0~20%	0~30%
가스 운반선 (gas carrier)	10,000~15,000 DWT	10%	20%	30%
	2,000~10,000 DWT	0~10%	0~20%	0~30%
액체 운반선 (tanker)	20,000 DWT 이상	10%	20%	30%
	4,000~20,000 DWT	0~10%	0~20%	0~30%
냉장/냉동 화물선 (refrigerated cargo ship)	5,000 DWT 이상	10%	15%	30%
	3,000~5,000 DWT	0~10%	0~15%	0~30%
복합화물선 (combination carrier)	20,000 DWT 이상	10%	20%	30%
	4,000~20,000 DWT	0~10%	0~20%	0~30%
로로선*(자동차 운반선)	10,000 DWT 이상	5%	15%	30%
로로 화물선* (ro-ro cargo ship)	2,000 DWT 이상	5%	20%	30%
	1,000~2,000 DWT	0~5%	0~20%	0~30%
로로 여객선* (ro-ro passanger ship)	1,000 DWT 이상	5%	20%	30%
	250~1,000 DWT	0~5%	0~20%	0~30%

* LNG운반선, 로로선, 크루즈선은 2019년 1월 이후 인도된 선박 대상이며 크루즈선의 경우 비전통적 추진방식(연소엔진이 아닌 디젤-전기 추진, 하이브리드 추진 등)을 탑재한 크루즈선만 해당됨

ex 4-1 EEDI 기준값(reference EEDI) 및 허용값(required EEDI)

재화중량이 53,200톤인 컨테이너선을 대상으로 EEDI를 기준 대비 30% 감축하려고 할 때 만족해야 하는 EEDI를 구하라.

해설

식 (4.1)을 적용하면

$$\text{Reference EEDI} = a \cdot b^{-c} = 174.22 \times (53200)^{-0.201} = 19.552 \, \text{g/(t·nm)}$$

30% 감축이 목표라면 요구되는 EEDI값은 다음과 같습니다.

$$\text{Required EEDI} = 0.7 \times \text{Reference EEDI} = 13.686 \, \text{g/(t·nm)}$$

EEDI 달성값(attained EEDI) 연산 개요

정의는 비교적 간단하나 실제 대상 선박의 추산된 EEDI 달성값(attained EEDI)을 계산하는 과정은 조금 더 복잡합니다. 식 (4.2)는 IMO에서 정의한 EEDI 달성값의 연산식 형태입니다[IMO MEPC.308(73), 2018].

$$\text{EEDI} = \{(\Pi f_j)(\Sigma P_{\text{ME}} C_{\text{f,ME}} \text{SFC}_{\text{ME}}) + P_{\text{AE}} C_{\text{f,AE}} \text{SFC}_{\text{AE}} + (\Pi f_j \Sigma P_{\text{PTI}} - \Sigma f_{\text{eff}} P_{\text{AEeff}}) C_{\text{f,AE}} \text{SFC}_{\text{AE}}$$
$$- \Sigma f_{\text{eff}} P_{\text{MEeff}} C_{\text{f,ME}} \text{SFC}_{\text{ME}}\} / (f_i \cdot f_c \cdot f_l \cdot \text{CAP} \cdot f_w \cdot \overline{v}_{ref}) \tag{4.2}$$

이 식을 이해하기 위해서는 선박의 추진 시스템 구성을 먼저 이해해야 합니다. [그림 4-1]은 선박의 에너지 공급 및 소모 구조를 간략하게 나타낸 것입니다. 일반적으로 최근의 선박들은 추진을 위한 주 엔진(main engine)이 있고, 추진 이외의 전력을 공급하기 위한 보조 엔진(auxiliary engine)

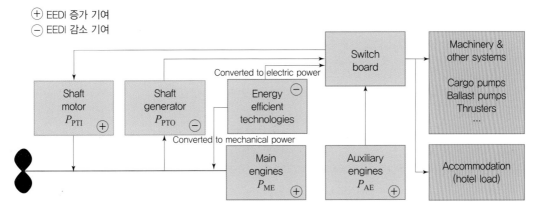

| 그림 4-1 | 단순화한 선박의 에너지 공급망

으로 구성됩니다. 주 엔진의 경우, 쌍축선과 같이 주 엔진이 2개 이상인 경우나 다른 종류의 연료를 사용하는 엔진을 복수 탑재하는 등 하나의 선체에 유형이 다른 복수의 엔진이 존재할 수 있습니다. 보조 엔진은 주로 배 위에 거주(accomodation)하는 선원들의 생활에 필요한 전력[호텔 부하(hotel load)라고도 함]을 공급하고 기타 다양한 기계설비 및 시스템을 동작하는 데 사용됩니다. 그 외에도 축발전기·모터(샤프트 제너레이터·모터)나 폐열 회수 등 다양한 에너지 회수 기술이 탑재될 수 있습니다. 주 엔진과 보조 엔진은 연료를 소모하여 이산화탄소를 배출하므로 EEDI를 증가시키게 됩니다. 만약, 추진에너지 혹은 전력을 회수 혹은 경감시킬 수 있는 기술이 적용된다면 이는 연료 소비량을 줄여서 이산화탄소 배출량을 감소시키게 되므로 EEDI를 감소시킬 수 있는 여건이 됩니다. 축발전기(샤프트 제너레이터, shaft generator) 및 축모터(샤프트 모터, shaft motor)는 선택적으로 설치가 가능한 추가설비로, 운전 모드에 따라 EEDI의 증감 요소가 동시에 존재할 수 있습니다.

EEDI 계산식은 크게 분자를 구성하는 다섯 부분과 분모까지 6개의 항으로 나누어 생각해 볼 수 있습니다. 각각의 항이 의미하는 바는 다음 [표 4-4]와 같습니다.

| 표 4-4 | EEDI 구성항 및 의미, 가장 단순한 경우의 형태

EEDI 구성항	의미	가장 단순한 경우
$(\prod f_j)(\sum P_{ME} C_{f,ME} SFC_{ME})$	주 엔진으로 인한 이산화탄소 배출량	$P_{ME} C_{f,ME} SFC_{ME}$ ※ 주 엔진이 하나뿐이며, 보정계수 $f_j = 1$ 인 경우
$P_{AE} C_{f,AE} SFC_{AE}$	보조 엔진으로 인한 이산화탄소 배출량	$P_{AE} C_{f,AE} SFC_{AE}$
$\prod f_j \sum P_{PTI} C_{f,AE} SFC_{AE}$	축모터 사용으로 인한 이산화탄소 배출량	0 ※ 축모터가 설치되지 않아서 해당되지 않는 경우(축모터의 출력 $P_{PTI} = 0$)
$-\sum f_{eff} P_{AEeff} C_{f,AE} SFC_{AE}$	보조 엔진의 부담을 경감할 수 있는 혁신적 에너지 효율 개선 기술이 적용된 경우, 이산화탄소 배출 감소량	0 ※ 특별히 적용된 기술이 없는 경우 (적용 기술의 출력 $P_{AEeff} = 0$)
$-\sum f_{eff} P_{MEeff} C_{f,ME} SFC_{ME}$	주 엔진의 부담을 경감할 수 있는 혁신적 에너지 효율 개선 기술이 적용된 경우, 이산화탄소 배출 감소량	0 ※ 특별히 적용된 기술이 없는 경우 (적용 기술의 출력 $P_{MEeff} = 0$)
$f_i \cdot f_c \cdot f_l \cdot CAP \cdot f_w \cdot \bar{v}_{ref}$	선박 수송량(CAP)과 기준선속($\bar{v}_{ref}$)	$CAP \cdot \bar{v}_{ref}$ ※ 모든 보정계수가 1인 경우 ($f_i = f_c = f_l = f_w = 1$)

빠른 이해를 위해서 가장 단순한 경우를 먼저 생각해 봅시다.

① 주 엔진 및 보조 엔진이 하나씩만 있고

② 축발전기 및 축모터가 설치되지 않았고($P_{PTO} = P_{PTI} = 0$)

③ 엔진의 부담 경감을 위한 에너지 효율 개선 기술이 없으며($P_{MEeff} = P_{AEeff} = 0$)

④ 모든 보정계수가 1이라면($f_j = f_i = f_c = f_l = f_w = 1$)

　(※ 보정계수는 별도의 절에서 설명합니다.)

식 (4.2)는 다음과 같이 단순화됩니다.

$$\text{attained EEDI} = \frac{P_{ME} \cdot C_{f,ME} \text{SFC}_{ME} + P_{AE} \cdot C_{f,AE} \cdot \text{SFC}_{AE}}{\text{CAP} \cdot \bar{v}_{ref}} \quad (4.3)$$

P_{ME}와 P_{AE}는 주 엔진과 보조 엔진의 출력을 의미합니다[kW]. $C_{f,ME}$, $C_{f,AE}$는 주 엔진과 보조 엔진의 이산화탄소 배출계수(EF, Emission Factor)를 연료 단위로 전환한 전환계수(conversion factor)입니다(1.4절 참조). 이는 엔진에서 단위 연료를 소모할 때 이산화탄소가 얼마나 배출되는지를 나타냅니다. CO_2 배출전환계수가 $100\ g_{CO_2}/g_{Fuel}$인 엔진이 있다면 이는 연료 $1\ g$을 연소할 때 이산화탄소가 $100\ g$이 발생한다는 의미입니다. SFC_{ME}, SFC_{AE}는 주 엔진과 보조 엔진의 단위 출력당 연료 소모량(1.4절 참조)으로, $1\ kWh$의 출력을 내기 위하여 연료를 얼마나 소모해야 하는지를 의미합니다. 예를 들어, SFC가 $150\ g/kWh$라면 엔진에서 $1\ kWh$의 출력을 내기 위해서 $150\ g$의 연료가 필요하다는 의미가 됩니다. CAP는 선박이 수송하는 화물량[t]을 의미합니다. $\bar{v}_{ref}$는 기준이 되는 선속[kn]을 의미합니다. 그러면 위 EEDI식은 다음과 같은 형식으로 구성되어 있음을 이해할 수 있습니다. 분자의 경우, 단위 연료 소모량과 출력이 곱해지면서 시간당 이산화탄소 발생량 $[g_{CO_2}/h]$이 남습니다. 분모는 기준 선박의 속력을 나타내는 노트[knot]가 해리를 기준으로 시간당 이동거리[nm/h]를 의미하므로 화물량을 곱하면 시간당 톤마일이 됩니다[t·nm/h]. 따라서 연산 결과 전체 단위는 $g_{CO_2}/(t\cdot nm)$로 앞서 정의한 EEDI의 단위가 나오게 됩니다.

$$\text{EEDI} = \frac{\text{선박의 출력}[kW] \cdot \text{배출계수}[g_{CO_2}/g_{Fuel}] \cdot \text{단위 연료 소모량}[g_{Fuel}/kWh]}{\text{각종 계수} \cdot \text{수송량}[t] \cdot \text{기준선속}[kn]}$$

$$= \frac{\text{시간당 } CO_2 \text{ 배출량}[g/h]}{\text{수송량}[t] \cdot \text{기준선속}[nm/h]} = \frac{CO_2 \text{ 배출량}[g]}{\text{수송량}[t] \cdot \text{해리}[nm]}$$

EEDI 달성값(attained EEDI) 연산

이제 단순화된 항의 규정 내역을 기반으로 EEDI값을 연산해 봅시다.

1) 기준선속($\bar{v}_{ref}$)과 선박의 수송 용량(CAP)

분모를 구성하는 주요 항 중의 하나인 기준선속($\bar{v}_{ref}$)은 EEDI의 평가 기준이 되는 선박의 속력으로, 단위는 시간당 해리, 즉 노트(knot)로 나타냅니다. 이는 파도와 바람이 없는 고요한 기상조건(calm weather)을 가정하고, 규정된 수송량 및 주 엔진 출력하에서의 속도를 의미합니다.

분모를 구성하는 항목 중 CAP는 선박의 기준 수송 능력을 나타내는 수송 용량(capacity)을 의미합니다. 논의 결과 선박의 종류에 따라 각각 다른 무게를 사용하도록 규정되어 있습니다.

| 표 4-5 | EEDI 달성값(attained EEDI) 연산에 적용되는 선박의 수송 용량(capacity)

선박의 종류	EEDI 달성값 연산에 적용되는 수송 용량
산적 화물선(bulk carrier), 액체 운반선(tanker), 가스 운반선, LNG 운반선, 로로(RO-RO)선(차량 운반선), 일반 화물선(general cargo ship), 냉장·냉동 화물선(refrigerated cargo carrier)	DWT(DeadWeighT, 재화중량) ※ 재화중량은 하기만재흘수[maximum summer draught(draft)] 조건을 기준으로 함.
여객선(passenger ship), 크루즈선(cruise ship)	GT(Gross Tonnage, 총톤수)
컨테이너선	DWT의 70% ※ EEDI 허용값 연산 시에는 100% DWT가 사용되는 점에 주의

2) 주 엔진의 이산화탄소 배출량

분자의 첫 번째 항[$(\Pi f_j)(\Sigma P_{ME} C_{f,ME} SFC_{ME})$]은 기준선속에서 선박 추진에 사용되는 주 엔진으로 인한 이산화탄소 배출량을 의미합니다. P_{ME}는 주 엔진의 출력으로, EEDI 연산을 위해서는 MCR(최대 연속 정격출력, 1.4절 참조)의 75%를 사용하도록 정의되어 있습니다[IMO MEPC.308(73), 2018].

$$P_{ME} = 0.75 \times MCR_{ME} \tag{4.4}$$

$C_{f,ME}$는 주 엔진의 연료 소모량당 이산화탄소 배출계수 EF(Emission Factor)를 연료량에 대해서 나타낸 이산화탄소 배출 전환계수(conversion factor)입니다. IMO는 EEDI 연산을 위해서 [표 4-6]과 같이 연료의 종류에 따른 선박 연료별 배출계수를 사용하도록 하고 있습니다[IMO MEPC.308(73), 2018]. SFC_{ME}는 기준선속 및 출력에서 주 엔진의 단위 출력당 연료 소모량입니다. 최근 많이 사용되고 있는 천연가스 이중연료(dual-fuel) 엔진과 같이 복수의 연료를 사용하는 경우에 엔진에는 두 종류의 다른 연료가 공급될 수 있으므로 이러한 경우 연료별 특성을 각각 적용할 필요가 있습니다.

| 표 4-6 | 선박 연료별 CO_2 배출 전환계수

연료	$C_f[g_{CO_2}/g_{Fuel}]$	내용
경유(diesel) MGO(Marine Gas Oil)	3.206	ISO 포함 범주 DMX, DMA, DMZ, DMB
경질 연료유 LFO(Light Fuel Oil)	3.151	ISO 포함 범주 RMA, RMB, RMD
중유(IFO 포함) HFO(Heavy Fuel Oil)	3.114	ISO 포함 범주 RME, RMG, RMK
LPG(Liquefied Petroleum Gas)	프로판(propane): 3.000 부탄(butane): 3.030	
LNG(Liquefied Natural Gas)	2.750	
메탄올(methanol)	1.375	
에탄올(ethanol)	1.913	

보조 엔진의 이산화탄소 배출량

분자의 두 번째 항($P_{AE}C_{f,AE}SFC_{AE}$)은 선박 추진이 아닌 다른 기계장치, 항해 보조설비, 거주생활 등에 필요한 전력을 생산하는 보조 엔진으로 인한 이산화탄소 배출량을 의미합니다. 보조 엔진의 출력 P_{AE}는 다음 식과 같이 주 엔진의 출력 MCR_{ME}에 비례하여 추정할 수 있도록 되어 있으며, LNG 운반선과 같이 특수한 경우는 별도의 계산을 포함하도록 규정하고 있습니다[IMO MEPC.308(73), 2018].

$$P_{AE} = \begin{cases} 0.025\left(\sum MCR_{ME} + \dfrac{\Sigma P_{PTI}}{0.75}\right) + 250, & \left(\sum MCR_{ME} + \dfrac{\Sigma P_{PTI}}{0.75} \geq 10,000 \text{ kW}\right) \\ 0.5\left(\sum MCR_{ME} + \dfrac{\Sigma P_{PTI}}{0.75}\right), & \left(\sum MCR_{ME} + \dfrac{\Sigma P_{PTI}}{0.75} < 10,000 \text{ kW}\right) \end{cases} \tag{4.5}$$

P_{PTI}는 축모터의 출력으로 축모터가 설치되어 있지 않으면 해당되지 않습니다($P_{PTI} = 0$). $C_{f,AE}$는 보조 엔진의 이산화탄소 배출계수를 질량 단위로 전환한 것으로, 주 엔진과 동일하게 [표 4-6]의 연료별 이산화탄소 배출 전환계수를 사용합니다. SFC_{AE}는 보조 엔진의 단위 출력당 연료 소모량입니다.

ex 4-2 EEDI 달성값(attained EEDI)

다음과 같이 중유만을 사용하는 선박 A와 천연가스 이중연료 엔진을 사용하는 선박 B가 있다. 명시된 사양 이외에 EEDI에 영향을 미치는 시스템이 없고 보정계수들이 모두 1일 때, 이하 질문에 답하라.

	선박 A	선박 B
MCR_{ME}[kW]	15,000	15,000
Main engine	Standard HFO engine	Dual-fuel(NG/HFO) engine
Auxiliary engine	Standard HFO engine	Standard HFO engine
SFC_{ME}[g/kWh]	190	160(NG), 6(pilot fuel)
SFC_{AE}[g/kWh]	215	215
Capacity	25,000 DWT	25,000 DWT
Reference ship speed[kn]	18	18

(a) 각 선박 주 엔진의 시간당 이산화탄소 배출량을 구하라.

(b) 각 선박 보조 엔진의 시간당 이산화탄소 배출량을 구하라.

(c) 각 선박의 EEDI 달성값을 구하라.

↳ 해설

(a) 보정계수가 모두 1이라면 $f_j = 1$이고, 선박 A의 경우 중유는 $C_f = 3.114$이므로 식 (4.2), (4.4)에서

$$P_{ME}C_{f,ME}SFC_{ME} = 0.75 \times 15000\,\text{kW} \times 3.114\,\text{g}_{CO_2}/\text{g}_{Fuel} \times 190\,\text{g}_{Fuel}/\text{kWh} = 6{,}656\,\text{kg}_{CO_2}/\text{h}$$

선박 B의 경우, 천연가스를 주 연료로 사용하는 이중연료 엔진이므로 천연가스에 대한 EF = 2.75를 적용합니다. 그러나 점화를 위한 파일럿유로 중유도 사용되고 있으므로 두 연료를 모두 고려하여야 합니다.

$$P_{ME}C_{f,ME}SFC_{ME} = 0.75 \times 15000\,\text{kW} \times (2.75 \times 160 + 3.114 \times 6) = 5{,}160\,\text{kg}_{CO_2}/\text{h}$$

(b) 주 엔진 MCR $\geq$ 10,000 kW이므로 식 (4.5)에서 보조 엔진의 출력은

$$P_{AE} = 0.025(\sum MCR_{ME}) + 250 = 0.025 \times 15000 + 250 = 625\,\text{kW}$$

$$P_{AE}C_{f,AE}SFC_{AE} = 625\,\text{kW} \times 3.114 \times 215 = 418\,\text{kg}_{CO_2}/\text{h}$$

동일한 보조 엔진을 사용하고 있으므로 보조 엔진의 이산화탄소 배출량은 선박 A와 B 모두 동일합니다.

(c) 선박에 적용된 사양을 모두 검토해 보면 다음과 같습니다.

축발전기나 축모터가 없음: $P_{PTO} = P_{PTI} = 0$

에너지 효율의 개선을 위한 혁신 기술설비가 없음: $P_{MEeff} = P_{AEeff} = 0$

보정계수가 모두 1(보정계수는 다음 절에 설명합니다)입니다.

그러면 EEDI 달성값은

$$\text{Attained EEDI} = \frac{\sum(P_{ME} \cdot C_{f,ME} \cdot SFC_{ME}) + P_{AE} \cdot C_{f,AE} \cdot SFC_{AE}}{CAP \cdot \bar{v}_{ref}}$$

선박 A의 경우,

$$\text{Attained EEDI} = \frac{(6656\,\text{kg}_{CO_2}/\text{h} + 418\,\text{kg}_{CO_2}/\text{h})}{25000\,\text{t} \times 18\,\text{kn}} \times \frac{1000\,\text{g}}{1\,\text{kg}} = 15.72\,\text{g}_{CO_2}/(\text{t} \cdot \text{nm})$$

선박 B의 경우, 다음과 같습니다.

$$\text{Attained EEDI} = \frac{5160\,\text{kg}_{CO_2}/\text{h} + 418\,\text{kg}_{CO_2}/\text{h}}{25000\,\text{t} \times 18\,\text{kn}} \times \frac{1000\,\text{g}}{1\,\text{kg}} = 12.40\,\text{g}_{CO_2}/(\text{t} \cdot \text{nm})$$

동일한 사양조건에서 천연가스 이중연료 엔진을 사용하는 선박 B의 EEDI의 달성값이 21% 더 낮은 것을 확인할 수 있습니다.

EEDI 보정계수

EEDI 연산식에는 다양한 보정계수들이 포함되어 있습니다. 전체적인 이해를 돕고자 개략적으로 설명합니다. 보다 상세한 내용이 필요하면 원문[MEPC.308(73), 2018]을 참조하시기 바랍니다.

$$EEDI = \{ (\prod f_j)(\Sigma P_{ME} C_{f,ME} SFC_{ME}) + P_{AE} C_{f,AE} SFC_{AE} + (\prod f_j \Sigma P_{PTI} - \Sigma f_{eff} P_{AEeff}) C_{f,AE} SFC_{AE} - \Sigma f_{eff} P_{MEeff} C_{f,ME} SFC_{ME} \} / (f_i f_c f_l CAP \cdot f_w \cdot \overline{v}_{ref})$$

| 그림 4-2 | EEDI 달성값(attained EEDI) 연산 시 고려되는 다양한 보정계수

1) f_j: 선박의 설계 요인에 따른 출력보정계수(power correction factor)

특수한 상황의 선박은 동일한 중량의 화물을 수송하더라도 공해를 자유롭게 운항하는 일반 선박보다 에너지 효율이 떨어지게 되는데 이러한 경우에도 동일한 EEDI 기준을 적용하면 과도한 페널티를 받게 되므로 이를 반영하기 위한 보정계수입니다. 기본적으로는 1이며, 다음의 경우에 해당되는 경우 [표 4-7]에 따라 추산할 수 있도록 되어 있습니다.

① 쇄빙선(얼음으로 뒤덮인 빙해지역을 독자적으로 항해할 수 있는 선박)이나 내빙선(얇은 결빙 해역이나 유도 쇄빙선에 의해 만들어진 수로의 유빙을 항해할 수 있는 선박) 같은 빙해용 선박(ice-classed ship)

② 동적 자동 위치제어(dynamic positioning) 시스템과 이중 추진(propulsion redundancy) 시스템을 갖추고 해양 플랫폼과 육상을 왕복하는 원유 운반선(shuttle tanker) (단, DWT 80,000~160,000의 경우에만 적용)

③ 로로(RO-RO)선: 로로 화물선(RO-RO cargo ship), 로로 여객선(RO-RO passenger ship)

④ 일반 화물선(general cargo sihp)

2) f_i: 용량 보정계수(capacity factor)

기술적인 제약이나 규제상의 문제로 효율이 낮은 선박의 이산화탄소 배출량을 보정해 주기 위한 계수입니다. 기본적으로는 1이며, 다음의 경우에 해당되는 경우 [표 4-8]에 따라 추산하여 1보다 큰 값을 가질 수 있습니다.

① 쇄빙선이나 내빙선 같은 빙해용 선박(ice-classed ship)

② 자발적으로 구조가 개선된 선박(voluntary structural enhancement)

③ 국제선급연합회(IACS)의 공통 구조 규칙(CSR, Common Structural Rules)에 따라 건조된 산적 화물선(bulk carrier) 및 액체 운반선(tanker)

| 표 4-7 | EEDI 출력 보정계수(f_j)

<table>
<tr>
<td rowspan="5" style="vertical-align:middle">빙해용 선박</td>
<td colspan="5">이하 표에 따라 선종별 계수를 적용하여 f_{j0}와 $f_{j,\min}$ 연산 후, 이 중 더 큰 값을 사용하도록 규정한다. 단, 1을 초과할 수 없으며 1보다 큰 값이 나오면 1을 적용한다.

$$f_j = \min[\max(f_{j0}, f_{j,\min}), 1]$$

$$f_{j0} = \frac{a \cdot L_{PP}^b}{\Sigma P_{ME}}$$

$$f_{j,\min} = a \cdot L_{PP}^b$$
</td>
</tr>
</table>

빙해선박 선종	$f_{j0} = \dfrac{a \cdot L_{PP}^b}{\Sigma P_{ME}}$		$f_{j,\min} = a \cdot L_{PP}^b$(내빙 등급별)							
			IA Super		IA		IB		IC	
	a	b	a	b	a	b	a	b	a	b
액체 운반선	0.308	1.920	0.15	0.30	0.27	0.21	0.45	0.13	0.70	0.06
산적 화물선	0.639	1.754	0.47	0.09	0.58	0.07	0.73	0.04	0.87	0.02
일반 화물선	0.0227	2.483	0.31	0.16	0.43	0.12	0.56	0.09	0.67	0.07
냉장·냉동 화물선	0.639	1.754	0.47	0.09	0.58	0.07	0.73	0.04	0.87	0.02

왕복 원유 운반선

$$f_j = 0.77$$

동적 위치 유지(dynamic positioning) 시스템과 추가적인 추진(propulsion redundancy) 시스템을 갖추고 해양 플랫폼에 원유를 공급하는 DWT 80,000~160,000의 왕복 원유 운반선(shuttle tanker)인 경우

로로선

선박별 계수를 적용하여 다음 식에 따라 연산한다. 단, 1보다 큰 값이 나오면 1을 적용한다.

$$f_j = \min\left\{ \frac{1}{F_{n_L}^{\alpha} \cdot \left(\frac{L_{PP}}{B_s}\right)^{\beta} \cdot \left(\frac{B_s}{d_s}\right)^{\gamma} \cdot \left(\frac{L_{PP}}{\nabla}\right)^{\delta}}, 1 \right\}$$

$$F_{n_L} = \frac{0.5144 \overline{v}_{ref}}{\sqrt{L_{PP} \cdot g}}$$

선종	α	β	γ	δ
로로 화물선	2.00	0.50	0.75	1.00
로로 여객선	2.50	0.75	0.75	1.00

일반 화물선

$$f_j = \min\left\{ \frac{0.174}{F_{n_\nabla}^{2.3} C_b^{0.3}}, 1 \right\}$$

$$F_{n_\nabla} = \frac{0.5144 \overline{v}_{ref}}{\sqrt{g \cdot \nabla^{(1/3)}}}$$

$$C_b = \frac{\nabla}{L_{PP} B_s d_s}$$

그 외

$$f_j = 1$$

※ L_{PP}: 수선 간 길이(Length Between Perpendiculars, LBP라고도 함)[m], B_s: 선체의 형 폭(moulded breadth)[m], d_s: 하기만재흘수[summer load line draught(draft)], ∇: 배수체적(volumetric displacement)[m³], F_n: 프루드수(Froude number), g: 중력가속도(9.81 m/s²)

| 표 4-8 | EEDI 용량 보정계수(f_i)

<table>
<tr><td rowspan="9">빙해용 선박</td><td colspan="11">이하 표에 따라 선종별 계수를 적용하여 f_{i0}와 $f_{i,\max}$ 연산 후, 이 중 더 작은 값을 사용하도록 규정한다. 단, 1 미만이 될 수는 없으며 1보다 작은 값이 나오면 1을 적용한다.</td></tr>
</table>

$$f_i = \max\{\min(f_{i0}, f_{i,\max}), 1\}$$

$$f_{i0} = \frac{a \cdot L_{PP}^b}{CAP}$$

$$f_{i,\max} = a \cdot L_{PP}^b$$

빙해선박 선종	$f_{i0} = \dfrac{a \cdot L_{PP}^b}{CAP}$		$f_{i,\max} = a \cdot L_{PP}^b$ (내빙 등급별)							
			IA Super		IA		IB		IC	
	a	b	a	b	a	b	a	b	a	b
액체 운반선	0.00138	3.331	2.10	−0.11	1.71	−0.08	1.47	−0.06	1.27	−0.04
산적 화물선	0.00403	3.123	2.10	−0.11	1.80	−0.09	1.54	−0.07	1.31	−0.05
일반 화물선	0.0377	2.625	2.18	−0.11	1.77	−0.08	1.51	−0.06	1.28	−0.04
컨테이너선	0.1033	2.329	2.10	−0.11	1.71	−0.08	1.47	−0.06	1.27	−0.04
가스 운반선	0.0474	2.590	$f_{i,\max} = 1.25$		2.10	−0.12	1.60	−0.08	1.25	−0.04

※ 컨테이너선의 용량은 DWT의 70%

자발적 구조 개선 선박

기준 대비 개선된 재화중량($DWT_{enhanced}$)에 따라 다음과 같이 추정한다.

$$f_i = \frac{DWT_{reference}}{DWT_{enhanced}}$$

$$DWT_{reference} = \Delta - LWT_{reference}$$

$$DWT_{enhanced} = \Delta - LWT_{enhanced}$$

CSR에 따른 액체 운반선 및 산적 화물선

CSR에 따른 경화중량(LWT_{CSR}) 및 재화중량(DWT_{CSR})에 따라 다음과 같이 추정한다.

$$f_i = 1 + \frac{0.08 \cdot LWT_{CSR}}{DWT_{CSR}}$$

그 외

$$f_i = 1$$

3) f_c: 용적 보정계수(cubic capacity factor)

LNG와 같이 화물의 밀도가 낮아서 동일한 무게를 수송하기 위해서 큰 부피가 요구되는 선박들을 위한 보정계수입니다. 기본적으로는 1이며, 다음의 경우에 해당되는 경우 [표 4-9]와 같이 추산하여 1보다 큰 값을 가질 수 있습니다.

① 화학제품 운반선(chemical tanker)

② 경유(diesel) 추진 시스템을 가지며 가스 운반선(gas carrier)으로 등록되어 있는 LNG 운반선(LNG carrier): EEDI 도입과 MARPOL 부속서가 개정되면서 LNG 운반선이 가스 운반선과 별개로 분리되었습니다. 즉, 현재 가스 운반선은 LNG 운반선을 제외한 가스 운반선을 의미합니다. 그러나 이러한 규정 개정 전의 과거 LNG 운반선은 가스 운반선으로 분류되어 있

는 경우가 있는데, 그러한 특수한 경우의 LNG 운반선에만 적용되는 보정계수입니다.

③ 로로여객선(RO-RO passenger ship)

| 표 4-9 | EEDI 용적 보정계수(f_c)

화학제품 운반선	$$f_c = \begin{cases} R^{-0.7}-0.014, & (R < 0.98) \\ 1, & (R \geq 0.98) \end{cases}$$ R은 선박의 재화중량(tonne)을 화물창의 총용적[m³]으로 나눈 값을 의미한다.
가스 운반선	$$f_c = R^{-0.56}$$ 가스 운반선으로 분류된 구 LNG 운반선만 해당된다.
로로 여객선	$$f_c = \begin{cases} \left(\dfrac{\mathrm{DWT/GT}}{0.25}\right)^{-0.8}, & (\mathrm{DWT/GT} < 0.25) \\ 1, & (\mathrm{DWT/GT} \geq 0.25) \end{cases}$$
그 외	$$f_c = 1$$

4) f_l: 일반 화물선 설비 보정계수(factor for cranes and other cargo-related gear)

일반 화물선은 화물의 선적을 위해서 다양한 설비가 설치되어 있는데, 이로 인하여 수송 가능한 화물량이 줄어드는 부분을 보완하기 위한 보정계수입니다. 다음과 같이 크레인의 유무, 사이드 로더(side loader, 측면 선적·하역설비), 로로 경사로(RO-RO ramp: 차량 등이 선박으로 진입·진출할 수 있는 경사로) 설치에 따라 연산됩니다.

$$f_l = f_{\mathrm{crane}}\, f_{\mathrm{side\ loader}}\, f_{\mathrm{RO\text{-}RO}}$$

f_{crane}은 크레인이 설치되어 있는 경우에 적용되며, 미설치 시는 1이 됩니다.

$$f_{\mathrm{crane}} = 1 + \frac{\sum(0.0519 \cdot \mathrm{SWL}_i \cdot \mathrm{Reach}_i + 32.11)}{\mathrm{CAP}}$$

SWL(Safe Working Load)은 크레인의 안전하중(tonne)을 의미하며, Reach는 안전하중에서의 작업 가능 거리[m]를 의미합니다.

$f_{\mathrm{side\ loader}}$와 $f_{\mathrm{RO\text{-}RO}}$ 역시 해당되지 않는 경우는 1이 되며, 설치되어 있는 경우는 미설치 시 얼마나 더 많이 실을 수 있는지 비율로 평가합니다.

$$f_{\mathrm{side\ loader}} = \frac{\mathrm{CAP}_{\mathrm{no\ side\ loader}}}{\mathrm{CAP}_{\mathrm{side\ loader}}}$$

$$f_{\mathrm{RO\text{-}RO}} = \frac{\mathrm{CAP}_{\mathrm{no\ RO\text{-}RO\ ramp}}}{\mathrm{CAP}_{\mathrm{RO\text{-}RO\ ramp}}}$$

5) f_w : 날씨 보정계수(weather factor)

EEDI는 파도와 바람이 없는 고요한 기상조건을 기준으로 기준선속을 정하도록 되어 있습니다. 따라서 대표적인 해상조건이 고요하지 않은 바다를 항해해야 하는 경우, 설계상 기준선속을 유지할 수가 없을 수 있으므로 이를 고려할 수 있도록 하는 보정계수입니다. f_w에 1이 아닌 다른 값이 적용된 경우 그 결과값은 EEDI($f_w = 1$)와 구별되어 EEDI$_{weather}$로 표기되어야 하며, 그 값은 다음의 두 가지 방법에 따라서 결정될 수 있습니다.

① 대표적인 해상조건에서 선박 모의실험을 통하여 결정합니다. 실험 방법은 IMO 지침을 따라야 하며 방법 및 결과는 관련 부처의 인가를 받아야 합니다.

② 모의실험이 수행되지 않은 경우, IMO 지침서(MEPC.1/Circ.796 'Interim Guidelines for the calculation of the coefficient f_w for decrease in ship speed in a representative sea condition for trial use')의 표준 f_w표나 곡선으로 결정합니다.

6) f_{eff} : 혁신 기술 적용 설비 가동률(availability factor)

주 엔진의 출력이나 보조 엔진의 출력을 경감할 수 있는 각 혁신 기술들의 가동률을 의미합니다.

축발전기와 축모터의 개념

축발전기(shaft generator)와 축모터(shaft motor)는 [그림 4-3]과 같이 선박 추진 엔진의 주 축(shaft)에 연동된 발전기 및 모터를 의미합니다. 축발전기란 주 엔진의 구동축(shaft)에 연동된 형태의 발전기로, 주 엔진을 가동하면 그 회전하는 축일로 발전을 수행하여 보조 엔진이 담당해야 할 전력의 공급을 같이 수행하도록 합니다. 축발전기를 이용하면 추진에 사용되는 출력은 줄어들게 되지만, 주 엔진의 효율은 발전용 보조 엔진에 비하여 높기 때문에 높은 효율을 가지는 운전 영역에서 주 엔진과 축발전기를 운전함으로써 보조 엔진만 사용하는 것보다 효율적인 전력 생산이 가능해집니다. 따라서 온실가스 배출량을 감축할 수 있습니다. 단, 주 엔진 부하가 너무 낮을 때에는 축발전기 사용이 효과적이지 않으므로 보조 엔진으로만 전력을 공급하게 됩니다. 주 엔진 부하가 일정 이상 증가하여 효율이 증가하면 축발전기를 사용, 보조 엔진과 병렬 운전해 선박에 필요한 전력을 동시 공급하게 됩니다. 주 엔진 부하가 충분히 높으면 주 엔진과 축발전기만으로 선박 전력을 공급할 수 있습니다. 축모터의 경우에는 역으로 보조 발전으로 생성된 에너지를 모터로 공급, 추진에 필요한 출력을 추가로 공급하는 경우를 의미하며 추가적인 출력을 추진에 전달하는 것이 가능해집니다.

최근에는 운전 모드에 따라서 축발전기의 역할 및 축모터의 겸용으로 할 수 있는 축발전모터(SGM, Shaft Generator Motor)도 많이 사용되고 있습니다. PTO(Power Take Off) 모드는 축발전기의 개념으로 주 출력으로 전력을 생산하는 경우를 말하며, PTI(Power Take In) 모드는 축모터의 개념으로 전력으로 추진 부스트를 제공하게 됩니다.

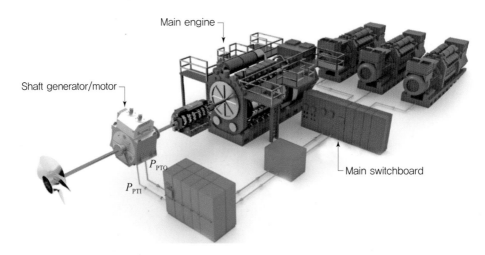

| 그림 4-3 | 주 엔진에 연동된 축발전기(샤프트 제너레이터) 개념도
(시엔에이전기, http://www.cnae.co.kr/shaft-generator-motor-system/)

축발전기 적용 EEDI 연산

본 교재에서는 축모터는 다루지 않고 축발전기를 사용하여 EEDI를 저감할 수 있는 이유만을 설명합니다. 축발전기는 추진에 이용되는 주 엔진의 동력 일부를 발전에 이용하는 것입니다. 따라서 축발전기가 사용되어 출력이 발전에 사용되면 추진에 사용되는 출력은 그만큼 줄어들게 되며, 보조 엔진의 부하는 그만큼 감소하게 됩니다.

EEDI에서 주 엔진의 출력은 MCR의 75%로 정의되는 것과 같이 축발전기 출력(P_{PTO}) 역시 축발전기의 최대 연속 정격출력의 75%를 기준으로 연산됩니다.

$$P_{PTO} = 0.75 \times MCR_{PTO}$$

단, 축발전기로 제공되는 전력은 보조 엔진의 필요 출력(P_{AE}) 이상이 될 수는 없으므로 다음과 같습니다.

$$\sum P_{ME} = \begin{cases} 0.75 \times (\sum MCR_{ME} - \sum P_{PTO}) & (0.75 \times \sum P_{PTO} \leq P_{AE}) \\ 0.75 \times (\sum MCR_{ME} - P_{AE}/0.75) & (0.75 \times \sum P_{PTO} > P_{AE}) \end{cases}$$

또한, 주 엔진에서 추진에 사용되는 출력이 감소한 만큼 기준선속($\overline{v}_{ref}$) 또한 변화하게 됩니다. [그림 4-4]와 같이 주 엔진이 하나일 때를 예를 들어 생각해 보면 축발전기가 없을 때에 $P_{\mathrm{ME}} = 0.75\,\mathrm{MCR}_{\mathrm{ME}}$이며, 이때의 속력이 기준선속이 되는데 축발전기가 가동된다면 주 엔진의 출력은 $P_{\mathrm{ME}} = 0.75(\mathrm{MCR}_{\mathrm{ME}} - P_{\mathrm{PTO}})$로 감소하게 되므로 그만큼 감소된 속력이 기준선속이 됩니다.

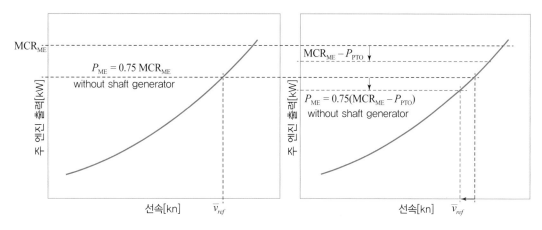

| 그림 4-4 | 축발전기에 의한 주 엔진 출력 및 기준선속의 변화 개념

축발전기가 제공하는 출력만큼 보조 엔진의 출력은 감소하게 됩니다. 즉, 추진이 아닌 전력 공급을 위한 이산화탄소 배출량은 다음과 같습니다.

전력 공급 이산화탄소 배출량

$$= \begin{cases} P_{\mathrm{AE}}\,C_{\mathrm{f,AE}}\,\mathrm{SFC}_{\mathrm{AE}} & (P_{\mathrm{PTO}} = 0) \\ 0.75 P_{\mathrm{PTO}}\,C_{\mathrm{f,ME}}\,\mathrm{SFC}_{\mathrm{ME}} + (P_{\mathrm{AE}} - 0.75 P_{\mathrm{PTO}})\,C_{\mathrm{f,AE}}\,\mathrm{SFC}_{\mathrm{AE}} & (0.75\sum P_{\mathrm{PTO}} \le P_{\mathrm{AE}}) \\ P_{\mathrm{AE}}\,C_{\mathrm{f,ME}}\,\mathrm{SFC}_{\mathrm{ME}} & (0.75\sum P_{\mathrm{PTO}} > P_{\mathrm{AE}}) \end{cases}$$

ex 4-3 축발전기를 고려한 EEDI 달성값 연산

다음과 같은 사양을 가진 선박에 대해서 명시된 내용 이외에 EEDI에 영향을 미치는 시스템이 없고 보정계수들이 모두 1일 때 질문에 답하라(IACS Proc Req. 2013/Rev. 2 2019 No. 38 포함 예시 기반으로 수정됨).

MCR$_{ME}$[kW]	20,000
Main engine fuel	MGO
Auxiliary engine fuel	MGO
SFC$_{ME}$[g/kWh]	190
SFC$_{AE}$[g/kWh]	215
Capacity[DWT]	20,000 t
Reference ship speed[kn]	20

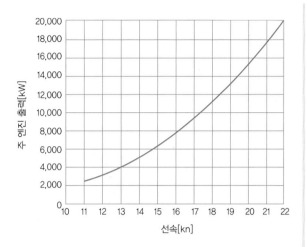

(a) 축발전기가 없는 경우, EEDI 달성값을 구하라.

(b) 최대 연속 정격출력 MCR$_{PTO}$ = 889 kW인 축발전기를 하나 설치 운용하는 경우, EEDI 달성값을 구하라.

(c) 최대 연속 정격출력 MCR$_{PTO}$ = 2,000 kW인 축발전기를 하나 설치 운용하는 경우, EEDI 달성값을 구하라.

해설

(a) 축발전기나 축모터가 없음: $P_{PTO} = P_{PTI} = 0$

에너지의 효율 개선을 위한 혁신 기술설비가 없음: $P_{MEeff} = P_{AEeff} = 0$

보정계수가 모두 1이면

$$P_{ME} = 0.75 MCR_{ME} = 0.75 \times 20,000 = 15,000 \text{ kW}$$

MCR$_{ME}$ = 20,000 ≥ 10,000이므로

$$P_{AE} = 0.025 \left(\sum MCR_{ME} + \frac{\Sigma P_{PTI}}{0.75} \right) + 250 = 0.025 \times 20,000 + 250 = 750 \text{ kW}$$

$$\text{Attained EEDI} = \frac{P_{ME} \cdot C_{f,ME} \cdot SFC_{ME} + P_{AE} \cdot C_{f,AE} \cdot SFC_{AE}}{CAP \cdot \bar{v}_{ref}}$$

$$= \frac{15000 \text{ kW} \times 3.206 \times 190 \text{ g/kWh} + 750 \text{ kW} \times 3.206 \times 215 \text{ g/kWh}}{20000 \text{ t} \times 20 \text{ nm/h}} = 24.1 \text{ g/(t·nm)}$$

(b) 축발전기의 출력은

$$P_{PTO} = 0.75 MCR_{PTO} = 666.8 \text{ kW}$$

$0.75 P_{\text{PTO}} = 500 < P_{\text{AE}}$ 이므로 주 엔진의 출력 감소는

$$P_{\text{ME}} = 0.75(\text{MCR}_{\text{ME}} - P_{\text{PTO}}) = 0.75 \times (20000 - 666.8) = 14{,}500\ \text{kW}$$

선속과 출력의 관계를 보면 $P_{\text{ME}} = 14{,}500\,\text{kW}$일 때 기준선속은 약 $19.8\,\text{kn}$로 감소하게 됩니다.

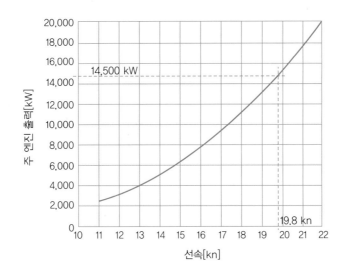

EEDI 획득값은 다음과 같이 계산됩니다.

$$\text{Attained EEDI} = \frac{P_{\text{ME}}\,C_{\text{f,ME}}\,\text{SFC}_{\text{ME}} + 0.75 P_{\text{PTO}}\,C_{\text{f,ME}}\,\text{SFC}_{\text{ME}} + (P_{\text{AE}} - 0.75 P_{\text{PTO}})\,C_{\text{f,AE}}\,\text{SFC}_{\text{AE}}}{\text{CAP} \cdot \bar{v}_{ref}}$$

$$= \frac{14500 \times 3.206 \times 190 + 0.75 \times 666.8 \times 3.206 \times 190 + (750 - 0.75 \times 666.8) \times 3.206 \times 215}{20000 \times 19.8}$$

$$= 23.5\ \text{g}/(\text{t} \cdot \text{nm})$$

이는 (a)의 결과에 비하여 약 2.6% 저감된 결과입니다.

(c) 축발전기의 출력은

$$P_{\text{PTO}} = 0.75 \text{MCR}_{\text{PTO}} = 1{,}500\ \text{kW}$$

$0.75 P_{\text{PTO}} = 1{,}125 > P_{\text{AE}}$ 인데 P_{AE} 이상 공급할 수 없으므로 $P_{\text{PTO}} = P_{\text{AE}}/0.75 = 1{,}000\ \text{kW}$ 주 엔진의 출력 감소는 다음과 같습니다.

$$P_{\text{ME}} = 0.75(\text{MCR}_{\text{ME}} - P_{\text{PTO}}) = 0.75(\text{MCR}_{\text{ME}} - P_{\text{AE}}/0.75) = 0.75 \times (20000 - 1000)$$
$$= 14{,}250\ \text{kW}$$

선속과 출력의 관계를 보면 $P_{\text{ME}} = 14{,}250\,\text{kW}$일 때 기준선속은 약 $19.7\,\text{kn}$로 감소하게 됩니다. EEDI 획득값은 다음과 같습니다.

$$\text{Attained EEDI} = \frac{P_{\text{ME}}\, C_{\text{f,ME}}\, \text{SFC}_{\text{ME}} + 0.75 P_{\text{PTO}}\, C_{\text{f,ME}}\, \text{SFC}_{\text{ME}} + (P_{\text{AE}} - 0.75 P_{\text{PTO}})\, C_{\text{f,AE}}\, \text{SFC}_{\text{AE}}}{\text{CAP} \cdot \overline{v}_{ref}}$$

$$= \frac{P_{\text{ME}}\, C_{\text{f,ME}}\, \text{SFC}_{\text{ME}} + P_{\text{AE}}\, C_{\text{f,ME}}\, \text{SFC}_{\text{ME}}}{\text{CAP} \cdot \overline{v}_{ref}}$$

$$= \frac{14500 \times 3.206 \times 190 + 750 \times 3.206 \times 190}{20000 \times 19.7}$$

$$= 23.2 \ \text{g}_{\text{CO}_2}/(\text{t} \cdot \text{nm})$$

이는 (a)의 결과에 비하여 약 3.9% 저감된 결과입니다.

EEXI(에너지 효율 현존선 지수)와 CII(탄소집약도 지표)

EEDI는 2013년 이후 건조된 선박에만 적용됩니다. 즉, 그 이전에 건조되어 운항하고 있는 선박은 이산화탄소 배출에 제약이 없다는 의미가 됩니다. 이러한 기존 선박도 규제의 대상으로 포함시킨 것이 EEXI와 CII입니다.

IMO는 보다 강화된 온실가스의 배출 저감을 위하여 2018년 72차 MEPC에서 IMO GHG 감축 초기 전략을 채택하였으며, 그 단기 조치로 에너지 효율 현존선 지수 EEXI(Energy Efficiency Existingship Index)와 탄소집약도 지표 CII(Carbon Intensity Indicator)에 대한 규제가 2023년부터 도입될 예정입니다.

EEXI, 에너지 효율 현존선 지수는 개념적으로는 EEDI와 동일하게 선박의 사양을 기반으로 1톤의 화물을 1해리(nautical mile) 수송할 때 발생하는 이산화탄소양을 의미합니다. GT 400톤 이상의 국제 항해 선박을 대상으로 적용됩니다.

CII, 탄소집약도 지표도 의미는 크게 다르지 않습니다. 탄소집약도(carbon intensity)란 기본적으로는 '단위 에너지양당 발생한 이산화탄소의 양'을 나타내는 개념입니다. 선박의 경우, 1톤의 화물을 1해리 수송할 때 발생하는 이산화탄소양을 의미하며, 이는 EEDI와 동일한 개념입니다. 다만, EEDI 및 EEXI는 실제 운항조건이 아닌 선박 사양 기준치를 가지고 추산되는 반면, CII는 실제 운항하는 선박의 데이터를 기반으로 연산되는 실제 이산화탄소 배출량이 됩니다.

CII는 GT 5,000톤 이상 국제 항해 선박에 적용되는 규제로, 선박에 요구되는 CII 허용값(required CII) 대비 CII 달성값(attained CII) 정도에 따라서 A등급부터 E등급까지 등급이 부여됩니다. 만약, 선박의 CII등급이 3년 연속 D등급 혹은 단일 연도라도 E등급에 해당하는 경우, CII 허용값 달성을 위한 시정 조치 계획을 수립하여 이를 SEEMP(Ship Energy Efficiency Management Plan, 선박 에너지 효율 관리 계획)에 반영해야 하며, 검증 및 심사 대상이 됩니다. SEEMP는 선박의 에너지 효율을 향상시키기 위한 관리 계획서(Part I)와 선박 연료 데이터 수집 계획서(Part II), CII를 위한 계획서(Part III)로 구성됩니다. Part I/II/III 모두 본선에 비치해야 하며, Part II 및 Part III는 주관청 승인 및 발행 확인증도 본선에 비치해야 합니다.

EEOI, AER

현재 CII 관련 지수로 활용되고 있는 것은 다음의 네 가지 유형이며, 보통 EEOI와 AER이 많이 언급됩니다. EEPI(Energy Efficiency Performance Indicator) 등 보다 개선된 추가적인 지수에 대한 논의도 수행되고 있습니다.

① EEOI(Energy Efficiency Operational Indicator): 선박 운항 시 1톤의 화물을 1해리(nautical mile, 1,852 m) 수송하기 위해서 배출되는 이산화탄소의 양을 의미합니다. 즉, EEOI 1 g_{CO_2}/(t·nm)이라는 의미는 1톤의 화물을 1해리 수송할 때 1 g의 이산화탄소가 배출된다는 의미가 됩니다. 이는 EEDI와 개념적으로는 동일하나, EEDI가 운항 전 설계·건조 단계에서 선박에서 배출되는 이산화탄소를 추산하기 위한 지수라면 EEOI는 운항 중인 선박으로부터 배출되는 이산화탄소를 계산하기 위한 지표입니다.

② AER(Annual Efficiency Ratio): EEOI와 동일하게 g_{CO_2}/(t·nm)의 단위를 사용합니다. 즉, 1톤의 화물을 1해리 수송할 때 발생하는 이산화탄소의 질량을 의미합니다. EEOI와의 차이는 화물의 중량을 실제 선박이 수송한 중량이 아니라 설계상 재화중량(DWT)을 기준으로 한다는 점입니다. 이를 구별하기 위해서 단위를 g_{CO_2}/(DWT·nm)로 표기하기도 합니다. EEOI를 계산하려면 실제 선박에 탑재된 실제 화물 중량을 알아야 하는데 현재 항해 통계 시스템상 운송 화물의 실제 중량 정보가 기록되지 않아 확인할 수 없는 경우가 있으므로 이런 경우 EEOI를 계산할 수 없는 문제가 있습니다. 이러한 경우에도 적용이 가능한 수치가 AER입니다. 다만, 재화중량이란 선박에 실을 수 있는 화물의 최대 중량을 의미하므로 AER을 사용하는 경우 탄소집약도(배출량)가 과소 평가될 수 있습니다. 모든 선박이 항상 최대 중량까지 화물을 싣고 운항을 한다고 볼 수는 없기 때문입니다.

③ DIST: 단위거리 수송당 이산화탄소의 발생량을 의미합니다. 1 kg_{CO_2}/nm는 1해리 수송당 1 kg의 이산화탄소가 배출되었음을 의미합니다.

④ TIME: 단위시간 수송당 이산화탄소의 발생량을 의미합니다. 1 $tonne_{CO_2}$/hr는 1시간 수송당 1톤의 이산화탄소가 배출되었음을 의미합니다.

EEOI와 AER은 같은 식으로 도출이 가능합니다. CII 달성값(attained CII)의 정의를 보면 다음과 같습니다.

$$\text{Attained CII} = \frac{\Sigma FC \cdot C_f}{CAP\,[t] \cdot 수송거리\,[nm]} \tag{4.6}$$

여기서 수송 용량 CAP가 실제 수송량이라면 EEOI가 되며, 재화중량(DWT)이라면 AER이 된다고 볼 수 있습니다. FC는 해당 선박의 연간 연료 소모량(fuel consumption)이며, C_f는 그 연료의 이산화탄소 배출 전환계수(Conversion factor)로, EEDI에 사용된 것과 동일하게 [표 4-6]의 연료별 배출 전환계수를 사용합니다.

4차 IMO GHG study 보고서는 그간 조사해 온 누적된 데이터를 기반으로 규제가 적용된 이후 실제 선박의 이산화탄소 배출이 어떻게 변화해 왔는지 보여 주고 있습니다. [그림 4-5] 및 [표 4-10]을 확인하여 보면 규제 적용 이후 해상 물동량은 꾸준히 증가하고 있으나, 이산화탄소 배출량은 크게 증가하지 않고 있고 탄소집약도 지표인 EEOI와 AER은 감소하고 있음을 보여 주고 있습니다. 즉, 규제는 어느 정도 효과를 발휘하고 있다고 볼 수 있습니다. 그러나 물동량이 지속적으로 증가하고 있으며 탄소집약도의 감소세는 정체돼 있으므로 시간이 더 흐르면 다시 이산화탄소 배출량은 증가하게 될 가능성이 높은 상황입니다. 이것이 IMO에서 2050년까지 탄소집약도 70% 감축이라는 더욱 강화된 목표를 제시하게 된 이유라고 볼 수 있습니다.

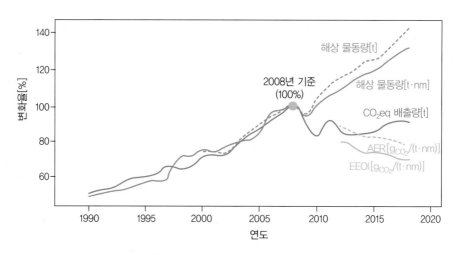

| 그림 4-5 | 해상 물동량 및 이산화탄소 배출량, EEOI, AER의 변화 추이
(항해 기준, 4차 IMO GHG study figure 61에서 수정됨)

| 표 4-10 | 2008년 대비 EEOI 및 AER 변화량(4차 IMO GHG study, table 66~67)

연도	EEOI[g_{CO_2}/(t·nm)]				AER[g_{CO_2}/(DWT·nm)]			
	선박 기준		항해 기준		선박 기준		항해 기준	
	EEOI	변화율	EEOI	변화율	AER	변화율	AER	변화율
2008	17.10	–	15.16	–	8.08	–	7.40	–
2012	13.16	−23.1%	12.19	−19.6%	7.06	−12.7%	6.61	−10.7%
2018	11.67	−31.8%	10.70	−29.4%	6.31	−22.0%	5.84	−21.0%

CII 기준값(reference CII) 및 허용값(required CII)

IMO는 EEDI와 마찬가지로 선종별 데이터를 기반으로 매개변수를 제공, CII 기준값을 산출할 수 있도록 하고 있습니다[IMO MEPC.353(78) annex 15].

$$\text{Reference CII} = ab^{-c} \tag{4.7}$$

| 표 4-11 | 기준 CII 연산을 위한 주요 선종별 매개변수[IMO MEPC.353(78) annex 15]

선종	크기	a	b	c
산적 화물선(bulk carrier)	DWT ≥ 279,000	4,745	279,000	0.622
	DWT < 279,000		DWT	
가스 운반선(gas carrier)	DWT ≥ 65,000	$14,405 \times 10^7$	DWT	2.071
	DWT < 65,000	8,104		0.639
액체 운반선(tanker)	–	5,247	DWT	0.610
컨테이너선(container ship)	–	1,984	DWT	0.489
일반 화물선(general cargo ship)	DWT ≥ 20,000	31,948	DWT	0.792
	DWT < 20,000	588		0.3885
냉장·냉동 화물선(refrigerated cargo ship)	–	4,600	DWT	0.557
복합 화물선(combination carrier, 겸용선)	–	5,119	DWT	0.622
LNG 운반선(LNG carrier)	DWT ≥ 100,000	9.827	DWT	0
	65 k ≤ DWT < 100 k	$14,479 \times 10^{10}$		2.673
	DWT < 65,000		65,000	
로로 화물선(차량 운반선) (RO-RO cargo ship, vehicle carrier)	GT ≥ 57,700	3,627	57,700	0.590
	30 k ≤ GT < 57.7 k		GT	
	GT < 30,000	330		0.329
로로 화물선(RO-RO cargo ship)	–	1,967	GT	0.485
로로 여객선 (RO-RO passenger ship)	일반	2,023	GT	0.460
	고속(SOLAS)	4,196		
크루즈선(cruise passenger ship)	–	930	GT	0.383

감축률(reduction factor) x에 대해서 CII 허용값(required CII)은 다음과 같이 나타낼 수 있습니다.

$$\text{Required CII} = \left(1 - \frac{x}{100}\right) \times (\text{reference CII})$$

실제 선박의 운항 정보를 기반으로 연산한 CII 달성값(attained CII)이 CII 허용값보다 낮아야 해당 선박은 CII 규정을 준수한 것이 됩니다. IMO는 CII 감축률에 대해서 다음과 같은 목표를 제시하고 있으며, 2027년 이후 목표는 단기 조치 효과의 결과를 검토 후 다시 논의될 예정입니다.

| 표 4-12 | 2019년 대비 CII 감축률 목표

연도	2023	2024	2025	2026
2019년 대비 CII 감축률 목표	5%	7%	9%	11%

CII등급 범위

CII등급은 A~E까지 나뉘며, 판정 기준은 다음과 같이 허용값(required CII)을 기준으로 보통 등급의 상하한 경곗값(lower and upper boundary)을 정하여 C등급(보통)을 결정하며, C등급 하한 경곗값 이하에서 우수 경곗값(superior boundary) 사이는 B등급(우수), 우수 경곗값 이하는 A등급(매우 우수)으로 구별합니다. C등급 상한 경곗값 이상에서 열등 경곗값(inferior boundary) 사이는 D등급(부족), 열등 경곗값 이상은 E등급(매우 부족)으로 평가합니다. 경곗값을 결정하는 $\exp(d_i)$ 값은 2019년 운항 데이터의 분포를 통계적으로 가공하여 CII 허용값에서 얼마나 거리가 먼지를 나타내는 dd 벡터(d_i)를 도출하여 결정되었습니다.

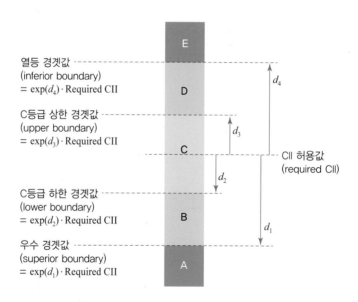

| 그림 4-6 | CII등급 범위 산정 기준 개괄도

| 표 4-13 | CII등급 결정을 위한 선종별 $\exp(d_i)$값

선종	크기	$\exp(d_1)$	$\exp(d_2)$	$\exp(d_3)$	$\exp(d_4)$
산적 화물선(bulk carrier)		0.86	0.94	1.06	1.18
가스 운반선(gas carrier)	DWT ≥ 65,000	0.81	0.91	1.12	1.44
	DWT < 65,000	0.85	0.95	1.06	1.25
액체 운반선(tanker)		0.82	0.93	1.08	1.28
컨테이너선(container ship)		0.83	0.94	1.07	1.19
일반 화물선(general cargo ship)		0.83	0.94	1.06	1.19
냉장·냉동 화물선(refrigerated cargo ship)		0.78	0.91	1.07	1.20
복합 화물선(combination carrier, 겸용선)		0.87	0.96	1.06	1.14
LNG 운반선(LNG carrier)	DWT ≥ 100,000	0.89	0.98	1.06	1.13
	DWT < 100,000	0.78	0.92	1.10	1.37
로로 화물선(차량 운반선)		0.86	0.94	1.06	1.16
로로 화물선		0.66	0.90	1.11	1.37
로로 여객선		0.72	0.90	1.12	1.41
크루즈선		0.87	0.95	1.06	1.16

ex 4-4 CII등급 산정

어떤 산적 화물선이 1년간 다음과 같은 운항 데이터를 가질 때 질문에 답하라(한국선급, 2021).

- DWT: 69,999
- 연료 사용량(HFO): 연간 5,693톤
- 연료 사용량(MGO): 연간 26톤
- 운항거리: 연간 61,523해리[nm]

(a) 이 산적 화물선의 CII 기준값(reference CII)을 구하라.

(b) CII 감축률 목표가 5%인 경우 이 산적 화물선의 기준 CII 허용값(required CII)을 구하라.

(c) 이 산적 화물선의 CII 달성값(attained CII)을 구하라.

(d) 이 산적 화물선의 CII등급을 판정하라.

해설

(a) 식 (4.7) 및 표 [4-11]에서 CII 기준값은 다음과 같습니다.

$$\text{Reference CII} = 4745 \times (69999)^{-0.622} = 4.60 \, \text{g}_{CO_2}/(\text{t} \cdot \text{nm})$$

(**b**) 감축률 목표 5%이므로 다음과 같습니다.

$$\text{Required CII} = (1-0.05) \times 4.60 = 4.37 \, \text{g}_{CO_2}/(\text{t}\cdot\text{nm})$$

(**c**) 식 (4.6)과 표 [4-6]에서 CII 달성값은 다음과 같습니다.

$$\text{Attained CII} = \frac{\Sigma FC \cdot C_f}{\text{CAP}\,[\text{t}]\cdot \text{수송거리}\,[\text{nm}]} = \frac{(5693\,\text{t}\times 3.114 + 26\,\text{t}\times 3.206)}{69999\,\text{t}\times 61523\,\text{nm}} \times \frac{10^6\,\text{g}}{1\,\text{t}}$$
$$= 4.14 \, \text{g}_{CO_2}/(\text{t}\cdot\text{nm})$$

(**d**) [표 4-13]에서 산적 화물선의 CII등급 판정 경곗값을 구하면 다음과 같습니다.

d_4: Required CII$\times\exp(d_4) = 4.37\times1.18 = 5.15$

d_3: $4.37\times1.06 = 4.63$

d_2: $4.37\times0.94 = 4.11$

d_1: $4.37\times0.86 = 3.76$

달성값 4.14는 d_2(C등급 하한값)와 d_3(C등급 상한값) 사이에 있으므로 C등급이 됩니다.

4.2 선박의 온실가스 배출 저감 방법론 개요

온실가스의 배출 저감 방법론

온실가스의 배출은 전 지구적인 문제이며 어떠한 기술들을 통해서 온실가스 배출을 저감할 수 있는지 많은 논의와 연구가 진행되어 왔습니다. [그림 4-7]은 IEA(International Energy Agency, 국제에너지기구)에서 향후 탄소의 배출 저감이라는 시나리오의 목표 달성을 위해서 어떠한 기술들이 어느 정도의 이산화탄소 배출량을 저감하여 주는 것이 바람직할지 예상 시나리오를 나타낸 도표입니다.

해당 도표에서 언급된 기술들은 산업분야에 대한 구별 없이 언급된 기술들로, 현재 친환경선박에 요구되는 기술들과도 일맥상통합니다. 1장에서 이미 언급한 바와 같이 선박에 적용이 가능한 온실가스의 배출 저감 기술에는 다양한 유형이 있습니다.

1) 효율 향상(enhanced efficiency)

선박의 다양한 설비 및 시스템의 효율을 향상시켜서 온실가스 배출을 저감할 수 있는 다양한 기술들이 포함됩니다. EEDI의 관점에서 말하자면 동일 출력당 낼 수 있는 기준선속($\overline{v}_{\text{ref}}$)을 상향하거

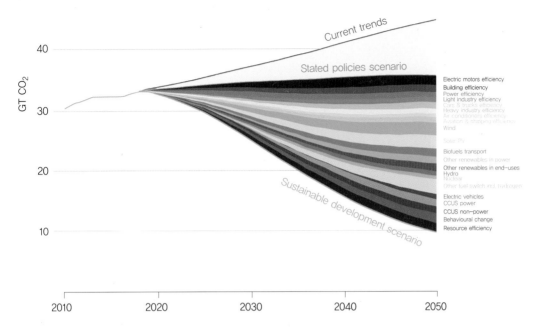

| 그림 4-7 | 탄소의 배출 저감 시나리오 달성을 위해서 필요한 기술들(IEA, 2019)

나, 기준선속을 내기 위해서 필요한 출력(P)을 감소시킬 수 있는 기술(선형 최적화 기술 등)이 적용 되다면 EEDI를 개선하는 것이 가능합니다. 다만, 효율 향상을 통한 온실가스의 배출 감축은 일반 적으로 그 개선 폭에는 한계가 있습니다. 오랜 시간 이용해 온 기술이 하루아침에 2배, 3배로 좋아 지기는 어렵기 때문입니다. 그러나 이러한 기술들은 그간 개발되어 온 기술의 연장선상에 있으므 로 현시점에서 바로 적용이 가능할 정도로 검증된 기술적 성숙도가 높은 기술들이 다수 포함되어 있어서 시급한 적용이 용이한 장점이 있습니다.

2) 대체연료(alternative fuel)

산업혁명 이후 대량의 이산화탄소가 배출되고 있는 것은 인류가 주 에너지원으로 사용하고 있는 석유 등이 탄화수소로 이루어진 화합물이기 때문입니다. 그렇다면 에너지원이 되는 연료 자체를 바 꾸면 되지 않겠느냐는 것이 대체연료 사용의 주 논리입니다. 다양한 종류의 연료에 대한 논의가 이 뤄지고 있으나, 각각 장단점이 있기에 아직 어떤 연료가 차세대연료로 자리 잡을 수 있을지는 예상 하기 어렵습니다. 대체연료는 다음과 같이 분류할 수 있습니다.

① 저탄소 배출 연료(low carbon emission fuel) : 기존 선박용 경유(MGO)나 중유(HFO)에 비하 여 이산화탄소 배출이 적은 연료로 추진을 대체하거나, 기존 연료에 섞어서 같이 연소(혼소) 함으로써 이산화탄소 배출을 줄이는 방법입니다. LNG, LPG, 메탄올(methanol) 등이 해당됩 니다. 현재 상업적 이용이 가능하거나, 빠른 시간 내에 적용이 가능한 기술입니다.

② 무탄소 배출 연료(zero carbon emission fuel) : 탄소를 포함하고 있지 않아서 에너지를 얻는

과정에서 이산화탄소가 원천적으로 배출되지 않는 연료로 추진을 대체하는 방법입니다. 수소·암모니아 등이 해당됩니다. 그러나 아직 연료전지 선박이 대형 규모로 상용화되지는 못했으며, 수소나 암모니아의 생산 과정이 화석연료 기반인 문제점이 남아 있습니다.

③ 탄소 중립 연료(carbon neutral fuel): 전체 생명주기(life cycle)를 고려할 때 탄소 배출량을 늘리지도 줄이지도 않는 연료를 말하며, 보통 이산화탄소를 연료로 하여 합성된 합성연료들을 의미합니다. 대표적으로 바이오 디젤(bio-diesel)과 같이 식물을 원료로 만들어지는 합성 경유를 예로 들 수 있습니다. 바이오 디젤은 결국 경유이므로 연소하면 이산화탄소가 발생합니다. 그러나 그 원료가 되는 식물은 광합성으로 이산화탄소를 흡수하여 성장한 것이므로 결국 감소시킨 이산화탄소만큼 이산화탄소를 배출한 것이 되므로 이러한 경우 적절한 평가 과정을 통하여 탄소 중립 연료로 인정받을 수가 있습니다. 바이오 연료 및 e-연료(e-fuel) 등이 해당됩니다. 단, 바이오 연료는 원료가 되는 식물의 재배 및 성장이 에너지 소모를 감당할 수 있을지 논란이 있으며, e-연료는 그 과정에 필요한 수소나 전기 등이 모두 탄소를 배출하지 않는 과정으로 만들어져야 하므로 모든 기술이 정립되기까지 상당한 시간이 필요할 것으로 생각됩니다.

3) 전기 및 하이브리드 추진

전기 추진은 에너지를 사용하는 과정에서는 이산화탄소를 발생시키지 않으므로 친환경 연료원으로서의 기대를 받고 있습니다. 또한, 2개 이상의 복합적인 출력원을 가지는 하이브리드 추진 선박에 대한 논의가 많이 진행되고 있으므로 향후 더 복잡한 형태가 될 확률이 높습니다. 다음과 같이 분류할 수 있습니다.

① 완전 전기 추진 선박(full-electric ship 혹은 all-electric ship): 출력에 필요한 모든 에너지를 배터리에서 전기로 공급 받는 선박을 의미합니다. 배터리 용량의 한계로 중소형 여객선을 중심으로 적용되고 있습니다.

② 하이브리드 선박(hybrid ship 혹은 hybrid electric ship): 두 가지 이상의 추진기관을 이용할 수 있도록 만들어진 선박을 말합니다. 일반적으로는 디젤-전기 하이브리드 선박을 지칭하는 경우가 많습니다.

③ 디젤–전기 하이브리드 선박(diesel-electric hybrid ship): 디젤·중유를 사용하는 엔진을 주 동력으로 쓰고, 배터리를 보조 동력으로 이용하는 선박을 말합니다. 석유를 이용하므로 이산화탄소 배출을 피할 수는 없으나, 기존 시스템에 비하여 이산화탄소 배출을 저감하는 효과를 기대할 수 있습니다.

④ 플러그인 하이브리드 선박(plug-in hybrid electric ship): 엔진과 배터리를 사용하며, 외부 전원과 연결(plug-in)하여 충전도 가능한 하이브리드 선박을 말합니다. 일반 하이브리드 선박보다 전기 추진 거리를 늘리는 것이 가능합니다.

다만, 전기 추진 자체는 이산화탄소를 발생시키지 않으나, 인류는 대부분의 발전 과정을 화석연료에 의지하고 있으므로 주의가 필요합니다. 예를 들어, 석탄 화력발전소에서 생산된 전기로 추진되는 전기 추진 선박을 친환경선박으로 볼 수 있을지 모호한 부분이 있습니다.

수소를 사용하는 선박의 경우, 현재 연료전지 전기 추진 선박(fuel-cell eletric ship)이 대부분입니다. 이 또한 연료전지를 통하여 수소로부터 전기를 생산하고 이를 추진에 이용하는 선박이므로 이 역시 완전 전기 추진 선박이라고 볼 수도 있으나, 일반적으로 수소 연료전지가 주된 에너지원인 선박은 수소 연료전지 전기 추진 선박이라고 별도로 호칭하고 있습니다.

4) 이산화탄소의 포집·활용 및 저장(CCUS, Carbon Capture, Utilization and Storage)

기존의 화석연료 기반 엔진을 그대로 사용하되 엔진의 배기가스에 포함된 이산화탄소를 선택적으로 분리·포집할 수 있는 기술을 활용하여 배기가스 내 이산화탄소를 대기에 방출하지 않고 분리·저장하였다가 배출되지 않는 곳에 격리·저장하거나, 다른 물질로 전환·활용하는 기술을 말합니다. 다음과 같은 다양한 기술을 포함하고 있습니다.

① 흡수(습식) 포집: 이산화탄소와 반응하여 흡수할 수 있는 액체물질을 이용, 이산화탄소를 분리·포집하는 기술들을 의미합니다.

② 흡착(건식) 포집: 이산화탄소를 흡착할 수 있는 고체물질을 이용, 이산화탄소를 분리·포집하는 기술들을 의미합니다.

③ 분리막(membrane) 포집: 분자의 크기에 따라 투과성이 달라지는 분리막을 이용, 이산화탄소를 분리·포집하는 기술들을 의미합니다.

④ 이산화탄소 액화 저장: 이산화탄소를 액체로 저장하는 기술들을 의미합니다.

⑤ 이산화탄소 저장·격리(storage·sequestration): 폐유전이나 대염수층 등 이산화탄소가 지층 내에 고착화될 수 있는 곳에 이산화탄소를 주입하여 격리·저장하는 기술들을 의미합니다.

⑥ 이산화탄소 전환·활용(conversion·utilization): 이산화탄소를 원료로 다른 여러 가지 물질들을 만들어 내는 기술들을 의미합니다.

CCUS기술들은 아직 선박용 이산화탄소 감축 기술로 인정받은 상황이 아니며, 분리·포집한 이산화탄소를 전환하거나 저장할 수 있는 장소의 확보 등 남아 있는 문제도 많습니다. 그러나 당장 현존선에 적용 가능하다는 점 때문에 많은 주목을 받고 있습니다.

효율 향상(enhanced efficiency)

[표 4-14]와 같이 굉장히 다양한 기술들이 효율 향상을 위하여 적용되어 왔거나 검토되고 있습니다. 여기서 언급되는 개념들은 전통적인 조선해양공학에서 다루어온 유체·구조·설계·기계 지식

| 표 4-14 | 온실가스의 배출 저감을 위하여 적용 가능한 선박의 효율 향상 기술의 유형들

기술 유형	대상 기술	내용
선형 최적화	선형 최적 설계	저항을 최소화해 연료 소모량을 절감할 수 있도록 선박 형상의 최적 설계 등
주 엔진 개선	주 엔진 효율 개선	주 엔진의 연료 소모량을 절감할 수 있도록 개선 및 보다 개선된 제어 방법의 적용
보조 시스템 개선	보조 시스템 효율 개선	전력을 공급하는 보조 엔진의 연료 소모량을 절감할 수 있도록 효율 개선
	축발전기 적용	축발전기를 통하여 연료 소모량 감소
	수증기 생산공정 (steam plant) 개선	선박에서 열원으로 사용되는 수증기(steam) 생산공정의 운전 개선
	폐열 회수 (waste heat recovery)	배기가스로부터 폐열을 회수, 재활용하여 보조 엔진의 연료 소모량을 감소
추진기 개선	추진기 개선	고효율 프로펠러의 개발 및 러더 개선 등
	추진기 유지·보수	추진기의 제 성능을 낼 수 있도록 성능을 모니터링하고 적절한 청소 적용
마찰저항 저감	공기 윤활 (air lubrication)	공기 분사를 통하여 선체와 해수 간 마찰력을 감소
	선체 코팅(coating)	선체 표면을 코팅하여 마찰저항을 감소
	선체 유지·보수	선체 표면을 모니터링하고 생체 부착물(biofouling) 제거 등 적절한 청소를 통하여 성능 유지
신재생에너지	풍력 보조	풍력 보조 추진기(rotor, sail 등)를 통하여 주 엔진의 연료 소모량을 감소
	태양광 패널 보조	태양광 패널을 통하여 보조 전력을 공급, 연료 소모량을 감소
경량화	경량화, 신소재	구조 최적화, 경량 복합재 사용 등
운항 최적화	항로, 선속 최적화	항로 및 선속 최적화, 대체 항로 탐색 등

과 밀접하게 연결되어 있습니다. 따라서 보다 구체적으로 깊은 이해를 위해서는 선박유체역학·구조역학·저항론·추진론·선형설계와 같은 교과를 통하여 심화학습이 필요합니다. 본 절에서는 어떠한 기술이 적용 가능한지, 어떻게 탄소 배출량을 저감할 수 있는지를 대표적인 사례들만 간단히 설명합니다.

1) 선형 최적화

선박의 형상은 바다를 나아갈 때 발생하는 저항을 결정하는 핵심 요소로, 저항이 커질수록 같은 속도로 운항하기 위해서 더 많은 연료를 소비하여야 합니다. 다시 말해, 선형을 최적화함으로써 저항을 감소시키고, 이는 SFC_{ME}의 감소로 연결되므로 탄소 배출량을 저감하는 것이 가능합니다. 특히, 온실가스 배출 규제가 심화되면서 저속 운항 선박이 늘어나면 최적의 효율이 필요한 기준선속 구간이 변화하게 되므로 최적의 선형 또한 변화하게 됩니다.

2) 추진기 최적 설계

현재 대부분의 선박은 엔진으로 생성된 축일을 추진기, 즉 프로펠러(propeller)에 제공, 추력을 발생시킴으로써 추진됩니다. 따라서 프로펠러의 형상 및 크기, 선체와의 상호작용은 선박의 에너지 소모량을 결정짓는 가장 중요한 요소 중 하나입니다. 이를 더 효율적으로 설계함으로써 SFC_{ME}를 감소시키고, 탄소 배출량을 저감하는 것이 가능합니다.

3) 마찰저항 저감

선박에 발생하는 저항은 다양한 형태가 있지만, 그중 큰 축을 담당하는 것이 마찰저항입니다. 이는 배가 움직일 때 배의 표면과 해수 간의 마찰로 인한 저항으로, 이 마찰저항을 줄일 수 있다면 마찬가지로 SFC_{ME}를 감소시키고, 탄소 배출량을 저감하는 것이 가능합니다. 다양한 기술이 있으며, 대표적인 것들은 다음과 같습니다.

① 도장(painting) 및 코팅(coating): 선체 표면에는 부식을 방지하기 위해서 도료(페인트)를 바르게 되는데, 이 도료를 바르는 방법과 그 성분에 따라 표면의 거칠기가 크게 차이가 나며 이는 마찰저항에 직접적인 영향을 미칩니다. 따라서 거칠기가 낮은 성분의 도료를 고르게 도포하는 기술을 통하여 마찰저항을 저감하는 것이 가능합니다.

② 부착생물(biofouling) 제거: 선체의 표면 중 배의 하부·프로펠러 등 해수에 침전되어 있는 부위에는 해초나 따개비와 같은 해양 생물이 축적되는 생물 침입(bioinvasion)이 일어나게 됩니다. 이러한 생물 부착이 발생하면 마찰저항이 증가하여 연료 소모율이 통상 10~20% 이상 증가할 수 있다고 알려져 있습니다. 표면장력을 낮출 수 있도록 설계된 특수 방오(anti-fouling)

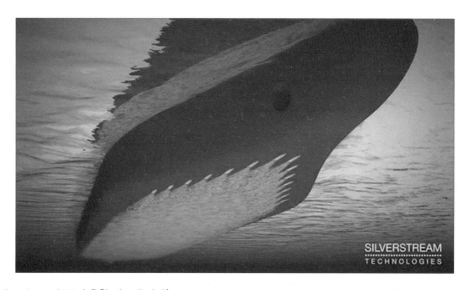

| 그림 4-8 | **공기 윤활 시스템 사례**(image from Wärtsilä under permission, https://www.wartsila.com/marine/products/propulsors-and-gears/energy-saving-technology/air-lubrication-system)

도료를 코팅하거나 초음파 제거, 수중 로봇 청소 등의 방법으로 이를 제거함으로써 저항을 저감할 수 있습니다.

③ 공기 윤활(ALS, Air Lubrication System): 선박의 저항 중 상당 부분은 바다를 가르고 나갈 때 선체와 부딪히는 물로 인하여 발생합니다. 공기 윤활 방법이란 선체 표면에 미세한 양의 공기를 분사하여 공기의 막을 만들어서 물과 선체의 마찰을 감소시키는 기술로, 최근 상업용 적용 사례가 늘어나고 있습니다. 선종에 따라 평균 7~15%의 연료 소모 감소 효과를 가져오는 것으로 보고되고 있습니다.

4) 신소재 경량화

선박을 구성하는 소재로는 대부분 철강재료가 사용되고 있으며, 일부 구리(Cu) 및 알루미늄(Al) 소재와 같은 비철합금 소재, 강화플라스틱 소재가 적용되고 있습니다. 선박이 대형화되면서 보다 높은 강도가 요구됨에 따라 구조 부재의 두께가 증가하게 되며, 이는 중량 증가로 이어져서 선박의 수송 능력을 저하시키게 됩니다. 따라서 높은 강도를 가지면서 무게를 낮추는 경량의 복합 소재를 개발해 적용하는 경우, 수송 능력(CAP)의 증가 혹은 필요 추진 출력(P_{ME})의 감소 효과를 볼 수 있으므로 탄소 배출량을 저감하는 것이 가능합니다.

4.3 대체연료 : 저탄소 배출 연료

저탄소 배출 연료의 개요

IMO의 경우, 저인화점 연료(Low flashpoint fuel)라는 명칭으로 LNG·LPG·메탄올·수소·암모니아를 묶어서 다루고 있으나, 이 책에서는 LNG·LPG와 같이 근원적으로 탄소원자를 포함하여 탄소 배출을 줄일 수는 있지만 피할 수는 없는 연료는 저탄소 배출 연료(low carbon emission fuel)로, 수소나 암모니아와 같이 근원적으로 탄소가 배출되지 않는 연료를 무탄소 배출 연료(zero carbon emission fuel)로 구분하여 호칭하고 있습니다. 이 절에서는 중유에 비하여 탄소 배출량이 적은 것으로 알려져 있는 LNG를 중심으로 소개하며, 부수적으로 LPG·메탄올의 특징을 다룹니다.

LNG의 특성

LNG는 기존 중유 대비 탄소 배출량이 10~20% 가량 적은 것으로 널리 알려진 대표적인 저탄소 연료입니다. 다만, 이산화탄소의 배출이 적을 뿐 없는 것은 아니므로 언젠가는 수명이 다할 화석연료 중 하나로 보는 의견도 있습니다. 그러나 그 언젠가가 2050년이 될지, 2100년 이후가 될지는 아직 속단할 수 없으므로 천연가스가 가지는 저탄소연료의 가치는 상당 기간 지속될 것으로 보입니다. 현 인류의 에너지 사용량은 엄청난 규모이며, 화석연료가 아닌 다른 에너지원이 이를 대체하려면 아직 적지 않은 시간이 필요하기 때문입니다.

LNG는 천연가스를 액화시킨 액화천연가스(Liquefied Natural Gas)의 약어로, 그 주성분은 메테인(methane, 메탄)입니다. 탄소를 주성분으로 하는 화합물을 탄소화합물이라고 하며, 그중 탄소와 수소가 결합하여 형성된 물질을 탄화수소(hydrocarbon)라고 하는데, 이것이 우리가 말하는

| 표 4-15 | 천연가스의 구성 성분 및 조성, 끓는점

명칭	조성(몰분율)	분자식	분자량	끓는점(℃, 1 atm)
메테인(methane)	90%	CH_4	16	−161.5
에테인(ethane)	5%	C_2H_6	30	−88.6
프로페인(propane)	2%	C_3H_8	44	−42.1
뷰테인(butane)	1%	C_4H_{10}	58	(n-butane) −0.5 (i-butane) −11.7
질소	1%	N_2	28	−195.8
이산화탄소	1%	CO_2	44	−78.6

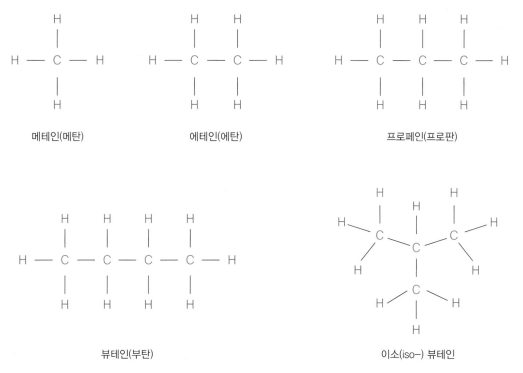

메테인(메탄)   에테인(에탄)   프로페인(프로판)

뷰테인(부탄)   이소(iso−) 뷰테인

| 그림 4-9 | 천연가스를 구성하는 주요 탄화수소 성분의 분자 구조

지층 속에서 발견되는 원유의 주성분입니다. 탄화수소 중 가장 간단한 형태의 화합물이 메테인으로, 탄소원자 하나에 수소원자 4개가 결합한 형태의 물질입니다. 천연가스는 메테인을 주성분으로, 그 외 소량의 에테인·프로페인·뷰테인·질소·이산화탄소 등의 가스들로 구성된 혼합물입니다. 조성은 생산된 가스전에 따라 다를 수 있으나 보통 70~90% 이상의 성분이 메테인으로 이루어져 있습니다.

천연가스의 생산지는 소비지에서 멀리 떨어진 가스전이므로 이를 수송할 필요가 있습니다. 근거리는 보통 천연가스를 압축하여 고압의 압축가스로 만들고, 이를 배관을 이용해 수송합니다. 예를 들어서 한국에서 사용하고 있는 도시가스 공급 방법이 이와 같습니다. 수송해야 하는 거리가 매우 멀거나, 바다를 건너야 해서 해저 배관을 설치하기에는 투자비용이 너무 많이 들 때 사용하는 방법이 천연가스를 액화, LNG로 만든 뒤 수송하는 방법입니다.

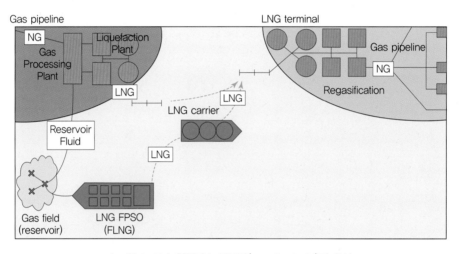

| 그림 4-10 | **천연가스 공급망(supply chain)의 예시**

원거리 수송에 LNG를 이용하는 가장 큰 이유는 기체와 액체의 밀도 차이(부피 차이) 때문입니다. 대다수의 물질은 기체에 비하여 액체가 훨씬 큰 밀도를 가집니다. 수증기만 예를 들어도 1기압 100°C 수증기의 밀도는 0.598 kg/m^{3}로, 4°C 물의 밀도 1,000 kg/m^{3}에 비하여 약 1,600배 이상의 부피 차이가 납니다. 1기압 25°C에서 메테인 가스의 밀도는 0.657 kg/m^{3}로 액체 메테인의 밀도 423.5에 비하여 600배 이상의 부피를 가집니다. 원거리 선박 수송을 하고자 할 때 이는 큰 차이를 가져옵니다. 예를 들어, 173,000 m^{3}의 저장탱크를 가지는 수송선에 상온·상압의 기체 메테인을 채우면 수송할 수 있는 양은 겨우 114 t에 불과합니다. 그러나 LNG로 채우면 73,270톤의 LNG를 수송하는 것이 가능해집니다.

이렇게 −160°C 이하의 초저온 유체를 수송하려면 다양한 문제가 발생하는데, 그중 한 가지가 LNG 증발가스, BOG(Boil-Off Gas) 문제입니다. 수송 중인 LNG의 온도는 매우 낮으며, 외부 기온은 상온으로 온도 차이가 180℃ 이상 나기 때문에 높은 온도에서 낮은 온도로 열이 유입되는 현상이 발생하게 됩니다. 열유입량을 최소화하기 위하여 저장탱크 외벽에 다양한 단열재를 설치하고 있으나 열유입을 0으로 만들 수는 없으며, 단열재 설치는 저장탱크의 설치비용을 증가시키므로 무한정 늘릴 수도 없습니다. 따라서 초저온 유체를 운반하는 운반선은 항상 이 증발가스, BOG의 문제가 동반되게 됩니다.

현재 상업적으로 이용되는 LNG 운반선의 BOG 발생률인 BOR(Boil-Off Rate)은 하루에 약 0.1~0.2 wt% 정도입니다. 이는 작은 수치처럼 보이지만 실제 수송선 규모에서 생각해 보면 그렇지가 않은 것이 70,000 t의 LNG를 수송한다면 매시간 2.9~5.8 t, 매일 70~140 t의 증발가스가 발생하게 됩니다. 밀폐된 용기 내에서 액체가 기화하면 부피가 증가하여 압력이 증가하게 됩니다. LNG 수송선의 저장탱크 유형에 따라 견딜 수 있는 압력이 다르나 해당 압력을 넘기 전에 BOG를 적절하게 배출해 주어야만 안전한 수송이 가능합니다.

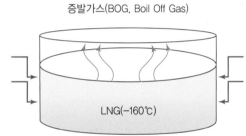

증발가스(BOG, Boil Off Gas)

LNG(−160℃)

| 그림 4-11 | LNG 탱크의 내부 모습 및 증발가스(BOG)의 개념(CC1.0 Public Domain image, https://commons. wikimedia.org/wiki/File:Liquid_natural_gas_membrane_tank.jpg)

ex 4-5 LNG와 BOG

LNG 저장탱크의 크기가 173 k(173,000)m³인 LNG 수송선을 통하여 LNG를 수송하고자 한다. 밀도 470 kg/m³인 1기압 포화액체 LNG로 탱크의 97%를 채우고, 나머지 3%는 2 kg/m³의 BOG 가 차 있다고 할 때 다음 질문에 답하라.

(a) 수송하는 LNG의 총질량을 구하라.

(b) 하루 동안 항해하면서 열유입이 되면서 LNG의 0.1 wt%가 증발하여 BOG가 되었고, 압력을 1기압으로 유지하기 위하여 증가한 부피분은 전부 배출해서 소모하였다. 탱크의 온도, LNG와 BOG의 밀도가 초기상태와 변화하지 않고 거의 동일하다고 가정할 때, 수송하고 있는 LNG 의 총질량을 구하라.

(c) (b)와 같은 상황이나, 증발한 BOG를 배출하지 못하고 모두 저장탱크에 잔류한다고 할 때 탱크 내 압력을 구하라. LNG는 비압축성이며, BOG는 이상기체에 가깝다고 가정한다.

해설

(a) 액체 LNG의 질량: $173{,}000 \, \text{m}^3 \times 97\% \times 470 \, \text{kg/m}^3 \times 1 \, \text{t}/1000 \, \text{kg} = 78{,}870.7 \, \text{t}$

기체 LNG의 질량: $173{,}000 \, \text{m}^3 \times 3\% \times 2 \, \text{kg/m}^3 \times 1 \, \text{t}/1000 \, \text{kg} = 10.4 \, \text{t}$

총 78,881.1톤의 LNG를 수송하게 됩니다.

(b) LNG의 0.1%, 즉 78,871 kg의 LNG가 증발해서 BOG가 되었습니다. 증발한 LNG로 인하여 증가한 부피를 계산해 보면

$$증발 \ 전 \ 액체의 \ 부피: \frac{(78871 \, \text{kg})}{470 \, \text{kg/m}^3} = 167.8 \, \text{m}^3$$

$$증발 \ 후 \ 기체의 \ 부피: \frac{78871 \, \text{kg}}{2 \, \text{kg/m}^3} = 39435.5 \, \text{m}^3$$

$$증가한 \ 부피분: 39435.5 - 167.8 = 39267.7 \, \text{m}^3$$

증가한 부피만큼의 BOG가 배출되었으므로 배출된 BOG의 질량은

$$39267.7 \, \text{m}^3 \times 2 \, \text{kg/m}^3 \times 1 \, \text{t}/1000 \, \text{kg} = 78.5 \, \text{t}$$

남아 있는 LNG의 총질량은

$$78881.1 - 78.5 = 78802.6 \, \text{t}$$

혹은, 전체 부피는 동일함을 이용해서 다음과 같이 생각해도 무방합니다. 0.1%가 증발하였으므로 남아 있는 LNG의 질량과 부피는

$$78871.1 \times 99.9\% = 78791.8 \, \text{t}$$

$$\frac{78791.8 \, \text{t}}{470 \, \text{kg/m}^3} \frac{1000 \, \text{kg}}{1 \, \text{t}} = 167642 \, \text{m}^3$$

$173 \, \text{km}^3$ 중 남은 공간을 BOG가 채우고 있으므로 BOG의 질량은 다음과 같습니다.

$$(173{,}000 - 167{,}642) \text{m}^3 \times 2 \, \text{kg/m}^3 \cdot 1 \, \text{t}/1000 \, \text{kg} = 10.7 \, \text{t}$$

$$78791.8 + 10.7 = 78802.5 \, \text{t}$$

(c) LNG의 0.1%, 즉 78,871 kg의 LNG가 증발해서 BOG가 된 것은 동일합니다. LNG를 비압축성으로 가정하면 밀도의 변화가 거의 없으므로 남아 있는 LNG의 질량과 부피는

$$78871.1 \times 99.9\% = 78791.8 \, \text{t}$$

$$\frac{78791.8 \, \text{t}}{470 \, \text{kg/m}^3} \frac{1000 \, \text{kg}}{1 \, \text{t}} = 167{,}642 \, \text{m}^3$$

처음부터 존재하던 BOG의 질량에 증발한 BOG의 양을 합친 총질량은

$$10,380 \, \text{kg} + 78,871 \, \text{kg} = 89,251 \, \text{kg}$$

LNG는 비압축성이고 탱크의 부피는 고정되어 있으므로 $173,000 - 167,742 = 5,358 \, \text{m}^3$의 부피에 89,251 kg의 BOG가 존재해야 하는 상황입니다. 따라서 BOG의 밀도는

$$\rho_{\text{BOG}} = \frac{89251}{5358} = 16.66 \, \text{kg/m}^3$$

이상기체이며 온도가 변화하지 않는 등온공정이라면 다음이 성립합니다.

$$P_1 v_1 = nRT = P_2 v_2$$

$$P_2 = \frac{P_1 v_1}{v_2} = \frac{P_1 (1/\rho_1)}{(1/\rho_2)} = P_1 \frac{\rho_1}{\rho_2}$$

$$P_2 = 1 \, \text{atm} \cdot \frac{16.66 \, \text{kg/m}^3}{2 \, \text{kg/m}^3} = 8.3 \, \text{atm}$$

※ 실제로 LNG는 완전한 비압축성은 아니고 BOG도 이상기체가 아니며, 압력이 변화하면 상평형이 변화하여 BOR도 변화하기 때문에 이는 정확한 계산은 아니며 오차가 발생하게 됩니다.

LNG 운반선과 연료 공급 시스템(FGSS)

70년대 초창기 LNG 운반선은 과하게 생성되는 BOG를 최대한 사용하기 위하여 스팀 터빈 (steam turbine) 추진 방식을 이용했습니다. 즉, BOG를 연소하여 터빈을 회전시키고 그 힘을 엔진의 추진력으로 이용하고, 그러고도 남은 BOG는 소각설비인 GCU(Gas Combustion Unit)를 이용하여 태워 버렸습니다. 스팀 터빈을 추진 시스템으로 사용하는 경우, 가장 큰 단점은 낮은 효율로 추진 에너지 전환효율이 25~28% 정도밖에 되지 않는다는 점입니다. 그러나 대형 LNG 수송선의 경우, 어차피 BOG가 과도하게 발생하므로 에너지 효율이 높으면 오히려 남은 BOG가 늘어나게 되므로 2000년대까지도 이러한 스팀 터빈을 주 추진 방식으로 사용하는 선박이 상당수 존재하였습니다.

이러한 경향은 EEDI의 도입이 가시화되면서 급격한 변화를 겪게 됩니다. EEDI는 효율이 낮은 시스템을 사용할수록 탄소 배출량이 증가하는 형태이기 때문에(SFC가 낮아지므로) 기존의 스팀 터빈 추진 체계를 유지하는 것이 매우 불리하게 되었기 때문입니다. 때문에 여러 가지 변화가 일어나게 됩니다. 그중 한 가지는 효율이 40%가 넘는 디젤 추진 엔진을 사용하면서 운항속도를 저속으로 낮추어 연료 소모량을 줄이고, 대신 발생하는 BOG를 재액화해서 LNG로 회수하는 재액화 저속 추진 개념입니다. 이러한 개념은 [그림 4-13]과 같이 질소 팽창 액화 사이클을 탑재하는 것으

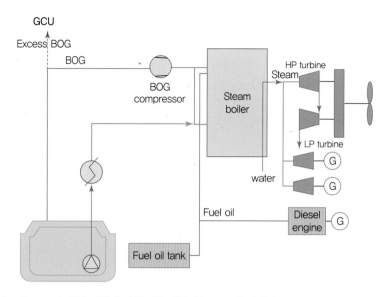

| 그림 4-12 | 스팀 터빈 추진 방식을 사용하는 LNG 운반선의 연료 공급 시스템 개요도

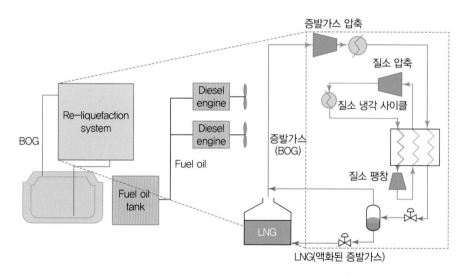

| 그림 4-13 | 재액화 시스템이 적용된 저속 디젤 추진 LNG 수송선의 개념

로 설계되었으며, 중동의 초대형 LNG선들에 일부 적용되었습니다. 냉각공정의 원리는 별도의 절에서 상세하게 다룹니다.

이후 2000년대 초반 효율이 높은 이중연료 디젤 엔진(DFDE, Dual Fuel Diesel Engine)이 개발되면서 선박 추진 시스템에 DFDE를 탑재하는 경우가 늘어났습니다. DFDE는 원래 발전용으로 개발된 것으로, 발전된 전기를 추진기와 연결된 모터에 공급하여 추진합니다. 천연가스와 중유를 모두 연료로 사용하는 것이 가능하며, 40%의 열기관 효율이 보고되고 있습니다.

뒤이어 2000년대 후반에 천연가스를 연료로 직접 추진기를 가동할 수 있는 이중연료 가스 주입 엔진이 개발되면서 다시 추진 시스템의 주류는 이중연료 가스 주입(GI, Gas Injection) 엔진이 되었습니다. 대표적으로 독일의 만디젤(Man D&T)사가 개발한 ME-GI(M-type engine with dual-fuel, Gas Injection), 핀란드 기업 바르질라(Wärtsilä) 및 스위스의 WinGD(Winterthru Gas & Diesel)사가 개발한 X-DF(two-stroke low pressure dual-fuel) 엔진이 있습니다. ME-GI 엔진은 디젤 사이클을 적용한 고압가스 주입 엔진으로, 선박용 연료유 HFO·MGO·MDO를 이용한 연소와 천연가스를 이용한 연소가 모두 가능하며, 중유와 가스를 혼합하여 연소하는 것도 가능합니다. X-DF 역시 선박용 경유 및 중유를 디젤 사이클을 통하여 연소하는 디젤 모드, 천연가스를 오토 사이클을 통해 연소하는 가스 모드와 중유·천연가스를 혼합하여 운전하는 연료 공유 운전 모드를 지원합니다. 가스 모드 시에는 점화를 위한 소량의 파일럿유(pilot fuel oil) 소모가 필요하나 이는 1% 이하로 대부분의 에너지를 천연가스로부터 얻는 것이 가능합니다.

이러한 가스 주입 엔진들은 발전을 거쳐서 구동하는 것이 아니라 엔진에서 직접 추진기를 구동하는 것이 가능하여 기존 엔진들보다 높은 50%에 근접한 효율이 보고되고 있습니다. 그 결과, 최근 LNG 운반선은 추진을 위한 가스 주입(GI) 엔진, 발전을 위한 보조 엔진인 DFDE, 재액화 시스템을 모두 탑재한 복합 시스템을 가진 선박으로 설계되는 경우가 많습니다.

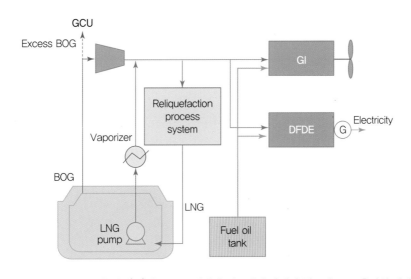

| 그림 4-14 | 가스 주입 엔진(GI)과 DFDE, 재액화 시스템이 탑재된 최근의 LNG 운반선 개념도

재액화 시스템의 경우, 장기적 효용성에 대한 의견 차이도 있습니다. 이는 천연가스의 가치와 기술 경제성이 연결되어 있는 문제입니다. 재액화 시스템이 경제적 타당성을 갖추려면 재액화할 BOG, 즉 LNG의 가치가 높아야 합니다. BOG 재액화설비를 설치하는 데 들어가는 투자 및 운전비보다 회수할 수 있는 LNG의 가치가 더 낮아진다면 회수하지 않는 편이 낫기 때문입니다. 또한, 단열물질의 성능이 점점 개선되고 있는 상황에서 만약 신소재의 개발로 BOR이 매우 낮아진다면

이 또한 재액화 시스템의 필요성을 낮게 만들게 됩니다. BOG 재액화 시스템에 투자할 비용으로 신소재 단열 시스템에 투자하여 BOG의 발생량을 극단적으로 낮출 수 있다면 굳이 재액화를 하지 않아도 LNG 운반선 운용이 가능하게 되기 때문입니다.

LNG 추진선과 연료 공급 시스템(FGSS)

2000년대 이후 황산화물 배출 규제와 온실가스 배출 규제가 동시에 이뤄지면서 언급되는 빈도가 빠르게 증가한 선박이 LNG 추진선(LNG fueled ship)입니다. 과거 LNG 운반선은 수송하는 목적 화물이 LNG이기 때문에 연료를 LNG로 사용하는 선박이었으며, LNG 운반선이 아닌데 LNG를 연료로 사용하는 선박은 거의 없었습니다. 그러나 황산화물 배출 및 이산화탄소 배출 규제를 동시에 해소할 수 있다는 점이 큰 매력으로 떠오르고, 가스 주입 엔진이 개발되면서 LNG 운반선이 아닌 다른 종류의 선박들도 연료로 LNG를 선택하는 경우가 늘어나기 시작하였습니다. [그림 4-15]는 2000년대 이후 빠르게 증가하고 있는 LNG 추진선의 추세를 보여 주는데, 2022년 기준으로 이미 전 세계에서 300척 이상의 LNG 추진선이 운항 중입니다. LNG ready선이란 현재 LNG로 추진하지 않더라도 향후 LNG 추진선이 필요한 시점이 되었을 때 빠른 개조가 용이하도록 다양한 요소 및 공간을 미리 설계에 반영해 둔 선박을 의미합니다. [그림 4-16]은 다양한 선종에서 LNG 추진선의 수요가 발생하고 있음을 보여 줍니다.

LNG FGSS(Fuel Gas Supply System), 연료 가스 공급 시스템이란 LNG 저장탱크로부터 추진

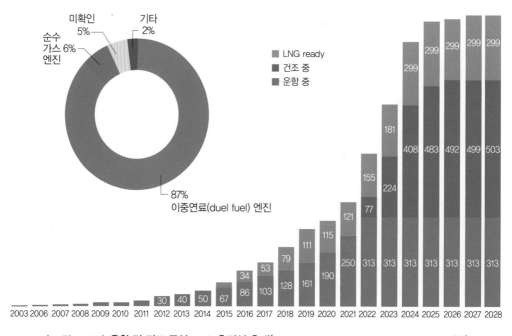

| 그림 4-15 | 운항 및 건조 중인 LNG 추진선 추세(DNV alternative fuels insight, 2022 기준)

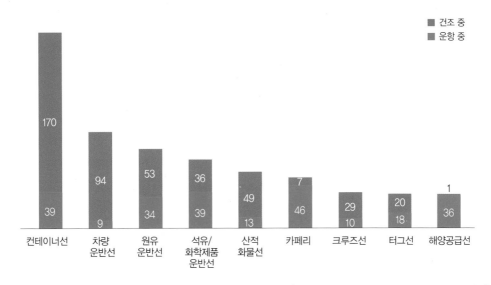

| 그림 4-16 | **다양한 선종으로 확대되고 있는 LNG 추진선 사례(DNV alternative fules insight, 2022 기준)**

엔진까지 LNG를 어떻게 적절하게 공급할지를 담당하는 시스템으로, LNG 추진선의 핵심기술 중 하나라고 볼 수 있습니다. 이용하는 연료가 LNG이기 때문에 LNG 추진선이라고 부르고 있으나, 엔진에 초저온의 LNG를 바로 주입하는 것은 아닙니다. 가스가 연소되기 위해서는 기체화된 가스 형태를 만들고, 지나치게 낮지 않은 온도로 가스를 공급해야 하기 때문입니다.

BOG 재액화공정

대용량 LNG 운반선의 경우, 남은 BOG를 소각하지 않고 다시 LNG로 회수하기 위해서 BOG 재액화공정이 탑재되는 경우가 있습니다. 이는 천연가스를 액화하여 LNG를 만들기 위해서 필요한 액화공정과 원리는 동일하나 액화조건은 차이가 있습니다.

천연가스는 메테인 중심의 혼합물이나 에테인·프로페인 등 다른 탄화수소도 적지 않게 존재하며 질소·이산화탄소 등의 다른 기체도 섞여 있는 혼합물입니다. 천연가스 액화공정은 일반적으로 상온·고압의 천연가스를 상압의 LNG로 전환하는 공정입니다. 에너지 효율을 높이기 위하여 통상 냉매를 사용, 천연가스의 온도를 −150~−155℃ 수준까지 냉각 후 팽창을 통하여 온도를 떨어트리는 방법을 사용합니다. 이때 팽창 전 온도에 따라 마지막 팽창 과정에서 일부 기체(end flash gas)가 발생하게 되며, 통상 이는 연료로 사용합니다.

BOG의 경우, 천연가스와 달리 액화된 LNG가 다시 증발하는 과정에서 무거운 탄화수소는 거의 증발되지 않고 대부분 질소와 메테인만의 혼합물로 구성되는데, 질소의 비중은 5~15% 정도로 다양하며 같은 탱크 내에서 증발한 BOG라도 시간에 따라 조성이 변화합니다. 상대적으로 단순한 구성 성분과 높은 질소의 비율로 인하여 BOG는 상덮개가 작고, 완전 액화를 위해서 요구되는 온

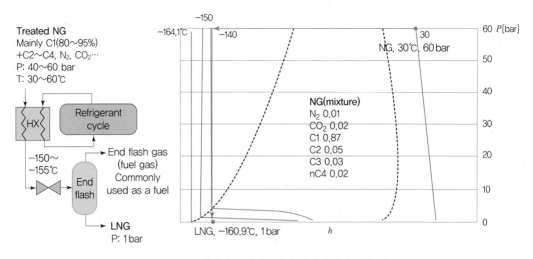

| 그림 4-17 | 천연가스 액화공정의 일반적 냉각·팽창 경로

도가 천연가스에 비해서 낮습니다. 또한, 고압으로 유입되어 액화 후 팽창으로 온도를 낮출 수 있는 천연가스에 비하여 상압에서 발생하는 BOG는 압력을 올리기 위해서는 별도의 압축기가 요구되는 특징이 있습니다.

BOG 재액화공정에 적용될 수 있는 개념은 다양합니다. 첫 번째는 [그림 4-18]과 같이 BOG를 낮은 온도의 냉매를 활용하여 그대로 냉각해 LNG로 전환하는 것입니다. BOG를 별도로 압축할 필요는 없으나, 아주 낮은 온도의 냉매를 만들어야 하므로 효율적이지 않아서 실제로는 잘 사용되지 않는 개념입니다.

아주 낮은 온도의 냉매를 사용하려면 오히려 LNG 과냉각공정이 보다 단순한 구조와 운전이 가능하여 많이 이용됩니다. 이는 액체 LNG를 추가적으로 더 낮은 온도의 과냉(sub-cooled) LNG로 냉각한 뒤 이를 LNG 탱크 내에 분사하여 BOG를 냉각, LNG 탱크 자체에서 BOG가 적게 생성되도록 하는 개념의 BOG 처리공정입니다. 별도의 BOG 압축이 필요하지 않고 운전이 단순한 장

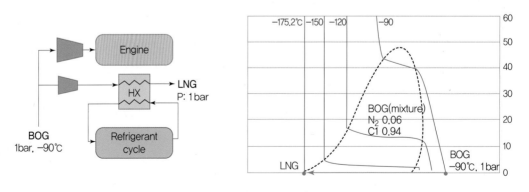

| 그림 4-18 | BOG 재액화공정 개념도

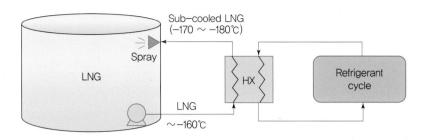

| 그림 4-19 | LNG 과냉공정 개념도

점이 있으나, 냉매를 −170~−180℃의 저온까지 냉각해야 해서 냉각효율이 높지 않고 에너지 소모량이 큽니다. 낮은 온도의 냉매가 요구되므로 보통 끓는점이 낮고 수급이 용이한 질소가 냉매로 많이 사용됩니다.

　BOG의 온도가 충분히 낮은 경우, BOG를 냉매로 활용하여 온도를 낮춘 뒤 이를 팽창해 LNG를 만드는 자가 팽창공정의 적용이 가능합니다. 별도의 냉매가 필요하지 않은 장점이 있으나, 엔진에 공급해야 하는 천연가스를 초과하여 과량의 BOG를 압축해야 하므로 에너지가 많이 소모될 수 있습니다. 또한, BOG의 온도는 이상적으로는 LNG 저장온도와 동일하므로 −160℃ 근처로 생각할 수 있으나, 실제 대용량 탱크 내에서는 가열된 BOG가 상승하면서 탱크의 상부는 LNG의 온도에 비하여 높은 BOG가 몰려 있게 되므로 통상 BOG의 온도는 −120~−90℃ 정도가 되며 상황에 따라서는 그 이상의 온도가 될 수도 있습니다. BOG의 온도가 상승하면 다른 냉매가 없는 상황에서는 냉각효율이 떨어지게 되며, 그러면 팽창 후 액화되지 않은 증발가스(flash gas)의 양이 증가하게 되므로 액화 성능이 저하될 수 있습니다.

　외부 냉매를 사용하는 경우, BOG를 1차 냉매로 사용하고 외부 냉매를 사용하여 추가 냉각을 하는 재액화공정 시스템을 고려할 수 있습니다. 이는 장치 투자비와 복잡도는 증가하나 최적의 설계를 통하여 보다 효율적인 냉각이 가능합니다.

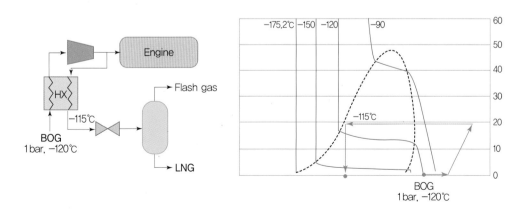

| 그림 4-20 | BOG 자가 팽창 재액화공정 개념도

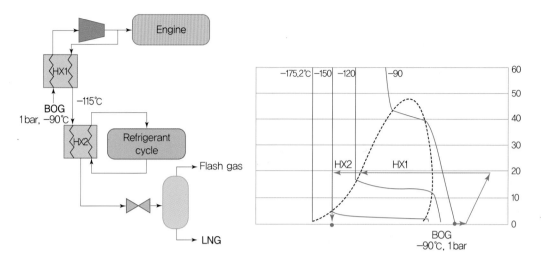

| 그림 4-21 | 외부 냉매를 이용한 BOG 재액화공정 개념도

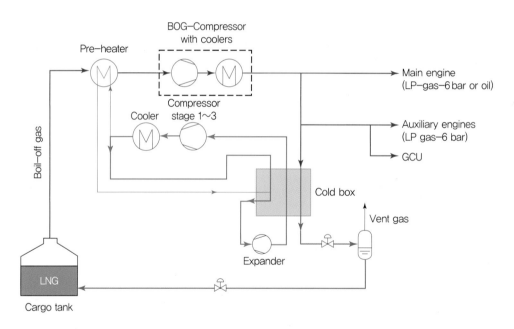

| 그림 4-22 | 질소를 냉매로 하는 선박 재액화 시스템 예시(image from Wärtsilä under permission, https://www.wartsila.com/marine/products/gas-solutions/wartsila-bog-reliquefaction)

BOG 재액화 시스템은 현재는 LNG 운반선에만 고려되고 있으며, LNG 추진선에 탑재된 경우는 없습니다. 이는 LNG 추진선의 경우, LNG 운반선에 비하여 LNG 탱크의 크기가 작아서 BOG 발생량이 많지 않으므로 굳이 재액화하기보다는 엔진에서 소비하는 편이 이득인 경우가 많기 때문입니다. 또한, LNG 추진선에 사용하고 있는 LNG 저장탱크는 대부분 C형 탱크로, 이는 어느 정도까지는 압력 상승을 견딜 수 있으므로(보통 10기압 이내) 재액화설비를 설치하지 않고 압력을 올리

면서 기다리다가 필요한 상황에서 이를 소비하는 편이 보다 경제적인 경우가 많습니다.

LNG 벙커링(bunkering)

LNG 추진선을 보편적으로 사용하려면 관련 기반시설(infrastructure)이 필요합니다. 휘발유나 경유를 연료로 하는 자동차를 전 국민이 불편 없이 사용할 수 있는 이유는 전국적으로 주유소가 설치되어 있기 때문입니다. 마찬가지로 LNG 추진선이 자유롭게 운항하기 위해서는 선박에 LNG를 공급해 주는 LNG 공급소가 필요합니다. LNG 연료를 공급하는 것을 LNG 벙커링(bunkering)이라고 부릅니다. 한국에서 '벙커'라고 하면 군사 벙커나 골프 벙커와 같은 시설을 먼저 생각하지만, 영어에서 벙커는 저장소 및 연료(특히, 선박용 연료)를 저장하는 공간을 뜻하기도 합니다. 이러한 LNG 벙커링 기반시설들은 유럽을 중심으로 빠르게 늘어나고 있습니다.

| 그림 4-23 | 유럽을 중심으로 확대되고 있는 LNG 벙커링 시설과 벙커링 선박들
(DNV GL alternative fuels insight, 2022 기준)

LNG를 선박에 공급하는 방법은 여러 가지가 있는데, 보통 다음의 세 가지 방법이 많이 사용되고 있습니다.

1) 육상기지의 저장탱크에서 선박으로 공급(tank to ship 혹은 terminal to ship)

LNG 인천기지(terminal)와 같이 육상에 대용량 LNG 저장탱크를 보유한 기지·터미널에 선박을 정박하고, 육상의 탱크에서 LNG 추진선으로 LNG를 바로 공급하는 방법입니다. LNG 기지는 LNG 운반선으로부터 LNG를 하역하여 육상으로 송출하는 것을 주목적으로 건설되기 때문에 송출 및 하역 기능을 모두 보유하고 있으며, 따라서 LNG를 공급하기에 큰 어려움이 없는 선택지라고 할 수 있습니다. 그러나 일반적으로 LNG 기지는 다수의 선박이 한꺼번에 정박할 수 있는 여러 개의 부두를 가지고 있기보다는 대용량 하역을 위한 소수의 부두를 운영하기 때문에 중소형 선박 수십 척에 LNG를 공급하는 것은 어렵습니다. 또한, 건설비용 및 운영비용이 많이 요구되므로 주유소처럼 곳곳에 기지를 건설하는 것은 현실적으로 부담이 클 수 있습니다. 현재 한국에서 도시가스를 이용하는 방식처럼 지역별로 소형 저장탱크를 건설하고 배관을 연결하여 LNG를 배관으로 송출 받아 운영하는 것도 가능하나, 이 역시 배관망을 매설해야 하며 원거리 송출이 가능하도록 가압 및 압력을 보충해 주는 정압소 등을 설치하여야 하므로 적지 않은 비용이 요구됩니다.

2) LNG 탱크로리에서 선박으로 공급(truck to ship)

LNG 탱크로리(tank lorry)와 같이 초저온 액화가스를 저장해서 운반할 수 있도록 설계된 특수차량들이 있습니다. 배관 매설 등의 부담이 없이 도로망을 이용하여 육로를 자유롭게 이동할 수 있으므로 상대적으로 투자비용이 적으며, 소량의 수요가 있는 지역도 LNG를 이용할 수 있습니다. 그러나 대량의 LNG를 공급하기에는 어려울 수 있습니다.

3) LNG 벙커링선에서 선박으로 공급(ship to ship)

LNG 하역설비를 갖추어서 선박에 LNG를 공급할 수 있는 선박을 LNG 벙커링선(bunkering ship)이라고 부릅니다. 이는 해상에서 LNG 공급이 필요한 선박에 접근하여 유연 배관(flexible hose)을 연결, 해상에서 LNG를 공급하는 것이 가능하도록 설계된 선박입니다. 이는 육상기지에 비하여 공간적 제약에서 자유로우며, 차량에 비해서 저장 용량이 큰 장점이 있어서 점점 그 수요가 증가하고 있습니다.

그 외 휴대형 소형 탱크를 탱크째 교체하는 방법도 이야기되고 있습니다. 이는 소형 저장탱크에 미리 LNG를 저장해 놨다가 선박이 오면 빈 탱크를 내리고 LNG 저장탱크를 싣는 방식으로 LNG를 공급하는 것을 의미합니다.

LNG 벙커링은 단순히 물탱크를 연결하여 물을 옮기는 것과는 달리 좀 더 복잡한 운전이 필요합니다. 물과 공기가 명확하게 구별되어 있는 물탱크와 달리 LNG는 열을 받으면서 실시간으로 증발, 기체와 액체가 상변화하는 상평형 상태에서 공급되기 때문입니다.

벙커링선의 LNG 저장탱크에서 LNG 추진선의 LNG 저장탱크로 LNG를 송출하면 액체가 감소하는 벙커링선의 LNG 저장탱크의 압력은 낮아집니다. 압력이 낮아지면 액체의 끓는점 역시 낮아지므로 낮아진 압력은 LNG를 더 쉽게 기화하게 만들어서 과도한 증발가스를 생성하게 됩니다. 반대로 LNG를 공급 받는 LNG 추진선 측의 저장탱크는 LNG가 유입되면서 기체가 차지하는 공간이 좁아지며, 그러면 압력이 상승하는 문제가 발생합니다. 저장탱크가 견딜 수 있는 압력에는 한계가 있으므로 이를 처리하는 과정이 요구됩니다. 때문에 LNG 벙커링 시스템은 보통 LNG를 받는

| 그림 4-24 | LNG 벙커링 유형

쪽의 탱크에서 기체를 회수할 수 있는 배관을 송출 측으로 연결하여 LNG 송출탱크에 다시 기체를 채워서 압력을 유지할 수 있도록 운영하는 경우가 많습니다.

LNG 벙커링을 위해서 LNG를 송출하는 측과 받는 측을 연결할 때는 특수 제작된 유연 호스 (flexible hose)가 사용됩니다. 유연 호스는 −196℃의 극저온 유체 송출에 문제가 없도록 표준규격에 따라 설계 및 제작되어야 합니다. 또한, 유연 호스는 여러 번 연결과 분리를 수행해야 하므로, QCDC(Quick Connect/Disconnect Coupling)라 불리는 신속 접속·해제설비가 설치됩니다. 나아가 작업 중 예기치 못한 선박의 움직임 등 다양한 원인으로 호스에 과도한 하중이 걸리는 경우

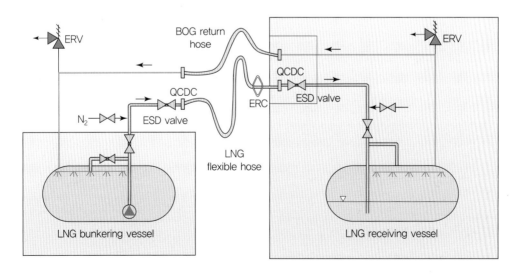

| 그림 4-25 | 벙커링 시스템 개요

에 ERC(Emergency Release Coupling) 시스템을 통하여 차단 밸브가 잠기며 배관이 분리되게 됩니다. 예기치 못한 사건으로 인한 LNG 혹은 NG의 대기 누출이 감지되거나, 과도한 고압 등 누출이 발생할 수 있는 상황이 발생하면 긴급 중단 ESD(Emergency ShutDown) 시스템이 작동하게 됩니다. 이 때 ESD(Emergency ShutDown)밸브를 잠그어 LNG의 흐름을 차단하고, 잔류 기체는 ERV(Emergency Relief Valve)를 통해서 배출 또는 소각됩니다.

벙커링을 시작하기 전에는 천연가스가 폭발할 가능성을 없애기 위해서 질소와 같은 비활성 기체(inert gas)로 관련 배관을 충진하여 배관 내 산소 농도가 1% 이하가 되도록 비활성화(inerting) 처리를 하게 됩니다. 벙커링 후에는 LNG가 배관이나 호스에 잔류하지 않도록 증발시키거나, 다시 질소로 밀어내는 LNG 제거 작업을 수행합니다.

LNG 화물탱크(저장탱크)의 이해

CHS란 화물 처리 시스템(Cargo Handling System)의 약자로, LNG CHS는 LNG를 어떻게 저장하고 초저온 상태를 유지할지, 송출 시 압력을 어떻게 높이고 어떻게 공급할지, BOG 배출 혹은 재액화 등을 어떻게 처리할지를 모두 포함한 LNG 저장 관리 시스템을 통칭합니다. 이 중 가장 핵심이 되는 요소 중 하나가 LNG 탱크입니다. IMO는 LNG 탱크를 크게 독립형 탱크(independent tank)와 일체형 탱크(integral tank)로 구별하고 있습니다. 많이 사용되는 탱크의 특징은 다음과 같습니다.

1) 독립형 A형(independent tank, type A)

독립형 탱크이며, 화물 누출 시에 대비하여 2차 방벽(secondary barrier)이 요구됩니다. 2차 방벽은 전체 탱크 용적을 격납할 수 있는 완전한 방벽이어야 하며, 15일 동안 누출 없이 격납할 수 있도록 규정하고 있습니다. 1차 방벽과 2차 방벽의 사이에는 공간이 있으며, 인화성 화물의 누출에 대비하여 비활성 기체(보통 질소)로 채워집니다. 초창기 LNG 운반선에 적용되었으나, 최근에는 LNG 운반선에 멤브레인 탱크나 B형 탱크가 보다 일반적으로 적용되며, A형은 LPG 운반선에 많이 사용되고 있습니다.

2) 독립형 B형(independent tank, type B)

각주 형태의 탱크도 있으나 상부로 구형 탱크의 반구 형태가 드러나는 것이 특징적인 모스(Moss) 탱크를 탑재한 것이 대표적입니다. 정밀한 해석을 기반으로 설계되도록 돼 있으며, 때문에 2차 방벽이 전체적으로 적용되지 않고 취약부에 부분적으로 적용됩니다.

3) 독립형 C형(independent tank, type C)

3 bar 이상을 견딜 수 있는 실린더형 혹은 구형의 압력용기를 저장탱크로 사용하는 경우입니다.

고압을 견뎌야 하는 용기 특성과 탱크 형상으로 인하여 공간 활용도가 떨어져서 대형선에는 잘 적용되지 않았습니다. 특히, LPG의 경우 압력 상승 폭이 작기 때문에 단열재 없이 압력용기만으로 수송이 가능하기 때문에 중소형 LPG 운반선에 많이 사용되어 왔습니다. 최근에는 단열재를 보강하여 LNG 운반선용으로 사용되는 경우도 늘어나고 있습니다. 특히, 최근 LNG 추진선들은 이 C형 탱크를 사용하는 경우가 매우 많습니다. 상대적으로 필요한 LNG 저장 용량이 작고, 견딜 수 있는 압력이 높아서(3~10 bar) 운용하기가 수월하기 때문입니다.

4) 멤브레인 탱크(membrane tank)

선체 일체형 멤브레인 탱크를 사용하는 선박으로, 공간 활용도가 높아서 현재 LNG 운반선에 가장 많이 활용되고 있는 형태의 저장탱크입니다. 별도로 저장탱크를 만드는 것이 아니라 선내에 선체 일체형 저장 공간을 만들고 멤브레인 및 단열재로 이를 덮는 형태입니다. 멤브레인은 얇은 박막을 의미하는데, LNG의 누설 방지 및 단열을 담당하고 있으며 하중은 선체가 직접 지지합니다.

대분류	중분류	특징	예시
독립형 (independent)	A형 탱크 (type A)	• 운전 압력 상한 1.7 bar 이하 • 전체 2차 방벽	LPG 운반선
	B형 탱크 (type B)	• 운전 압력 상한 1.7 bar 이하 • 부분적 2차 방벽	구형(spherical) 탱크(Moss 타입) LNG 운반선
	C형 탱크 (type C)	• 운전 압력 상한 3 bar 이상 (통상 10 bar까지) • 2차 방벽 없음.	실린더형 탱크 LNG 운반선
일체형 (integral)	멤브레인 탱크	• 운전 압력 상한 1.1~1.2 bar • 전체 2차 방벽	멤브레인(GTT Mark III 등) LNG 운반선

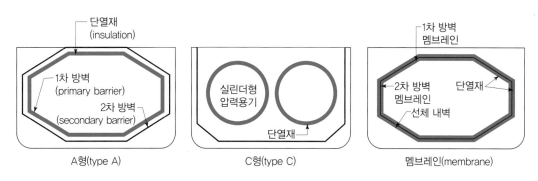

| 그림 4-26 | 독립형 A형, C형 및 멤브레인 LNG 탱크 개념도

LNG 저장탱크 및 배관에는 초저온인 LNG가 저장되고 흐르게 되는데, 일반적인 강철은 초저온에서 취성파괴(깨짐 현상)가 일어날 수 있습니다. 따라서 저온에 강한 소재를 사용하여야 합니다. 지속적인 BOG 증발이 발생하므로 이를 적절하게 처리하기 위한 시스템도 별도로 요구됩니다.

LPG(Liquefied Petroleum Gas)

LPG는 액화석유가스(Liquefied Petroleum Gas)의 약자로, 석유가스 PG란 프로페인(propane)과 뷰테인(butane)을 주성분으로 하는 혼합물로, 그 외 소량의 에테인(ethane), 펜테인(pentane), 에틸렌(ethylene), 프로필렌(propylene), 뷰틸렌(butylene) 등을 포함하고 있습니다. 통상 프로페인과 뷰테인은 천연가스 생산 과정에서 천연가스를 구성하는 일부 성분으로 얻어지며, 이를 천연가스로부터 분리하여 석유가스를 생산할 수 있습니다. 특징은 다음과 같습니다.

① PG는 NG를 분리 정제하여 얻어지므로 생산단가가 천연가스보다 높습니다.

② 액화하기 위해서 상압에서 −160℃ 이하로 온도를 낮추어야 하는 메테인에 비하여 프로페인의 끓는점은 약 −42℃, 뷰테인의 끓는점은 약 0℃로, 상압 액화 시 LNG에 비해 낮추어야 하는 온도가 높아서 액화에 소모되는 에너지가 적습니다.

③ 상온 25℃에서의 포화압이 프로페인은 약 9.5 bar, 뷰테인은 약 2.4 bar로 상온에서 압력을 높여서 액화가 불가능한 메테인과는 달리 상온에서 고압 액화 저장이 가능합니다.

④ 1기압 포화액체나 25℃ 포화액체 어느 쪽이나 LNG에 비하여 밀도가 15~40% 가량 큽니다. 이는 수송에 필요한 부피를 줄여서 부피당 발열량, 즉 연료의 에너지 밀도(energy density)를 높이는 데 기여합니다.

⑤ 가연성 한계범위는 메테인보다 좁으나, 하한선(LFL)이 1.5~2% 정도로 낮아서 불이 빠르게 붙을 수 있으며, 기체의 밀도가 공기보다 가벼워서 증발하면서 자연히 대기 중으로 확산되는 메테인과는 달리 프로페인과 뷰테인은 모두 공기보다 밀도가 커서 낮은 곳에 모여 있게 되므로 화재 폭발의 위험도가 높습니다. 때문에 LPG를 연료로 사용하는 경우, 환기(ventilation) 시스템에 이를 고려해야 합니다.

| 표 4-16 | 메테인·프로페인·뷰테인 액체 물성 차이

물성	온도	압력	밀도	비고
단위	℃	bar	kg/m³	−
메테인	−161.6	1.013	423.5	1기압 포화액체
프로페인	−42.2	1.013	581.5	1기압 포화액체
	25	9.5	492.5	25℃ 포화액체
n−뷰테인	−0.4	1.013	601.6	1기압 포화액체
	25	2.4	572.9	25℃ 포화액체

LPG 추진 엔진은 가스와 중유를 모두 사용할 수 있는 이중연료 추진 엔진이 많이 사용되고 있는 추세입니다. 대표적인 상용 엔진으로는 MAN사의 ME-LGIP 엔진 등을 들 수 있습니다. LPG 이중연료 추진 엔진의 경우도 가스 모드의 경우 천연가스 사용 시와 동일하게 일정량의 액체연료(pilot

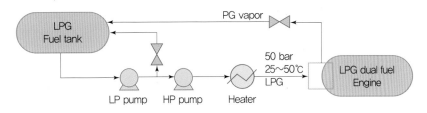

| 그림 4-27 | LPG 연료 공급 시스템 개요

fuel oil)를 공급해야 합니다. 이산화탄소 배출계수는 중유와 큰 차이가 나지 않으나, 실제 엔진 적용 시 중유 사용에 비하여 15~18% 가량 이산화탄소 배출 저감이 가능한 것으로 알려져 있습니다. LPG 이중연료 엔진은 가스 모드 운전 시 LPG를 50 bar 상온 이상으로 가압·가열하여 엔진으로 공급하게 되며, 일부 LPG는 기화하여 LPG 탱크의 압력을 유지하는 데 사용됩니다.

다음 물질의 에너지 밀도를 구하고 [Ex 2-8]에서 얻은 LNG의 에너지 밀도와 비교하라.

(a) 25℃, 9.5 bar 포화액체 프로페인
(b) −0.4℃, 1 atm 포화액체 n-뷰테인

해설

에너지 밀도, 즉 부피당 발열량을 연산하기 위해서는 질량당 발열량을 알아야 합니다. [표 2-5] (p.56)을 참조하면 프로페인과 n-뷰테인의 질량당 발열량을 확인할 수 있습니다. HHV와 LHV 중 어느 쪽을 사용하는 것이 적절한지는 상황에 따라 다릅니다(물의 증발량 회수가 가능한지에 따라). 여기서는 LHV를 기준으로 계산해 보면

(a) LHV기준 25℃, 9.5 bar 액체 프로페인의 에너지 밀도를 구해 보면

$$46.4\,\mathrm{MJ/kg} \times 492.5\,\mathrm{kg/m^3} \times \frac{1\,\mathrm{m^3}}{1000\,\mathrm{L}} = 22.9\,\mathrm{MJ/L}$$

이는 [Ex 2-8]에서 얻은 LNG의 에너지 밀도보다 약 6% 큰 값입니다.

(b) LHV 기준 −0.4℃, 1 atm 액체 뷰테인의 에너지 밀도를 구해보면

$$45.8\,\mathrm{MJ/kg} \times 601.6\,\mathrm{kg/m^3} \times \frac{1\,\mathrm{m^3}}{1000\,\mathrm{L}} = 27.6\,\mathrm{MJ/L}$$

이는 [Ex 2-8]에서 얻은 LNG의 에너지 밀도보다 약 28% 큰 값입니다.

4.4 대체연료 : 무탄소 배출 연료, 탄소 중립 연료

무탄소 배출 연료 : 수소 개요

이 절에서는 이론적으로는 탄소 배출이 없는 무탄소 배출 연료를 다룹니다. 가장 대표적으로 언급되고 있는 수소(H)의 생산·수송 및 사용 문제를 다룹니다. 또한, 수소가 가지고 있는 기술적·경제적 난점이 무엇인지, 왜 암모니아가 화두로 떠올랐는지를 설명합니다. 나아가 탄소 중립 연료로 인정받을 수 있는 바이오 연료나 e-연료의 개념과 현황·문제점을 다룹니다.

석탄·석유·천연가스와 같은 화석연료는 탄소(carbon)를 기반으로 하는 물질로, 연소를 통하여 에너지를 얻고 나면 그 결과 이산화탄소의 형성을 피할 수가 없습니다. 최근 수소가 지속적인 주목을 받고 있는 이유는 수소는 탄소 기반의 물질이 아니며, 완전연소 결과 이산화탄소가 형성되지 않고 물만 형성되기 때문입니다.

$$H_2 + 0.5O_2 \quad \rightarrow \quad H_2O$$

수소를 연료로 이용하고자 하는 연구는 100여 년 이전부터 진행되어 왔습니다. 현재 수소를 연료로 사용할 수 있는 방법은 크게 세 가지로 나눌 수 있습니다.

1) 수소 연료전지

2022년 현재 일반인이 상업적으로 구매 가능한 수소 자동차는 모두 수소 연료전지 전기차량, FCEV(Fuel Cell Electric Vehicle)입니다. 이는 수소를 원료로 전기를 생산할 수 있는 연료전지(fuel cell)를 이용하여 전기를 생산한 뒤 이를 이용해서 차량을 구동하는 방식을 말합니다. 기존 내연기관 대비 높은 효율이 보고되고 있습니다. 연료전지의 원리에 대해서는 4.5절에서 다룹니다.

2) 수소 직접 연소

수소 내연기관(hydrogen ICE, Internal Combustion Engine)을 통한 직접연소를 의미합니다. 수소를 직접 연료로 하는 엔진을 이용한 자동차의 경우 이미 판매된 역사가 있습니다. 2005~2007년 독일의 BMW에서는 수소 7(Hydrogen 7)이라는 이름으로 수소를 연료로 주행이 가능한 이중연료 차량 100대를 이벤트성으로 생산, 판매한 적이 있습니다. 그러나 수소의 낮은 에너지 밀도(p.178 '수소의 수송'에서 다룸)로 인하여 액체수소 저장탱크를 사용했음에도 불구하고 동거리 주행을 위해서 휘발유의 3배에 가까운 부피의 수소를 소모하는 문제, 극저온의 온도가 유지되어야 하는 액화수소를 이용했기 때문에 수소 증발가스가 지속적으로 유실되는 문제 등 보편적으로 이용이 가능한 차량은 아니었습니다. 수소는 분자의 크기가 작기 때문에 단위 부피가 크며, 이는 동일 부피의 연료에서 얻을 수 있는 에너지양을 줄어들게 만듭니다. 사용하는 유체의 부피를 줄이기 위해서는 이론 공연비에 가깝게 공기를 적게 유입해야 하나, 이 경우 비열이 낮아 연소 과정에서 최고 연소온도가 급격히 상승하는 문제가 발생하며, 이는 질소산화물의 과량 생성을 유발합니다. 질소산화물의 생성을 피하기 위해서 과량의 공기를 주입하게 되면 같은 크기의 가솔린이나 디젤 엔진에 비하여 출력이 저하되는 문제를 피하기가 어렵게 됩니다. 최근에는 이러한 한계를 극복하고자 질소의 배출 저감장치와 연계된 연구 등 다양한 연구가 꾸준하게 이뤄지고 있습니다.

3) 수소 혼소(mixed combustion)

기존 디젤이나 천연가스 등의 화석연료에 수소를 일부 섞어서 연소하는 방법을 수소 혼소라고 합니다. 이는 기존 엔진과 크게 다르지 않은 구성으로 연소가 가능하며, 수소가 생성하는 에너지만큼 화석연료 사용이 저감되므로 이산화탄소의 배출 저감 효과가 있습니다. 그러나 이산화탄소 저감만 가능할 뿐 배출을 피할 수는 없으므로 이상적으로 생각하는 수소의 이용 방법과는 거리가 있으며, 수소의 함량에 따라 엔진의 효율 저하 문제도 보고되고 있어서 상용화에 적용되고 있는 상황은 아닙니다. 만약, 사용이 된다면 수소 내연기관이 범용적으로 상용화되기 전 과도기적 역할을 하게 될 것으로 예상되고 있습니다.

| 그림 4-28 | **수소 내연기관(ICE) 차량(좌)과 수소 연료전지 전기차량(FCEV)**

수소는 탄소 배출로부터 자유로운 차세대 대체연료로 많은 기대를 받고 있지만, 현재는 수소를 사용하기에 적지 않은 기술적 장벽이 존재합니다. 그 내용을 수소의 물성·생산·수송·사용의 관점에서 다뤄 보도록 하겠습니다.

수소의 에너지 밀도

수소를 대량으로 사용하고자 할 때 발생하는 문제점 중 가장 빈번하게 언급되는 것이 수소의 낮은 에너지 밀도입니다. [그림 4-29]는 천연가스의 주성분인 메테인과 수소의 물성을 비교한 것입니다. 수소의 밀도는 메테인에 비하여 매우 낮습니다. 메테인의 경우에 25℃, 1 bar에서 기체 메테인의 밀도는 $0.6\,\text{kg/m}^3$ 수준으로 매우 작으나, 이를 액화하는 경우 1 bar 포화액체 메테인의 밀도는

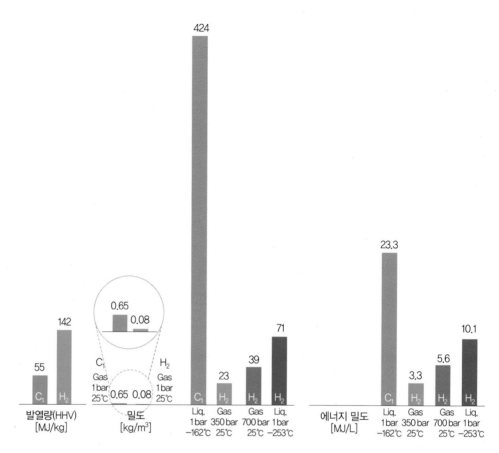

| 그림 4-29 | **수소와 메테인의 발열량, 밀도, 에너지 밀도 비교**

약 $424\,kg/m^3$이며, 다른 물질이 섞인 LNG의 경우 밀도가 약 $450\,kg/m^3$ 전후로 기체일 때에 비하면 매우 증가합니다. 이것이 우리가 초저온 냉각이 요구됨에도 불구하고 대량 원거리 수송에 LNG를 이용하는 이유입니다. 그러나 수소의 경우, 액화를 하더라도 1 bar 액화수소의 밀도는 $70\,kg/m^3$로 LNG의 1/6 수준에 불과합니다. 심지어 액화를 위해서 필요한 온도는 메테인보다도 90도 이상 낮은 $-253°C$입니다. 상온에서 이용을 하고자 하는 경우, 고압 압축수소를 이용하게 되는데 25°C, 350 bar에서의 밀도는 약 $23\,kg/m^3$, 700 bar의 고압에서도 약 $39\,kg/m^3$에 불과합니다.

다만, 질량당 발열량은 HHV 기준으로 수소가 천연가스보다 2배 이상의 크기 때문에 단순 밀도 비교는 적절하지 않습니다. 밀도에 발열량을 곱한 에너지 밀도(2.5절의 '부피당 발열량' 참조)는 동일 부피의 연료를 사용해서 얼마나 많은 에너지를 얻을 수 있는지를 나타내므로 에너지원의 부피를 비교하기에 좀 더 적절합니다. 1 L의 액체 메테인을 이용하는 경우, 약 23.3 MJ의 에너지를 얻을 수 있습니다. 참고로 휘발유의 에너지 밀도는 약 34 MJ/L 전후이며, 경유의 에너지 밀도는 37 MJ/L 전후입니다. 수소의 경우, 밀도가 가장 높은 액체수소인 경우에 1 L의 액체수소로부터 약 10 MJ의 에너지를 얻을 수 있으며, 압축가스 수소는 3.3~5.6 MJ 정도입니다. 이는 화석연료와 동일한 에너지를 얻기 위해서 요구되는 수소의 저장 공간이 3~10배 가량 커져야 함을 의미하므로 연료 저장 탱크를 탑재해야 하는 운송 수단의 입장에서는 골치 아픈 일입니다.

수소 생산의 난점

수소는 원유나 천연가스와는 달리 지구 내에 자연적으로 저장되어 있는 저류층에 존재하는 물질이 아닙니다. 따라서 인류가 수소를 이용하기 위해서는 먼저 수소를 만들어야 합니다. 현재 인류는 대부분의 수소를 화석연료를 기반으로 생산하고 있습니다. 약 95%의 수소를 천연가스·석유·석탄으로부터 만들고 있으며, 그중에서도 천연가스로 만드는 비중이 약 50% 정도를 차지합니다.

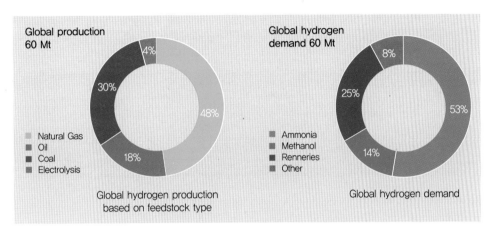

| 그림 4-30 | **수소 생산과 소비 현황**(J. Pettersen, 2019)

[그림 4-31]은 천연가스로부터 수소를 만드는 대표적인 방법인 수증기 메테인 개질공정의 개요를 나타내고 있습니다. 이 과정은 크게 두 가지 반응을 이용하는데, 첫 번째는 천연가스의 주성분인 메테인이 수증기와 반응하여 일산화탄소와 수소의 혼합물인 합성가스(synthetic gas)를 생산하는 SMR(Steam Methane Reforming)반응입니다. 두 번째는 일산화탄소와 물이 반응하여 수소를 추가적으로 생성하는 수성가스 치환반응, WGS(Water Gas Shift)반응입니다.

$$CH_4 + H_2O \rightleftharpoons CO + 3H_2$$
$$CO + H_2O \rightleftharpoons CO_2 + H_2$$

이 방법은 수소를 생산하는 과정에서 이산화탄소를 발생시킵니다. 즉, 천연가스로부터 수소를 생산하기 위해서는 이산화탄소의 배출을 피할 수 없습니다. 또 한 가지 문제는 이 개질반응이 흡열반응으로 많은 에너지 공급이 필요하며, 충분한 전환율을 얻기 위해서는 700~900°C의 고온, 5~25 bar의 고압이 요구되는 반응이라는 점입니다. 유체를 고온으로 가열하거나, 고압으로 압축하는 것은 모두 적지 않은 에너지를 투입해야 하는 과정입니다. 그러한 에너지를 공급할 수 있는 방

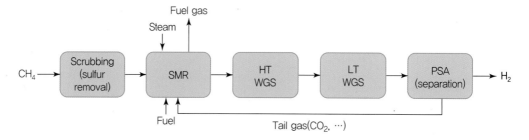

| 그림 4-31 | 천연가스로부터 수소를 생산하는 대표 공정인 수증기 메테인 개질공정

법은 아직까지는 화석연료가 지배적입니다. 결과적으로 천연가스에서 수소를 생산하려면 그 과정에서 이산화탄소의 발생을 피할 수가 없으며, 이러한 과정을 거쳐서 만들어진 수소를 친환경적인 연료라고 말하기 어렵습니다. 생산 과정에서 이미 적지 않은 이산화탄소를 발생시키기 때문입니다.

그레이·블루·그린 수소

무엇으로부터 만들었는지에 따라서 이산화탄소 배출에 영향력이 다른 수소를 구별하기 위해서 몇 가지 분류법이 사용되고 있는데, 최근 많이 인용되고 있는 것은 색을 이용한 분류법입니다.

① 검정·갈색 수소(black·brown hydrogen): 석탄이나 갈탄의 가스화 공정을 이용하여 생산한 수소를 의미합니다.

② 회색 수소(grey hydrogen): 천연가스를 사용하여 생산한 수소를 의미합니다.

③ 청색 수소(blue hydrogen): 천연가스(혹은 석탄)를 사용하여 수소를 생산하나, 이산화탄소 포집·활용·저장 기술과 결합해 생산 과정에서 발생한 이산화탄소를 대기에 배출하지 않고 처리, 이산화탄소 배출이 없거나 적은 수소를 말합니다.

④ 분홍 수소(pink hydrogen): 원자력으로 발전하여 전기를 생산하고, 이렇게 생산한 전기로 물을 전기분해해 생산한 수소를 의미합니다.

⑤ 녹색 수소(green hydrogen): 이산화탄소를 배출하지 않는 신재생에너지를 이용하여 발전, 전기를 생산하고, 이렇게 생산한 전기로 물을 전기분해해 생산한 수소를 의미합니다.

보통 사람들이 기대하는 친환경수소는 녹색, 그린 수소를 의미합니다. 그러나 아직까지는 그린 수소를 일상적인 에너지원으로 사용하기는 어려운 상황입니다. 경제적 타당성이 아직 확보되지 못하였기 때문입니다. [그림 4-32]는 IEA에서 시나리오에 따라 추정한 수소의 생산단가로, 천연가스나 석탄으로 만들어지는 수소가 2 USD/kg 전후의 단가인 반면 수전해(물의 전기분해)를 통하여 만들어지는 수소는 약 4~8 USD/kg으로 상대적으로 매우 높은 생산단가를 나타내고 있는 것을 볼 수 있습니다. 이는 수전해 기술만의 문제가 아니라 발전 원가, 즉 전기의 가격과도 맞물려 있는 문제입니다. 신기술의 개발로 수전해 기술의 투자비를 낮출 수 있더라도, 수전해에 요구되는 전력을 공급하기 위해서 높은 발전 원가의 전기를 사용하게 되면 높은 운영비가 요구되는 것을 피할 수 없기 때문입니다. 또한, 수전해 기술을 적용하여 수소를 생산하더라도 사용되는 전기가 석탄 화력발전소를 통해 발전된 전기라면 이는 그린 수소가 될 수 없습니다.

즉, 그린 수소를 범용적으로 사용하기 위해서는 세 가지 전제가 성립되어야 합니다. 첫째, 수전해에 필요한 전력량을 모두 풍력·파력과 같이 이산화탄소를 배출하지 않는 신재생에너지를 기반으로 발전된 전기로 공급이 가능할 것입니다. 둘째, 그 신재생에너지 발전 전기의 발전 원가가 충분히 낮을 것입니다. 셋째, 수전해 기술에 요구되는 투자비 및 운영비가 과도하지 않을 것입니다. 이는 인류가 당장 그린 수소를 사용하기가 어려운 이유입니다.

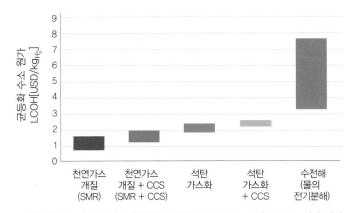

※ 할인율 8%, 수명 25년, 천연가스 단가 USD 1.6~6.7/MBTU, 석탄 단가 USD 67~159/toe, 전기 단가 USD 36~116/MWh 기준

| 그림 4-32 | 생산 방법에 따른 수소 생산원가 추정(IEA, 2020)

연구자에 따라 수치는 조금씩 다르지만 발전 원가가 충분히 낮아지면 수전해 기술이 기존 기술과 유사한 경쟁력을 가질 가능성이 생길 것으로 보고 있으며, 보통 USD 40/MWh 이하로 낮아질 필요가 있다고 이야기되고 있습니다.

현재 인류가 사용하고 있는 최신 기술들의 발전 원가를 살펴보면 [그림 4-33]과 같습니다. 도표의 상하단의 선은 조사된 사례 중 최솟값·최댓값을 의미하며 박스는 상위 25%값, 중간값, 하위 25%값을 나타냅니다. 중간값을 기준으로 보면 화석연료 발전의 경우, USD 70~100/MWh의 단가를 가집니다. 신재생에너지의 경우, 편차가 매우 크며 대체로 화석연료보다 높은 발전 원가를 가지는 것을 알 수 있습니다. 대용량 육상 풍력이나 태양광 발전의 경우, USD 50~60/MWh 정도로 화석연료 발전 원가에 비하여 경쟁력이 있는 경우도 있으나, 풍력이나 태양광 같은 경우에 바람의 세기 및 방향의 일정성·일조량 등 자연환경의 영향을 크게 받으므로 보편적으로 가능한지는 다른 이야기입니다. 예를 들어서 한국의 경우, 풍력발전과 태양광발전의 원가 분석 결과를 조사하여 보

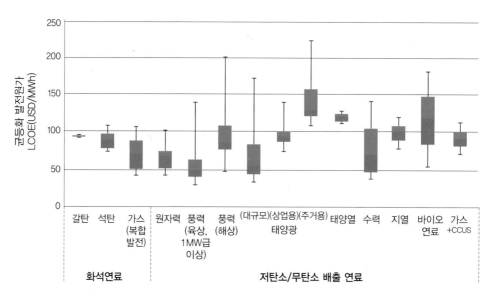

| 그림 4-33 | 연료에 따른 발전 원가 추정(IEA, 2020)

면 풍력발전의 경우에 USD 110~130/MWh, 태양광발전의 경우에 USD 100~120/MWh 정도로 매우 높은 값을 가집니다. 즉, 경제적으로 이용 가능한 그린 수소를 위해서는 이러한 신재생발전 시스템의 기술 발전이 요구됩니다.

또한, 이는 수소의 경제성에 대한 연구를 살펴볼 때 주의해야 할 점 또한 보여 주고 있습니다. 수소의 경제성에 대한 연구는 여러 국가, 여러 기관, 여러 연구자에 의해서 수행돼 오고 있으나, 보고되고 있는 비용은 편차가 큽니다. 이는 가정하고 있는 생산설비의 규모, 필요한 전력 원가, 원료가 되는 천연가스 등의 가격, 수송 방법, 수송 거리 등이 제각각으로 모두 다른 경우가 많기 때문입니다.

수소의 수송

수소의 생산지가 사용처와 인접해 있지 않다면 이를 수송할 필요성이 있습니다. 대량의 천연가스를 수송해 온 경험에 비추어 볼 때, 배관을 이용한 고압가스 수송과 선박을 통한 액화수소의 수송을 생각해 볼 수 있습니다.

배관의 경우, 수소 전용 배관이 필요한가에 대한 검증이 필요합니다. 수소의 경우, 원자의 크기가 매우 작아서 금속의 결정구조 내로 수소가 침투, 금속의 연성(ductility)과 인성(toughness)을 저하시키고 금속의 깨짐을 유발하는 특수한 성질을 가지고 있습니다. 이를 수소취성(hydrogen embrittlement)이라 하는데, 특히 고압 수송의 경우 재료에 따라 수소의 영향에 대해 아직 충분한 연구가 이뤄졌다고 보기 어렵습니다. 한국정부는 2026년부터 천연가스를 공급하는 도시가스 배관에 수소를 20%까지 혼입 공급하겠다는 계획을 수립, 2023년부터 이에 대한 연구를 진행하여 안전성을 검증할 계획을 가지고 있습니다. 해외에서도 이러한 기존 배관에 수소의 혼입 혹은 혼용 송출에 대한 안전성 연구가 수행되고 있습니다.

액화수소를 만들어서 선박으로 수송하고자 하는 경우에도 고려해야 할 기술적 문제들이 상당수 존재합니다. 수소는 같은 수소분자 내에서도 핵스핀 이성질체(nuclear spin isomer)를 가지는 매우 특이한 성질이 있습니다. 원자핵인 양성자의 회전 방향이 일치하는 오르토수소(orthohydrogen)와 회전 방향이 반대인 파라수소(parahydrogen)로 구별되는데, 상온 근처의 수소는 파라수소 대 오르토수소의 비율이 1:3 정도에서 평형이 일정하게 유지됩니다. 그러나 온도가 내려가면 파라수소의 안정성이 점차 증가하여 액화될 수 있는 −253℃의 극저온에서는 평형을 이루는 파라수소의 비율이 99.9%까지 증가합니다.

문제는 이 두 이성질체의 에너지 레벨이 동일하지 않으며, 파라수소의 엔탈피가 오르토수소의 엔탈피보다 낮다는 점입니다. 상온에서 1:3의 비율로 파라수소가 25% 존재하는 수소를 냉각공정을 통하여 빠르게 액화하고 나면 거의 대부분 파라수소만 존재하는 새로운 평형으로 이동하게 되므로 1:3의 비율을 유지하지 못하고 파라수소로 전환반응이 일어나기 시작합니다. 이때 발생하는 반응열이 약 525 kJ/kg인데(Bliesner, 2013), 이는 상압에서 액체수소의 증발열(448 kJ/kg)보다도 큽니다(Al Ghafri et al., 2022). 다시 말해, 기껏 액화시킨 수소가 평형 이동으로 인하여 전환반응이 일어나면서 다시 다 증발해 버리게 됩니다. 이러면 액화시킨 의미가 없으므로 상업용 수소 액화공

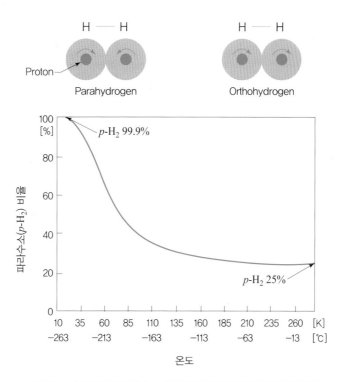

| 그림 4-34 | 온도에 따른 수소분자의 핵스핀 이성질체 평형비율

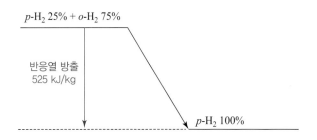

p-H₂ 25% + o-H₂ 75%

반응열 방출
525 kJ/kg

p-H₂ 100%

| 그림 4-35 | **오르토수소의 파라수소로 전환 시 에너지 방출 개념도**

정은 액화 후 수소의 자연 증발을 최소화하기 위하여 액화 중간 단계에 오르토수소를 파라수소로 강제 전환할 수 있는 촉매반응 설비를 추가하게 됩니다. 이는 수소 액화 시 에너지 소모량 및 운전 비용·투자비용을 증가시키는 한 요소가 됩니다.

수소의 액화공정은 1900년대초부터 이용된 사례가 있는 오래된 공정입니다. 기반이 되는 냉각 사이클은 크게 보자면 ① 린데-햄슨(Linde-Hampson) 사이클, ② 브레이튼(Brayton) 냉각 사이클, ③ 클로드(Claude) 냉각 사이클을 기반으로 하고 있습니다. 린데-햄슨 사이클은 초창기 수소 액화 사이클에 이용되었으며, 소량 생산에만 적용되었습니다. 이후 대용량 수소 액화에는 클로드 사이클이 주로 사용되어 오고 있으며(그림 4-36), 이를 기반으로 사전 냉각 등을 통하여 냉각효율을 증가시킨 다양한 공정이 적용되고 있습니다. 브레이튼 사이클은 소규모 액화공정에만 고려되었으나, 최근 이를 대용량으로 확장 적용하는 연구들도 진행되고 있습니다.

수소는 액화를 위해서 요구되는 온도가 -253°C의 극저온이기 때문에 LNG보다 냉각에 필요한 엔탈피 제거가 더 크며, 앞서 언급한 파라수소 전환에 추가적인 에너지까지 필요하여 효율이 매우 낮습니다. [그림 4-37]은 수소 1 kg을 액화하기 위해서 필요한 액화공정의 에너지 소모량의 현재 수준을 비교한 그림으로, 현재 상업적으로 이용되는 수소의 액화공정의 에너지 소모량은 약 12~15 kWh/kg 수준입니다. LNG의 경우, 1 kg의 LNG 액화를 위해서 필요한 에너지 소모량이

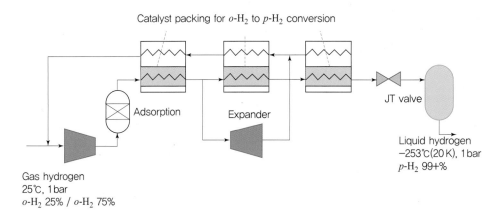

| 그림 4-36 | **대표적인 수소 액화공정인 클로드 액화공정의 단순화 개념도**

대략 0.4~1.0 kWh/kg 정도인 것을 감안할 때 수소 액화에 요구되는 에너지가 매우 높은 수준임을 알 수 있습니다. 수소 액화도 5~9 kWh/kg 수준으로 에너지 소모량을 낮출 수 있다는 연구 결과들도 있으나, 지나친 장치비용 등의 사유로 아직 상업적으로 실증된 바는 없습니다. 최근에는 LNG와 연계하여 수소 액화의 효율을 증가시키려는 연구가 많이 진행되고 있습니다.

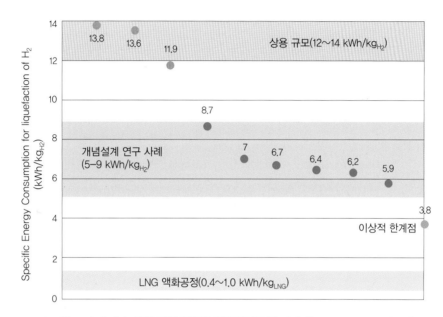

| 그림 4-37 | 수소 단위 질량 액화를 위해서 필요한 에너지(Al Ghafri et al., 2022)

수소 액화 이후에 이를 장거리 수송하고자 하면 따라오는 또 다른 문제가 있습니다. LNG에서도 발생했던 증발가스, BOG(Boil-Off-Gas) 문제입니다. 빠른 이해를 위해서 [표 4-17]과 같이 LNG의 주성분인 메테인과 비교를 해봅시다. 1 bar에서 수소의 증발열은 메테인의 증발열의 약 85%로, 이는 저장탱크에 동일한 열량이 유입되었을 때 증발하는 수소의 질량을 약 18% 더 증가시킵니다. 포화기체의 밀도는 수소가 메테인의 72% 정도로 더 작습니다. 이는 증발한 수소 기체가 차지하는 부피가 메테인보다 더 크게 만듭니다. 즉, 결과적으로 동일 열량이 유입된다면 수소의 부피 증가분은 메테인의 1.6배 정도로 더 큰 부피 증가가 발생하게 됩니다.

여기에 추가로 액화수소의 액화온도는 −253°C로, 메테인의 −162°C보다 매우 낮습니다. 일반적으로 열전달은 온도 차이에 비례하므로 만약 수소 저장탱크에 LNG 저장탱크와 동일한 단열설비를 적용하게 되면 LNG보다 더 많은 열량이 유입될 수밖에 없습니다. 결과적으로 LNG 저장탱크와 유사한 수준의 BOR(Boil Off Ratio)을 유지하기 위해서는 수소 저장탱크의 단열 성능이 매우 높아져야 합니다. 이러한 이유 때문에 액화수소 저장탱크에는 LNG 저장탱크와 같은 단열재보다 높은 단열 성능을 가지는 진공단열 기술들이 적용됩니다. 또한, 이러한 진공상태를 유지하기 위해서 구조적으로 보강된 외벽 형태를 필요로 합니다. 이러한 진공단열은 대형 탱크에 적용하기가 어

| 표 4-17 | 동일 열량 유입 시 증발로 인한 메테인과 수소 부피의 증가분 비교

구분	메테인	수소	비율(메테인 대비)
열 유입량[MJ]	1	1	–
증발열[kJ/kg]	530	448	85%
증발량[kg]	1.89	2.23	118%
포화액체 밀도[kg/m^3]	424	71	17%
감소한 액체 부피[m^3]	0.004	0.031	–
포화기체 밀도[kg/m^3]	1.8	1.3	72%
증가한 기체 부피[m^3]	1.048	1.717	–
부피 증가분[m^3]	1.044	1.686	161%

렵기 때문에 향후 대용량 액화수소 수송을 위해서 다양한 단열 기술의 연구가 진행되고 있습니다. 현존하는 최대 크기의 액화수소 탱크는 NASA가 보유한 3,800 m^{3}의 구형 탱크이며, 2020년 일본 가와사키 중공업은 진공 펄라이트(perlite) 단열재를 적용한 이중외벽 액화수소 저장탱크 1,250 m^3 2구역을 탑재한 수소 운반선의 시험 운항을 마친 바 있습니다. BOR은 0.1∼0.2%/d 수준으로 보고되고 있으며, 20일 동안 수소 증발가스를 배출하지 않고 축적할 수 있는 것으로 알려져 있습니다. 이러한 수송 용량은 현재 인류가 이용하고 있는 에너지원에 비하면 매우 적은 양이므로 향후 수소를 본격적인 에너지원으로 사용하기 위해서는 생산뿐만 아니라 이러한 수송 규모를 증대할 수 있는 기술이 필요합니다.

ex 4-7 메테인과 수소의 액화 저장

액화 메테인과 액화수소를 각각 동일한 용량을 가진 3,800 m^{3}의 저장탱크에 95%를 채울 만큼 저장하고자 한다. 남은 공간은 증발한 기체가 채우고 있다고 가정한다. 1 bar에서 메테인과 수소의 물성이 다음과 같을 때 질문에 답하라.

구분	메테인	수소
증발열[kJ/kg]	530	448
포화액체 밀도[kg/m^3]	424	71
포화기체 밀도[kg/m^3]	1.8	1.3

(a) 동일하게 1 MJ의 열량이 탱크 내에 유입되었고 탱크가 1 bar를 유지할 수 있도록 증발 기체를 탱크 밖으로 배출한 경우, 각각의 탱크에서 배출된 기체의 부피를 구하라.

(b) 액체가 기화되는 비율인 BOR을 각각의 탱크에서 동일하게 0.1%/d로 유지하고자 하는 경우, 각각의 탱크에 허용되는 열 유입량을 구하라.

해설

(a) 유입된 열량으로 인하여 증발한 기체의 질량을 구해 보면

$$m_{C_1} = \frac{1\,\text{MJ}}{530\,\text{kJ/kg}} = 1.887\,\text{kg}$$

$$m_{H_2} = \frac{1\,\text{MJ}}{448\,\text{kJ/kg}} = 2.232\,\text{kg}$$

1 bar에서 증발한 질량만큼 감소한 액체의 부피와 증가한 기체의 부피를 계산하여 보면

$$V_{C_1,l} = \frac{-1.887\,\text{kg}}{424\,\text{kg/m}^3} = -0.004\,\text{m}^3$$

$$V_{C_1,v} = \frac{1.887\,\text{kg}}{1.8\,\text{kg/m}^3} = 1.048\,\text{m}^3$$

$$\Delta V_{C_1} = 1.044\,\text{m}^3$$

$$V_{H_2,l} = \frac{-2.232\,\text{kg}}{71\,\text{kg/m}^3} = -0.031\,\text{m}^3$$

$$V_{H_2,v} = \frac{2.232\,\text{kg}}{1.3\,\text{kg/m}^3} = 1.717\,\text{m}^3$$

$$\Delta V_{H_2} = 1.686\,\text{m}^3$$

증발하는 수소의 부피가 약 1.6배 큰 것을 알 수 있습니다.

(b) 탱크 부피의 95%까지 액체를 채운 상태에서 탱크 내 액체의 부피는

$$V_l = 3800\,\text{m}^3 \times 0.95 = 3{,}610\,\text{m}^3$$

BOR이 0.1%/d일 때 증발한 액체의 질량은

$$m_{C_1} = 3610\,\text{m}^3 \times 424\,\text{kg/m}^3 \times 0.1\%/\text{d} = 1530.6\,\text{kg/d}$$

$$m_{H_2} = 3610\,\text{m}^3 \times 71\,\text{kg/m}^3 \times 0.1\%/\text{d} = 256.3\,\text{kg/d}$$

해당 질량만큼 증발할 때 유입되는 열량은

$$Q_{C_1} = 1530.6\,\text{kg/d} \times 530\,\text{kJ/kg} \times \frac{1\,\text{d}}{24\,\text{h}} \times \frac{1\,\text{h}}{60\,\text{min}} \times \frac{1\,\text{min}}{60\,\text{s}} = 9.4\,\text{kW}$$

$$Q_{H_2} = 256.3\,\text{kg/d} \times 448\,\text{kJ/kg} \times \frac{1\,\text{d}}{24\,\text{h}} \times \frac{1\,\text{h}}{60\,\text{min}} \times \frac{1\,\text{min}}{60\,\text{s}} = 1.3\,\text{kW}$$

수소 저장탱크에 유입 허용되는 열량이 약 14% 정도로 적음을 알 수 있습니다.

암모니아(NH₃)

수소는 차세대 에너지원으로 기대도 모으고 있으나, 앞서 살펴본 것과 같이 아직 기술적 난점도 많이 가지고 있습니다. 이러한 문제점을 회피하기 위하여 제시된 또 다른 아이디어는 수소 대신 암모니아(Ammonia)를 이용하자는 것입니다. 암모니아는 질소에 수소를 합성하여 생산되며, 1900년대 개발된 하버-보쉬(Haber-Bosch) 합성공정이 보편적으로 사용되어 왔습니다.

$$N_2 + 3H_2 \rightleftharpoons 2NH_3$$

암모니아가 관심을 받게 된 가장 큰 이유는 이 역시 수소와 마찬가지로 탄소를 포함하지 않은 물질이며, 끓는점이 −33℃ 정도로 수소에 비하면 압도적으로 높다는 점입니다. 이는 인류가 현재 수송하고 있는 LPG와 유사한 수준의 온도로, 수소에 비교하면 수송하기가 훨씬 수월하며 실제 암모니아 운반선이 상업적으로 운용되고 있습니다.

암모니아를 사용하고자 하는 개념은 크게 두 가지로 나뉠 수 있습니다. 첫 번째는 암모니아를 수소 운반체(hydrogen carrier)로 사용하겠다는 개념입니다. 다시 말해, 수소를 암모니아로 합성하여 수송한 뒤에 암모니아를 분해해 다시 수소를 얻고, 이 수소를 에너지원으로 사용하고자 하는 경우를 말합니다. 두 번째는 암모니아 그 자체를 연료로 사용, 무탄소 배출 에너지 운반체(energy carrier)로서 사용하겠다는 개념입니다.

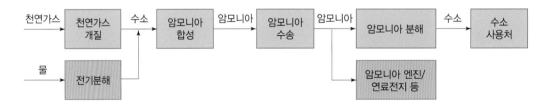

| 그림 4-38 | **암모니아의 이용 개념**

현재는 이 두 가지 개념 모두 기술적 난점을 가지고 있습니다. 일단 암모니아를 생산하기 위해서 사용되는 하버-보쉬 공정은 질소와 수소를 합성하기 위해서 100기압 이상의 반응압력과 500℃에 가까운 반응온도를 요구합니다. 고온과 고압은 저절로 얻어지는 것이 아니므로 이러한 조건을 만들기 위해서는 다시 에너지 투입이 요구됩니다. 그러한 에너지를 공급할 수 있는 수단은 현재로서는 화석연료 외에는 대안이 많지 않으며, 화석연료를 사용하는 순간 이산화탄소 배출에서 자유롭기 어렵습니다. 결국 수소와 마찬가지로 암모니아도 어떻게 만들었는지에 따라 이산화탄소 배출에 끼치는 영향에 큰 차이가 발생하게 됩니다. 때문에 최근에는 암모니아를 저온 혹은 저압에서 합성이 가능하도록 하는 기술 개발에 대한 연구가 많이 이뤄지고 있습니다.

암모니아를 분해하여 다시 수소로 만드는 대량의 분해공정은 아직 상용화된 적이 없으며, 이 역시 에너지를 요구합니다. 즉, 생산에도 에너지가 들어가고, 수소를 얻는 분해 과정에도 다시 에너지가 소모되는 이중 구조입니다. 암모니아를 바로 연료로 사용하고자 하는 경우에 그러한 설비가 있어야 가능하지만 이 역시 실증 단계에 머무르고 있는 기술들이 많으며 상용화된 사례는 아직 부족합니다. MAN사는 암모니아를 연료로 하는 엔진을 연구 개발 중이며, 이르면 2024년에 상용화도 가능할 것으로 보도되었으나 아직까지 구체적인 내용이 공개되지는 않았습니다. 암모니아 연료전지 역시 연구 중에 있으나, 상용화 단계는 아닙니다. 화력발전소나 엔진에 암모니아를 혼소 적용하는 연구도 수행되고 있으며, 이는 상대적으로 수월하게 적용이 가능할 것으로 보이나 이산화탄소를 일부 배출하는 것은 피할 수 없을 것으로 보입니다.

암모니아 사용에 따라오는 필연적인 문제는 3.3절에서 이미 언급한 바 있는 안전 문제입니다. 암모니아는 폭발성은 비교적 낮으나, 독성은 강한 물질입니다. 낮은 농도에서는 악취만 발생하지만, 높은 농도에서는 인명피해를 유발할 수 있습니다. 따라서 누출에 대한 주의가 필요하며, 관련 안전 설비도 요구됩니다. 특히, 암모니아를 연료로 사용하는 엔진의 경우 암모니아가 100% 연소되지 않고 배기가스로 유출되는 암모니아 슬립(slip)이 발생하는 경우에 대한 후처리가 필요하게 됩니다.

LOHC(Liquid Organic Hydrogen Carriers)

수송이 어려운 수소의 특성을 보완하기 위하여 연구되고 있는 또 다른 개념이 있습니다. LOHC(Liquid Organic Hydrogen Carriers, 액화 유기수소 운반체)라는 화학물질의 개발에 대한 연구입니다. 에너지 밀도가 낮고 액화가 어려운 수소 대신에 이를 상온에서 액체로 존재할 수 있는 다른 물질로 화학적으로 변환한 뒤 다시 수소를 회수하자는 개념입니다. 예를 들어, 방향족 화합물의 일종인 톨루엔(toluene)에 수소분자를 3개 첨가하는 수소화반응을 거치면 메틸시클로헥산(MCH, Methly-Cyclo-Hexane)이라는 물질을 만들 수 있는데, 이는 상온에서 액체이므로 별도의 액화공정 없이 일반 액체 화학물질 운반선을 이용하여 수송이 가능해집니다. 그러나 수소를 결합하고 분리하는 과정에서 모두 에너지가 소모되므로 경제적으로 타당한 수준이 되려면 아직 시간이 필요할 것으로 보입니다.

Toluene   + 3H₂   100~200℃ 수소화 / 탈수소화 200~400℃   MCH (Methyl-Cyclo-Hexane)

| 그림 4-39 | LOHC의 예시

바이오 연료(bio fuel)

지구상의 대부분의 식물이나 동물은 탄소를 기본으로 하는 유기체로, 이로부터 에너지를 얻는 것이 가능합니다. 바이오 매스란 식물이나 동물 등 화학적 에너지로 이용될 수 있는 생물 유기체를 통칭하는 표현으로, 대표적으로 나무·숯·해조·분뇨·식용유·음식물 쓰레기 등을 들 수 있습니다. 적절한 조건에서 반응을 시키면 이러한 바이오 매스를 합성연료유로 전환하는 것이 가능하며, 대표적으로 바이오 에탄올, 바이오 디젤 등을 예로 들 수 있습니다.

바이오 디젤이란 동물성·식물성 유지(기름)의 주성분인 트라이글리세라이드(triglyceride)를 적절한 촉매 하에 알코올과 반응시켜 만들어지는 지방산 메틸 에스테르(FAME, Fatty Acid Methyl Ester)를 주성분으로 하며, 경유를 대체 또는 혼합하여 연료로 사용이 가능한 물질들을 의미합니다. 바이오 디젤은 저온 유동성이 낮고 어는점 또한 높기 때문에 단독으로 사용하기보다 경유에 혼합하여 사용하는 경우가 대부분이며, 바이오 디젤을 함량에 따라 BD20(경유에 바이오 디젤 20% 혼합)과 같이 분류됩니다.

| 그림 4-40 | 바이오 디젤 생성의 주반응

이러한 바이오 디젤과 유사하게 동식물성 유지나 바이오 디젤 부산물 등을 원료로 하여 바이오 디젤과 혼합, 발전용 연료유를 대체할 수 있도록 만들어진 바이오 연료유(bio fuel oil)와 선박 연료유의 품질 기준에 맞도록 배합한 선박용 바이오 연료유(marine bio fuel oil)들에 대한 실증도 이루어지고 있습니다. 국내에서는 이러한 발전용 혹은 선박용 연료유를 바이오 중유나 바이오 선박유 등으로 부르고 있습니다. 연구 결과 발전용 바이오 중유의 경우, 일반 중유 대비 이산화탄소 발생량은 동일하지만 분진 및 황산화물·질소산화물은 저감될 수 있음이 보고되고 있습니다. 2020년 미국의 석유화학 회사인 엑슨모빌(ExxonMobil)은 스테나 벌크(Stena Bulk)사와 함께 선박용 바이오 연료를 사용함을 실증 테스트하였으며, 국내 선사인 HMM은 2021년 부산에서 파나마 운하까지 운항하는 컨테이너선에 바이오 중유 사용 실증을 수행했음을 발표한 바 있습니다.

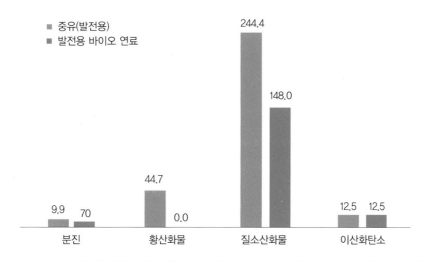

| 그림 4-41 | **발전용 바이오 연료 사용 시 오염물질의 저감 효과 분석 사례(하종한 외, 2015)**

이러한 바이오 연료는 사용하면 이산화탄소가 배출되는 것은 동일하지만, 그 원료가 되는 식물 등이 성장하면서 대기 중에서 이산화탄소를 흡수하므로 이산화탄소를 회수한 만큼 다시 배출한다 고 볼 수 있습니다. 따라서 대기 중에 탄소 배출도, 저감도 하지 않는 탄소 중립적인 연료로 인식 되고 있습니다.

그러나 바이오 연료 사용에 대한 비판적인 의견 및 논란 또한 존재합니다. 현재 바이오 디젤이나 중유의 주원료는 주로 팜유(palm oil)라 불리는 기름야자 열매를 착유해서 얻어지는 기름입니다.

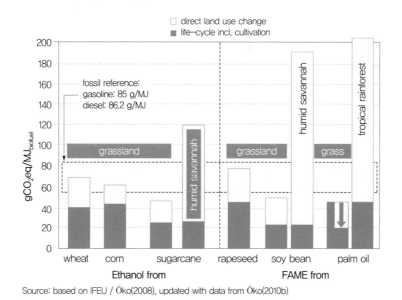

| 그림 4-42 | LUC를 고려한 바이오 연료의 온실가스 배출량 연구 사례
(B. Kampman and Uwe R. Fritsche, 2009)

문제는 이러한 원료 식물 재배를 위해서 열대우림을 불태워서 경작지를 만드는 과정에서 오히려 자연환경을 훼손하게 되며, 심지어 나아가 이산화탄소 고정 능력이 뛰어난 열대우림을 파괴하는 과정에서 숲이 가지는 이산화탄소 흡수·축적 기능이 손실되고 이산화탄소가 배출된다는 점입니다. 이러면 바이오 연료가 과연 탄소 중립 연료로 볼 수 있는지 의문이 생기게 됩니다.

최근에는 이러한 토지 이용 변경(LUC, Land Use Change)을 전과정평가(LCA)에 포함하여 토지 개간으로 인하여 손실되는 숲의 이산화탄소 흡수량을 정량적으로 평가, 바이오 연료의 이산화탄소 총 배출량 역시 생애 전 과정으로 평가하고자 하고 있으며, LUC를 포함하면 바이오 연료의 온실가스 배출량이 화석연료보다 크다는 연구 결과 또한 발표되고 있습니다. 이러한 연구에 따라서 현재는 바이오 연료의 원료가 기존 경작물에서 폐식용유·해조류 등으로 옮겨 가고 있는 추세입니다.

e-연료(e-fuel)

1920년대부터 2차 세계대전 전후로 부족한 석유를 대체하기 위하여 다양한 연료로부터 석유 대체연료를 만들기 위한 연구가 수행되어 왔습니다. 그 대표적인 사례가 피셔-트롭시(FT, Fischer-Tropsch) 합성반응입니다. 이를 간단히 요약하면 일산화탄소와 수소의 혼합물인 합성가스(synthetic gas)를 적절한 비율·온도·압력·촉매 하에서 반응시키면 액체 탄화수소를 생성하는 것이 가능하다는 것입니다. 즉, 가솔린이나 디젤과 같은 연료를 합성으로 만드는 것이 가능해집니다.

$$(2n+1)H_2 + nCO \rightleftharpoons C_nH_{2n+2} + nH_2O$$

예를 들어, $n = 7, 8$인 경우 휘발유의 주성분 중 하나인 헵테인(C_7H_{16})이나 옥테인(C_8H_{18})이 얻어집니다.

$$15H_2 + 7CO \rightleftharpoons C_7H_{16} + 7H_2O$$
$$17H_2 + 8CO \rightleftharpoons C_8H_{18} + 8H_2O$$

현재 합성가스를 만드는 방법은 다양하나, 일반적으로 천연가스를 개질하여 만들게 됩니다. 수소 생산공정에서 다뤘던 SMR(Steam Methane Reforming)공정이 대표적입니다. 그러나 이렇게 석탄·천연가스 등을 이용하여 합성가스를 만들게 되면 결국 화석연료를 소비하는 것이 되므로 이산화탄소 배출 저감에는 기여할 수가 없습니다. 최근 언급되는 e-연료(e-fuel, electro fuel)는 신재생발전을 통해서 얻어진 전기를 이용하여 수소를 만들고, 이를 대기 중에서 포집한 이산화탄소 등과 반응시켜서 일산화탄소를 만들어서 합성가스를 만든 뒤 이를 FT합성반응을 이용해 합성연료를 만드는 것을 의미합니다.

$$WGS: CO + H_2O \rightleftharpoons CO_2 + H_2$$
$$RWGS: CO_2 + H_2 \rightleftharpoons CO + H_2O$$

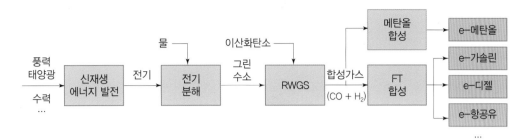

| 그림 4-43 | e-연료(e-fuel)의 개념

이렇게 생산된 e-연료는 기존 화석연료와 거의 동일한 성분이므로 기존의 엔진 기반 장비와 설비들을 폐기 변경할 필요 없이 그대로 이용이 가능한 장점을 가집니다. 단점은 생산 과정을 보면 바로 이해되듯이 신재생에너지 발전 및 전기분해, FT합성 등을 모두 거쳐야 하므로 생산단가가 높아지게 됩니다. 앞서 수소를 이야기하면서 신재생발전과 그린 수소 생산 자체가 경제적 타당성 확보를 위해서 기술 발전이 요구되는 상황이라고 설명했습니다. e-연료는 그러한 신재생발전과 그린 수소를 전제로 하여 성립되는 기술이므로 그 원가는 더 비싸게 될 수밖에 없습니다. 또한, 결과적으로 비싸게 만든 e-연료를 사용하면 다시 이산화탄소가 배출된다는 문제점도 있습니다. 즉, 이상적으로 생산 과정에서 배출되는 이산화탄소를 포집에서 배출량을 0으로 만든다고 하더라도 e-연료는 탄소 중립적 연료에 그치게 되며, 탄소 배출량을 저감할 수 있는 방법은 아닙니다. 현실적으로 생산 과정에서 배출되는 이산화탄소를 다 포집하는 것도 어려우므로 탄소 중립 연료라기보다는 저탄소 배출 연료로 보는 것이 타당하다는 의견 또한 존재합니다. 이러한 이유로 e-연료의 도입을 반대하는 의견 또한 존재합니다. 현재 이러한 논란 때문에 EU는 2026년까지 e-연료에 대한 판단 유보를 한 상태입니다.

4.5 전기 추진

전기 추진 선박의 개요

전기 추진 선박은 추진에 필요한 에너지의 일부 혹은 전부를 전기로 공급하는 선박을 의미하며, 매우 다양한 유형의 추진 시스템 개념을 포함하고 있습니다. 추진 방식을 기준으로 생각하면 엔진에 연결된 축으로부터 추진기에 기계적으로 동력을 전달하는 방식을 기계적 추진 방식이라고 할 수 있으며, 발전기를 통하여 전기를 모터에 공급해 모터가 추진기에 동력을 전달하는 방식을 전기적 추진 방식이라고 할 수 있습니다. 즉, 디젤 발전 엔진이나 가스 터빈에 연결된 발전기로 전력을 생산하고, 이 전기로 모터를 구동하는 디젤-전기 추진 선박도 전기 추진 선박이라고 할 수 있습니다. 다만, 추진계통을 중심으로 서술했던 과거에는 이러한 선박을 전기 추진 선박으로 언급하는 경우가 많았으나, 탄소 배출을 중심으로 이야기하는 사람들이 늘어난 최근에는 이렇게 화석연료만 이용하는 선박은 전기를 추진원으로 사용하더라도 그냥 디젤(가스) 추진 선박이라고 칭하는 경우도 많습니다.

혼란이 오는 것은 복합식, '하이브리드(hybrid)' 표현이 사용되는 부분입니다. 공학에서 하이브리드라는 표현은 두 가지 이상의 다른 계열의 기술이 적용된 경우에 붙이는 명칭인데, 자동차의 경우 구동 방식이 2종 이상인 차를 지칭하는 데 사용되고 있습니다. 선박도 유사하게 추진 방식이 기계식·전기식이 복합적으로 사용되는 선박인 경우에 하이브리드 추진 선박이라고 부르고 있습니다. 즉, 하이브리드 추진 선박은 기계식 추진과 전기식 추진을 복합한 추진 방식을 탑재한 선박으로, 디젤 혹은 가스 엔진과 배터리가 연동되어서 근해 운항 등 낮은 출력이 요구될 때에는 전기로 추진을 하고, 큰 출력이 요구될 때에는 디젤 추진 시스템을 사용하여 추진을 하는 선박을 의미합니다. 디젤 엔진으로 구동되는 추진축과 배터리가 축발전기·모터 등으로 연동된 디젤-배터리 하이브리드 추진 시스템이 대표적입니다.

다만, 점차 시스템이 다양하게 분화되면서 발전 방법 또한 다양해지고 있다 보니 추진 방식과 별개로 발전 방식이 복합적인 경우에도 하이브리드 발전이라는 표현이 사용되고 있습니다. 예를 들어, 디젤 발전기로 전기를 생산하면서 유휴 전력은 배터리와 같은 ESS(Energy Storage System)를 이용하여 저장하도록 되어 있는 경우나, 발전기와 연료전지를 같이 탑재하는 경우 등 발전원이 복수가 되는 경우도 하이브리드라는 명칭을 사용하는 경우가 있다보니, 명칭을 사용하는 사람에 따라 혼란이 있을 수 있는 상황입니다.

현재 한국에서는 배터리와 같은 ESS를 탑재하고 이를 추진에 혼용하는 선박을 하이브리드 선박으로 부르고 있으며, 화석연료로 공급하는 에너지의 양이 전체 사용 에너지양의 70% 이하인 경우 친환경선박으로 인정할 수 있도록 하고 있습니다. 여기서, ESS는 유휴 에너지를 저장 및 공급할 수 있는 저장 시스템을 통칭하는 광의의 개념으로 현재 산업적으로 이용되고 있는 것은 대표적으로 배터리가 해당되지만, 슈퍼 커패시터(super capacitor) 등 배터리의 한계를 극복하고자 하는 다양한 다른 저장설비에 대한 연구도 진행되고 있으므로 이를 포함하여 지칭할 때 사용됩니다. 연료전지 추진 선박도 연료전지로 전기를 생산하여 배터리와 함께 추진 시스템을 구성하게 되므로 엄밀하게 말하면 연료전지-배터리 전기 추진 선박이라고 불러야 하겠으나, 통상 단순히 연료전지 추진 선박 혹은 연료전지 전기 추진 선박이라고 칭하는 경우가 많습니다.

경우에 따라 하이브리드 추진 선박을 다시 플러그인 하이브리드 추진 선박(plug-in hybrid electric ship)과 구별하여 분류하기도 합니다. 이를 구별하는 기준은 외부 충전이 가능한지 여부로, 플러그인 하이브리드 추진 선박은 외부에서 전원 공급장치를 연결하여 배터리 충전이 가능한 선박

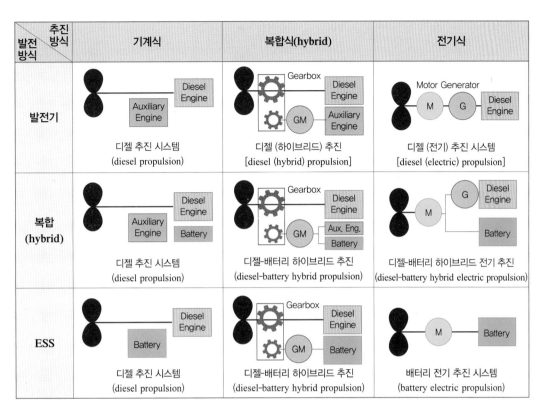

발전 방식 \ 추진 방식	기계식	복합식(hybrid)	전기식
발전기	디젤 추진 시스템 (diesel propulsion)	디젤 (하이브리드) 추진 [diesel (hybrid) propulsion]	디젤 (전기) 추진 시스템 [diesel (electric) propulsion]
복합 (hybrid)	디젤 추진 시스템 (diesel propulsion)	디젤-배터리 하이브리드 추진 (diesel-battery hybrid propulsion)	디젤-배터리 하이브리드 전기 추진 (diesel-battery hybrid electric propulsion)
ESS	디젤 추진 시스템 (diesel propulsion)	디젤-배터리 하이브리드 추진 (diesel-battery hybrid propulsion)	배터리 전기 추진 시스템 (battery electric propulsion)

| 그림 4-44 | 전기 및 복합(hybrid) 추진 시스템의 다양한 형태

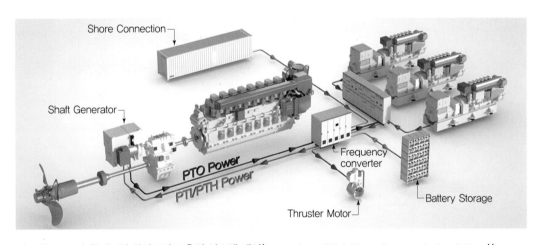

| 그림 4-45 | 플러그인 하이브리드 추진 시스템 예시(Image from Wärtsilä under permission, https://www.wartsila.com/marine/products/ship-electrification-solutions/shaft-generator)

을 의미합니다. 플러그인 기능이 없는 하이브리드 추진 선박은 자체적으로 엔진을 가동하여 배터리를 충전할 수는 있지만 외부 전원을 연결하여 충전하는 것은 불가능합니다.

전기 추진 선박은 추진에 이용하는 전기를 어떻게 만들었는지에 따라서 그 탄소 배출량이 크게 영향을 받게 됩니다. 앞에서 이미 언급했듯이 화력발전소로 발전한 전기로 추진하는 선박을 친환경선박이라고 보기는 어렵기 때문입니다. 그러나 전기의 사용 자체가 탄소를 배출하는 것은 아니므로 신재생발전이 주류가 되는 미래에는 전기 추진 선박이 친환경선박이 될 수 있을 것으로 기대되고 있습니다. 또한, 디젤-배터리 하이브리드 추진 선박과 같은 경우에는 현재 기술로 구현이 가능한 검증된 기술들로 구성되어 있으므로 시급하게 탄소의 배출 저감 효과가 필요한 경우 도입이 용이한 측면이 있습니다.

배터리를 탑재한 선박은 2000년대에는 극소수였으나, 2010년 이후 크게 증가하여 현재는 400척 이상이 운항 중입니다. 주로 노르웨이 및 북유럽의 페리선을 중심으로 적용되고 있으며, 70% 이상이 하이브리드 선박으로 적용되고 있습니다. 배터리 추진 선박과 같이 완전 전기 추진 선박의 경우 주로 소형 선박에만 적용되고 있는데, 이는 현재 배터리의 기술적 출력 한계 및 수명·안전성의 문제로 인하여 대형 선박에는 적용이 어려운 문제점들이 있기 때문입니다. 따라서 여전히 많은 기

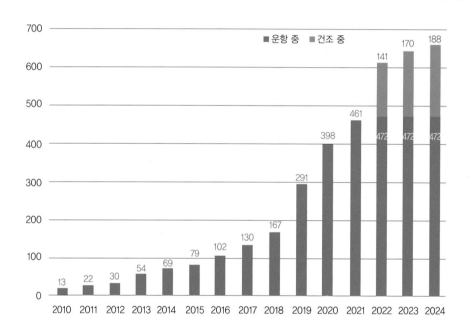

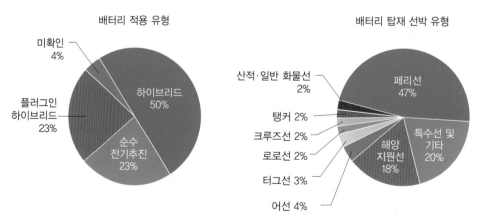

| 그림 4-46 | 배터리 탑재 선박 추이 및 유형(DNVGL, 2022)

술 개발을 필요로 합니다.

배터리의 원리

특정 물질(주로 금속)은 용액에서 원소가 전자를 잃고 이온화되는 경향을 가집니다. 또한, 물질별로 이러한 경향이 다르게 나타나며, 이를 이온화경향(ionization tendency)이라고 부릅니다. 이러한 특성을 이용, 이온화경향이 다른 두 금속을 전극(electrode)으로 하여 전선으로 연결한 후 이온이 이동할 수 있는 전해질(electrolyte)로 채우면 이온화경향이 큰 금속은 전자를 잃고 산화되며, 상대적으로 이온화경향이 작은 금속은 전자를 받아 환원되면서 전자는 전선을 통해서 움직여서 전기가 흐르는 현상을 만들 수 있습니다. 이것이 전지(battery)의 원리이며, 양 전극으로 어떠한 물질을 사용하는지, 전해질로 어떠한 물질을 사용하는지 등에 따라서 성능의 차이가 발생하게 됩니다.

이때 이온화경향이 커서 산화되어 전자를 만드는 쪽을 산화전극(anode), 이온화경향이 작아서 전자를 받아서 환원되는 쪽을 환원전극(cathode)이라고 합니다. 경우에 따라 이를 양극·음극으로 번역하는 경우도 있으나, 전지의 유형과 운전조건에 따라서 산화전극이 양극이 될 수도 있고, 음극이 될 수도 있기 때문에 양극과 음극이라는 번역은 혼란을 야기하므로 이 책에서는 산화전극과 환원전극의 표현을 사용합니다. 2차 전지의 경우, 전극의 명칭은 방전 시를 기준으로 합니다.

현재 우리가 사용하는 전지는 건전지와 같이 재충전이 되지 않는 1차 전지, 재충전이 가능한 2차 전지로 분류할 수 있습니다. 널리 사용되는 대표적인 2차 전지로 납축전지(lead-acid battery), 니켈 전지(Ni-Cd 혹은 Ni-MH battery), 리튬이온 전지(lithium ion battery) 등을 들 수 있습니다.

납축전지는 최초의 2차 전지로, 보통 전해액으로 황산 수용액을 사용하며 산화전극은 납, 환원전극은 산화납으로 구성됩니다. 방전 시 산화전극에서는 납이 황산이온과 반응하여 황산납을 형성하

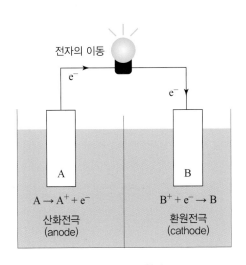

전자의 이동

e^-

e^-

A

B

$A \rightarrow A^+ + e^-$

$B^+ + e^- \rightarrow B$

산화전극
(anode)

환원전극
(cathode)

| 그림 4-47 | **전지의 원리**

고 전자를 배출하며, 환원전극에서는 전자를 받아서 산화납이 황산납으로 전환됩니다. 충전 시에는 외부 전원을 연결하여 역반응을 진행시켜서 충전을 수행합니다.

| 표 4-18 | 납축전지의 산화·환원반응

방전 시	산화전극(anode)	$Pb(s)+SO_4^{2-}(aq) \rightarrow PbSO_4(s)+2e^-$
	환원전극(cathode)	$PbO_2(s)+SO_4^{2-}(aq)+4H^+(aq) \rightarrow PbSO_4(s)+2H_2O(l)$
	전체 반응(overall)	$Pb(s)+PbO_2(s)+4H^+(aq)+2SO_4^{2-}(aq) \rightarrow 2PbSO_4(s)+2H_2O(l)$
충전 시	산화전극(anode)	$PbSO_4(s)+2e^- \rightarrow Pb(s)+SO_4^{2-}(aq)$
	환원전극(cathode)	$PbSO_4(s)+2H_2O(l) \rightarrow PbO_2(s)+SO_4^{2-}(aq)+4H^+(aq)$
	전체 반응(overall)	$2PbSO_4(s)+2H_2O(l) \rightarrow Pb(s)+PbO_2(s)+4H^+(aq)+2SO_4^{2-}(aq)$

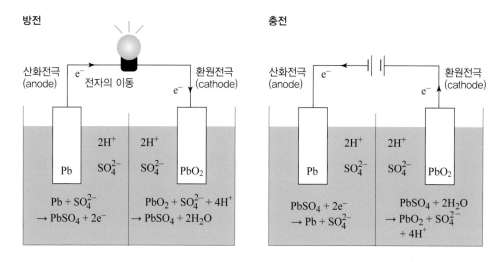

| 그림 4-48 | 납축전지의 방전 및 충전 원리

납축전지는 가격이 저렴하여 경제성이 높고, 충격을 받아도 전해액이 흐를 뿐 화재가 잘 발생하지 않아서 현재에도 자동차 배터리 등으로 사용되고 있습니다. 그러나 무겁고 충전속도가 느리며, 자연방전이 빠르고 완전방전 후 재충전이 어려운데다가 납과 같은 중금속 함유로 부적절하게 폐기되면 환경오염이 심한 단점 등을 가지고 있습니다. 또한, 충전전압을 과하게 높이면 폭발성이 강한 수소기체가 과량 발생할 수 있습니다.

니켈 전지는 니켈-카드뮴(Ni-Cd) 전지와 니켈-수소 전지(Ni-MH, Nickel-Metal Hydride) 등이 있습니다. 니켈-카드뮴 전지는 산화전극에는 수산화카드뮴, 환원전극에는 수산화니켈을 사용하며, 전해액은 수산화칼륨 수용액을 사용합니다. 납축전지에 비하여 가볍고 자연방전 속도가 느려서 충전 후 오래 가는 특성 때문에 차량용·비행기용 배터리 등으로 많이 사용되었습니다. 그러나 카드뮴이 이타이이타이병의 원인으로 밝혀지는 등 인체에 다각도로 유해한 성질을 가진 중금속이며, 완전방전 이전에 충전을 하면 최대 충전량이 저하되는 특성 등으로 인하여 점차 사용이 줄어들고 있습니다. 니켈-수소 전지는 카드뮴의 독성을 보완하고자 카드뮴 대신 금속수소화물(metal hydride)을 산화전극으로 사용한 전지로, 니켈-카드뮴 전지보다 용량이 크고 사이클 수명이 길어 휴대용 가전제품에 널리 사용되어 왔으며, 전기차용 배터리로도 사용되고 있습니다. 그러나 리튬이온 전지에 비하여 에너지 밀도가 낮고 온도 민감성이 높아서 리튬이온 전지가 안정화된 이후로는 사용이 줄어들고 있습니다.

리튬이온 전지는 현재 스마트폰·전기차 등 다양한 응용제품에 탑재되는, 산업적으로 가장 널리 사용되고 있는 배터리입니다. 고가이나 니켈 배터리보다 높은 전압과 용량을 가져서 에너지 밀도가 높고, 고속 충·방전이 가능하며 잦은 충전과 방전에도 성능 저하가 크지 않아 오래 사용이 가능한 장점을 가집니다. 다만, 안정성이 낮아서 과방전·과충전 등 관리가 잘못되면 화재와 폭발의 위험성이 높아지는 단점을 가져서 과방전 및 과충전 방지를 위한 안전장치가 요구됩니다.

리튬이온 전지는 산화·환원반응을 이용하여 전자를 움직이게 해 충전 및 방전을 가능하게 합니다. 일반적으로 물질이 산화되는 산화전극, 환원전극으로 구성되며 양 극은 분리막(membrane)으로 나누어져 있으며 그 사이에는 이온은 이동이 수월하나 전자는 이동하기 어려운 전해질(electrolyte)로 충전됩니다. 산화전극은 주로 흑연이 많이 사용되며, 환원전극은 리튬이온이 안정적으로 결합

| 표 4-19 | 리튬이온 전지의 산화·환원반응

방전 시	산화전극(anode)	$LiC_6 \rightarrow C_6 + Li^+ + e^-$
	환원전극(cathode)	$CoO_2 + Li^+ + e^- \rightarrow LiCoO_2$
	전체 반응(overall)	$CoO_2 + LiC_6 \rightarrow C_6 + LiCoO_2$
충전 시	산화전극(anode)	$C_6 + Li^+ + e^- \rightarrow LiC_6$
	환원전극(cathode)	$LiCoO_2 \rightarrow CoO_2 + Li^+ + e^-$
	전체 반응(overall)	$C_6 + LiCoO_2 \rightarrow CoO_2 + LiC_6$

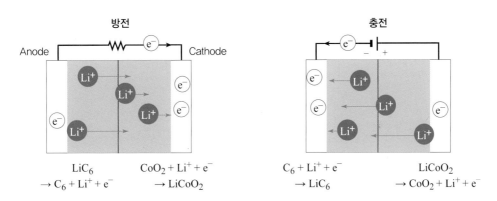

| 그림 4-49 | 리튬이온 전지의 충전 및 방전 원리

할 수 있는 금속산화물이 사용되며, 산화리튬코발트($LiCoO_2$) 등이 사용됩니다. 방전 시 산화전극에서는 리튬이 전자를 잃게 되며, 생성된 리튬이온은 전해질을 통하여 환원전극으로 이동하고 전자는 전선을 통하여 환원전극으로 이동하면서 전류가 흐르게 됩니다. 환원전극에서는 리튬이온이 전자를 만나서 리튬 금속산화물이 됩니다. 충전 시에는 양 전극에 역으로 전압을 걸면 환원전극에서는 전자를 잃고 리튬이온이 형성되어 다시 산화전극으로 리튬이온이 이동, 흑연분자의 구조에 저장되게 됩니다.

연료전지 추진 선박의 개요

전지의 원리를 이용, 어떠한 물질을 연료로 공급하여 그 산화·환원반응을 통한 전기화학적 반응을 통해서 생성되는 전자의 흐름을 전기로 얻을 수 있도록 만들어진 전지를 연료전지(fuel cell)라 하며, 그 연료로 수소를 사용하는 것을 수소 연료전지라고 합니다. 일반적으로 물질 출입이 없는 배터리와는 달리 지속적인 연료 및 산소 등의 출입을 통하여 전기를 생성하는 것이 특징입니다. 연료전지는 출력의 가감이 효율적이지 않으므로 일반적으로 배터리와 같은 ESS(Energy Storage System)를 같이 설치하여 유휴 에너지를 저장, 소출력에서는 배터리로 전기 추진하며 일정 이상 출력부터 연료전지를 가동해 효율적으로 추진 및 배터리를 충전하도록 운전됩니다.

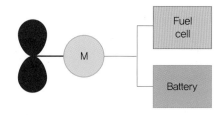

| 그림 4-50 | **연료전지 전기 추진(fuel cell electric propulsion) 시스템의 개요**

그동안 다양한 형태의 수소 연료전지가 개발되어 왔는데, 현재 상업적으로 많이 사용되고 있는 것은 PEMFC(Proton Exchange Membrane Fuel Cell)입니다. 또한, 차기 연료전지 기술로 MCFC(Molten Carbonate Fuel Cell) 및 SOFC(Solid Oxide Fuel Cell)에 대한 연구가 활발하게 이루어지고 있습니다.

수소 연료전지의 원리

수소 연료전지는 수소를 연료로 공급, 전기화학적 산화·환원반응을 통하여 전기를 얻습니다. 일반적으로 산화전극에서는 수소의 이온화가 이루어지며 전자를 생성, 환원전극에서는 이 전자를 받아서 수소이온을 물로 환원합니다.

$$\text{Anode: } H_2 \;\rightarrow\; 2H^+ + 2e^-$$

$$\text{Cathode: } 0.5O_2 + 2H^+ + 2e^- \;\rightarrow\; H_2O$$

$$\text{Overall: } H_2 + 0.5O_2 \;\rightarrow\; H_2O$$

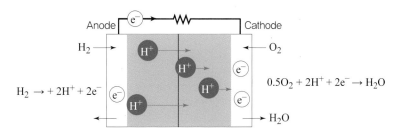

| 그림 4-51 | 수소 연료전지의 기본 개념

PEMFC(Proton Exchange Membrane Fuel Cell, 고분자 전해질 연료전지)

현재 상업적으로 이용되고 있는 수소 연료전지 자동차(FCEV, Fuel Cell Electric Vehicle) 및 연료전지 선박에 탑재되고 있는 연료전지는 거의 대부분이 PEMFC(Proton Exchange Membrane Fuel Cell)를 이용하고 있습니다. 양성자(proton), 즉 수소 양이온이 통과할 수 있어 분리막 겸 전해질 역할을 할 수 있는 고분자 재질의 양성자 교환 멤브레인 PEM(Proton Exchange Membrane 혹은 Polymer Electrolyte Membrane)을 이용하여 산화전극에서 발생한 수소이온이 전해질을 통해 환원전극으로 이동할 수 있도록 하며, 산화전극에서 환원전극으로 전자의 이동을 통하여 전기를 얻습니다.

$$\text{Anode : } H_2 \;\rightarrow\; 2H^+ + 2e^-$$

$$\text{Cathode : } 0.5O_2 + 2H^+ + 2e^- \;\rightarrow\; H_2O$$

$$\text{Overall : } H_2 + 0.5O_2 \;\rightarrow\; H_2O$$

50~100°C 정도의 저온에서 운전이 가능하며 작고, 무게 대비 출력이 100~1,000 W/kg 정도로 높아서 고온을 요구하지 않는 다양한 분야에서 사용이 가능합니다. 보고되고 있는 효율은 50~60% 정도입니다. 단위 모듈당 출력이 50~100 kW 정도로 크지 않은 점은 대형화에 단점으로 지적되고 있습니다. 수소를 이온화시키기 위해서 백금(Pt) 촉매를 필요로 하는데, 이는 가격이 높은 물질로 PEMFC의 비용을 증가시키는 한 원인이 됩니다. 또한, 백금은 일산화탄소(CO)나 황(S)과 같은 불순물이 존재하면 쉽게 피독(poisoning)되어 촉매의 성능이 저하되는 현상이 발생하기 때문에 99.9% 이상 고순도의 수소(H)를 공급해야 만하는 특징이 있습니다.

PEMFC를 탑재한 수소 연료전지 선박은 이미 운항 사례들이 있습니다. Nemo H₂는 2006년

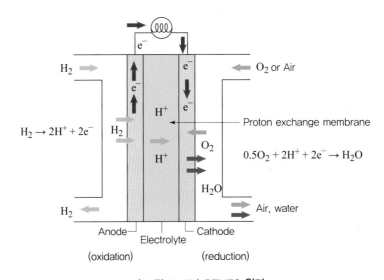

$$H_2 \rightarrow 2H^+ + 2e^-$$

Proton exchange membrane

$$0.5O_2 + 2H^+ + 2e^- \rightarrow H_2O$$

| 그림 4-52 | PEMFC 원리

(modified from https://en.wikipedia.org/wiki/Proton-exchange_membrane_fuel_cell)

네덜란드 암스테르담 수로를 운항하는 수소 연료전지 추진 페리선을 제작하는 프로젝트로, 이 페리선은 2개의 30 kW 연료전지(PEMFC)와 70 kWh 용량의 배터리를 탑재하고 운항하였습니다. ZEMships는 2006년부터 독일 함부르크에서 수행된 무탄소 배출 페리선 프로젝트로, 이 페리선은 2개의 50 kW PEMFC와 배터리를 탑재하고 수소 주입 및 운항 테스트를 수행하였습니다.

현재 PEMFC와 같이 상용화된 수소 연료전지의 출력은 단위 모듈당 50~100 kW 정도로, 소형 선박을 추진하기에는 용이한 출력이나 수~수십 MW의 출력을 요구하는 중대형 선박의 경우에는

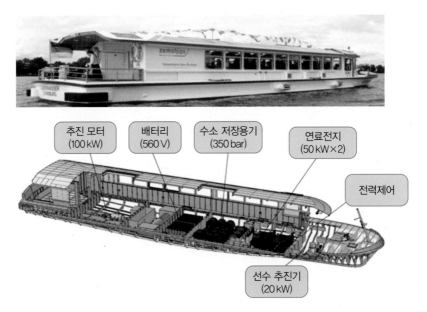

| 그림 4-53 | 수소 연료전지 페리선 ZEMships 사례(used under permission of Proton Motor)

연료전지만으로 출력을 감당하기는 어려운 상황입니다. 따라서 연료전지가 선박에 본격적으로 적용되기 위해서는 연료전지를 효율적으로 중첩하는 방법 및 대용량 연료전지에 대한 연구가 꾸준히 필요합니다.

MCFC(Molten Carbonate Fuel Cell, 용융 탄산염 연료전지)

MCFC(Molten Carbonate Fuel Cell)는 용융 탄산염(molten carbonate)을 이용하여, 수소이온이 이동하는 것이 아니라 탄산이온(carbonate ion, CO_3^{2-})이 이동하도록 설계된 수소 연료전지입니다. 산화전극에서는 수소가 탄산이온과 반응하여 산화되어 전자를 생성하게 되며, 환원전극에서는 이산화탄소가 전자를 받아 환원돼 탄산이온을 공급하게 됩니다.

$$Anode: H_2 + CO_3^{2-} \rightarrow H_2O + CO_2 + 2e^-$$
$$Cathode: 0.5O_2 + CO_2 + 2e^- \rightarrow CO_3^{2-}$$
$$Overall: H_2 + 0.5O_2 \rightarrow H_2O$$

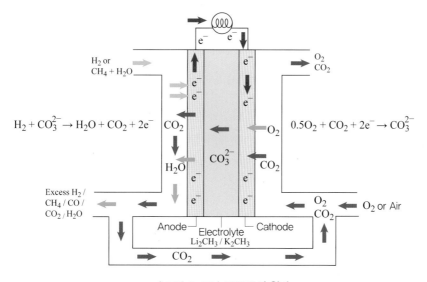

| 그림 4-54 | **MCFC의 원리**

탄산리튬(Li_2CO_3)이나 탄산칼륨(K_2CO_3)과 같은 탄산염을 전해질로 이용하며, 탄산염이 전해질로 기능하기 위해서는 600℃ 이상의 고온의 운전조건을 요구하게 됩니다. 대신 수소의 이온화가 용이하여 백금과 같은 귀금속 촉매가 필요하지 않고 니켈합금계열 촉매가 전극으로 사용됩니다. 또한, 운전온도가 높고 일산화탄소에 피독이 적은 니켈계열 촉매를 사용하다 보니 연료 선택의 폭이 넓어지는 특징이 있습니다. 니켈 촉매 하의 고온에서는 천연가스의 수증기 메테인 개질(SMR, Steam Methane Reforming)반응 및 수성가스 치환(WGS, Water Gas Shift)반응이 일어나는 것

이 가능합니다. 즉, MCFC는 수소 대신 메테인을 공급, 내부적으로 SMR반응을 통하여 수소를 공급하는 것이 가능합니다. 이는 고순도 수소만이 아닌 천연가스 등을 연료로 사용할 수 있는 확장성을 가지므로 장점이 될 수 있을 것으로 보고 있습니다.

$$SMR : CH_4 + H_2O \rightleftharpoons CO + 3H_2$$
$$WGS : CO + H_2O \rightleftharpoons CO_2 + H_2$$

또한, 단위 모듈당 500 kW 정도의 대용량 출력이 가능하므로 고출력을 요구하는 시스템에도 적용이 가능할 것으로 기대되고 있습니다. 보고되고 있는 효율은 50~60% 정도이며, 고온의 배출가스로부터 폐열을 회수하면 80%까지도 도달될 것으로 생각되고 있습니다. MCFC는 상대적으로 크기가 크기 때문에 주로 발전소 등에 적용되는 연구가 많고 선박용 적용 사례는 많지 않습니다. 그러나 중대형 선박에 적용하고자 하는 연구는 지속적으로 진행되고 있습니다. FellowShip 프로젝트에서는 2003~2011년까지 OSV의 보조 출력으로 LNG를 연료로 사용하는 320 kW의 MCFC를 설계 및 테스트하였습니다. LNG 추진선을 대상으로 하는 경우, LNG를 가스 엔진의 연료이자 동시에 연료전지의 연료로도 사용할 수 있기 때문에 높은 유연성을 보유할 수 있다는 점에서 관심을 받고 있습니다.

SOFC(Solid Oxide Fuel Cell, 고체산화물 연료전지)

SOFC(Solid Oxide Fuel Cell)는 산화금속을 이용, 수소이온 대신 산소이온이 이동하도록 설계된 수소 연료전지입니다. 산화전극에서는 수소가 산소이온을 만나 산화되어 전자를 생성하며, 환원전극에서는 산소분자가 전자를 받아 산소이온으로 환원됩니다.

$$Anode : H_2 + O^{2-} \rightarrow H_2O + 2e^-$$
$$Cathode : 0.5O_2 + 2e^- \rightarrow O^{2-}$$
$$Overall : H_2 + 0.5O_2 \rightarrow H_2O$$

산화전극에는 YSZ(Yttria Stabilized Zirconia)라는 산화지르코늄(ZrO_2, zirconium oxide 혹은 zriconia)에 소량의 산화이트륨(Y_2O_3, yttrium oxide 혹은 yttria)을 첨가하여 안정화시킨 세라믹 물질 등을 사용하며, 환원전극에는 LSM(Lanthanum-Strontium-Manganite)과 같은 물질이 사용됩니다.

SOFC는 500~1,000°C 정도의 매우 높은 온도에서 운전되는 연료전지로, 고온의 운전조건 때문에 수증기 메테인 개질을 이용하기에 유리하여 메테인을 공급해 수소를 생성하는 것도 가능합니다. 또한, 단위 용량이 커서 MW급 출력을 내기에 용이하여 대용량 연료전지로 기대되고 있습니다. 보고되고 있는 효율은 50~60% 정도이며, 고온의 배출가스로부터 폐열을 회수하면 80% 이상

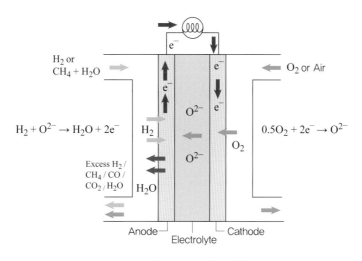

| 그림 4-55 | SOFC 원리

도 가능할 것으로 보여지고 있습니다.

크기 및 내구성의 문제로 SOFC는 주로 발전소를 중심으로 연구가 수행되어 왔으나, 최근에는 선박에 적용하고자 하는 연구도 늘어나고 있습니다. FELICITAS는 2005~2008년 수행된 다수의 세부 프로젝트로 구성된 연료전지 프로젝트입니다. 그중 롤스로이스가 주도했던 2세부 프로젝트는 SOFC를 이용한 선박용 연료전지 시스템에 대한 연구로, 1 MW급 출력을 목표로 LNG를 연료로 하는 250 kW SOFC 시스템을 설계하였습니다. SchiBz는 독일 정부의 수소 및 연료전지 혁신 과제의 일환으로 수행되고 있는 프로젝트로, 100 kW급 SOFC를 선박의 보조 동력원으로 사용하고자 하는 프로젝트입니다.

4.6 탄소의 포집·활용 및 저장(CCUS) 기술

CCUS기술 개요

CCUS란 탄소의 포집·활용 및 저장(Carbon Capture, Utilization and Storage)의 약자로, 이산화탄소의 대량 배출원으로부터 이산화탄소를 분리·포집(capture)하여 이를 다른 물질로 전환·활용(utilization)하거나, 다시 대기에 배출되지 않는 지층에 격리·저장(sequestration·storage)하는 기술들을 통틀어 일컫는 말입니다. 이는 특정 기술을 지칭하는 것이 아니라 해당되는 모든 기술들을 통틀어서 언급하는 것으로, 매우 다양한 기술들을 포괄하고 있습니다. CCUS기술은 꽤 오

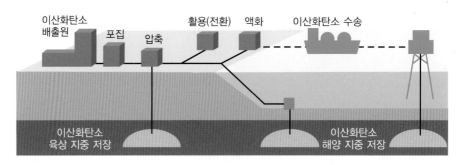

| 그림 4-56 | CCUS기술의 개요

래 전에 정립되었는데, 초창기에는 전환·활용 기술은 별개로 생각, 이를 제외한 CCS기술로 시작되었습니다.

가스전 내에는 천연가스를 구성하는 탄화수소 이외에도 이산화탄소·황화수소와 같은 불순물이 존재합니다. 이는 배관 부식을 야기하는 산성물질이며, 황화수소의 경우 독성이 강한 물질이기 때문에 천연가스 생산을 위해서는 이러한 산성가스를 제거하는 AGRU(Acid Gas Removal Unit)를 두게 됩니다. 가스혼합물로부터 이산화탄소를 분리하는 이러한 공정은 천연가스 개발 초기인 70년대부터 적용되어 왔습니다. 원유를 생산할 때 시추 초기에는 유전 자체의 압력만으로도 원유가 생산되지만, 시간이 흐름에 따라 유전의 압력이 감소하면 생산량도 감소하게 됩니다. 원유 생산량을 늘리기 위해서 유전에 다른 물질을 주입하는 기술을 원유 회수 증진법, EOR(Enhanced Oil Recovery)이라고 합니다. EOR은 점도가 높은 유전에 적용 가능한 기술로 이산화탄소 EOR이 개발되어 80년대부터 적용돼 왔으며, 이를 위한 이산화탄소 배관 수송도 오래전부터 사용되어 왔습니다. 즉, 이산화탄소의 포집, 수송, 지층 주입을 위한 요소 기술들은 그 역사가 매우 오래된 기술들입니다.

80~90년대 IPCC(Intergovernmental Panel on Climate Change, 정부 간 기후변화협의체)가 창설되고 UNFCCC(United Nations Framework Convention on Climate Change, 유엔 기후변화협약)가 채택되면서, 이러한 기술을 조합하여 이산화탄소를 포집한 후 지중에 저장해 배출되지 않도록 하면 이산화탄소 배출 저감에도 기여할 수 있다는 인식이 커집니다. 그러던 중 1991년 최초로 노르웨이에서 탄소세(carbon tax)를 부과, 이산화탄소 배출 톤당 50달러를 지불해야 하는 법률이 통과됩니다. 이후 90년대 중반 노르웨이 북해의 슬레이프너(Sleipner) 가스전 개발 시 해당 가스전의 이산화탄소 함량이 높아서 그대로 배출하면 탄소세를 과도하게 부담해야 했기 때문에 대신 해양 플랫폼에서 포집한 이산화탄소를 해저 염수층에 주입하는 슬레이프너 CCS 프로젝트가 시작되었습니다. 1996년 최초로 이산화탄소의 주입이 시작되면서 최초의 상업 CCS 프로젝트가 기록됩니다. 이후 미국·캐나다 등에서도 EOR 프로젝트와 결합된 CCS 프로젝트가 시작되면서 현재 전 세계적으로 다수의 CCS 프로젝트가 실행 혹은 계획되고 있습니다.

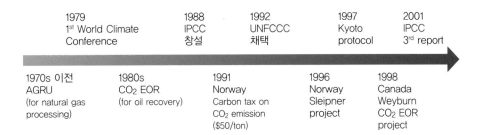

| 그림 4-57 | CCS기술의 초기 적용 역사

| 그림 4-58 | 전 세계 주요 CCS 프로젝트 현황(IEA, 2022)

CCS는 오래된 역사와 함께 다양한 기술 적용 이력을 가지고 있어서 기술적 성숙도는 높은 편입니다. 그러나 이산화탄소를 포집·수송·활용·저장하는 데 적지 않은 에너지가 투입되며, 이로 인하여 큰 비용이 발생하는 문제점을 가지고 있습니다. 이산화탄소 포집 시 필요한 에너지양은 대상 배기가스 내 이산화탄소의 분율이 얼마나 되는지, 불순물이 얼마나 많은지 등에 따라서 변화하며 적게는 이산화탄소 톤당 20~40 USD, 많게는 USD 100 이상의 비용이 추산되고 있습니다. 배관 수송의 경우, 이산화탄소 1톤을 100 km 수송 시 약 5~10 USD 비용이 추산됩니다. 저장의 경우, 주입층의 깊이와 필요 압력 등에 따라 톤당 10~40 USD의 비용이 추산됩니다. 결과적으로 이산화탄소를 포집·수송·저장하기 위해서는 이산화탄소 1톤당 40~100 USD 이상의 비용이 요구되는데, 이러한 비용을 자발적으로 감당하기는 어렵습니다. 현재 수행되고 있는 CCS 프로젝트의 대다수가 EOR 프로젝트에 국한되어 있는 것은 이러한 경제적인 요인 때문이라고 볼 수 있습니다.

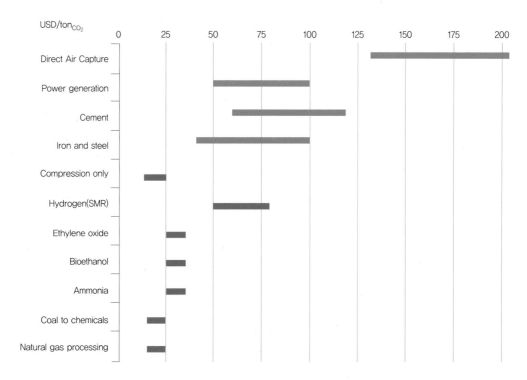

| 그림 4-59 | 이산화탄소 포집비용 추산 현황(IEA, 2022)

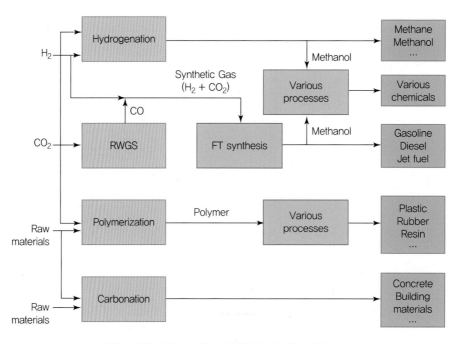

| 그림 4-60 | 다양한 물질을 얻을 수 있는 이산화탄소의 전환·활용 경로 예시(IEA, 2009)

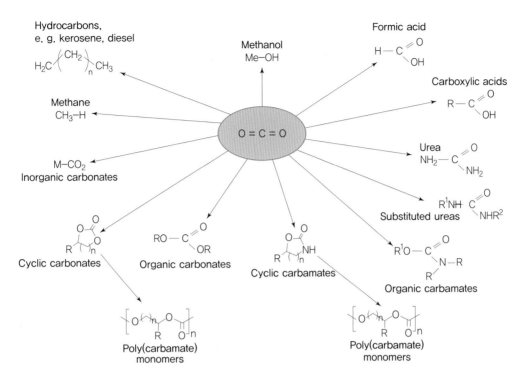

| 그림 4-61 | 이산화탄소를 전환해서 얻을 수 있는 다양한 화학제품들(한국에너지기술평가원, 2015)

CU기술 개요

이산화탄소는 기존에도 이미 원유 회수 증진(EOR), 식음료 생산, 냉매(드라이아이스) 생산, 카페인 제거 등 산업적으로 다양하게 이용되어 왔으나 이러한 목적을 가지는 사용량은 한계가 있기 때문에 포집된 이산화탄소를 모두 사용하기는 어렵습니다. 때문에 이산화탄소를 원료로 하여 시장가치가 있는 다른 물질을 만들고자 하는 다양한 연구가 지속적으로 수행되어 왔습니다. 이러한 기술을 통틀어서 이산화탄소 전환·활용(Carbon Utilization) 기술이라고 부릅니다.

현재 이산화탄소로부터 생산이 가능한 물질은 매우 다양합니다. 연료부터 화학물질, 플라스틱, 고분자 콘크리트 등 다양한 물질을 생산할 수 있는 공정들이 지속적으로 개발되어 온 바 있습니다. 이러한 기술들은 하나하나 별도의 상세한 생산공정에 대한 이해를 요구하기 때문에 이 책에서는 상세 기술을 다루기보다는 전체적인 흐름을 설명하는 데 초점을 맞추고 있습니다.

이렇게 다양한 이산화탄소 전환·활용 기술들이 있으나, 아직까지는 경제적 타당성이 확보된 기술은 많지 않습니다. 이산화탄소를 다른 물질로 전환하기 위해서는 대부분 고온·고압의 조건이 요구되거나 값비싼 귀금속 촉매를 필요로 하는 경우가 많고, 전환되는 비율도 크지 않은 경우가 많습니다. 이러한 경우, 이산화탄소를 전환하여 얻는 물질의 가치보다 생산하는 데 들어가는 비용이 더 커지는 문제가 발생합니다. [그림 4-62]는 한 연구에 따른 물질의 시장가치와 그 생산단가의 비율

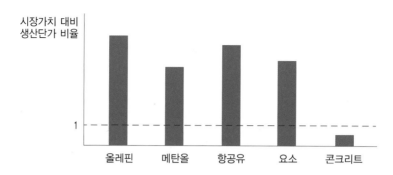

시장가치 대비
생산단가 비율

올레핀　메탄올　항공유　요소　콘크리트

| 그림 4-62 | 이산화탄소 활용 기술이 적용된 물질의 시장가치 대비 생산단가의 비율 분석 연구 사례
(A. Bhardwaj et al., 2021)

을 보여 주고 있는데, 일부 기술을 제외한 다수의 기술들에 시장가치보다 높은 비용의 투자가 요구되고 있음을 알 수 있습니다.

　또한, 전환공정에서 요구되는 대량의 에너지를 공급하기 위해서 다시 대량의 화석연료가 사용되면 그 과정에서 다시 이산화탄소가 발생할 수 있습니다. 따라서 같은 물질이라도 어떻게 생산하는지 그 과정에 따라서 탄소 배출량은 크게 차이가 나게 됩니다. [표 4-20]은 그 한 예로, 같은 메탄올을 만들더라도 수첨 과정에서 어떠한 수소를 사용했는지에 따라서 이산화탄소 감축량이 '−', 즉 오히려 이산화탄소가 더 발생할 수 있음을 보여 주고 있습니다. 즉, 기존의 화석연료 기반 에너지를 이용한 이산화탄소 전환 기술은 탄소의 배출 저감에 기여할 수 없는 경우가 많으며, 신재생에너지 등 탄소 중립 혹은 감축 에너지원 사용이 필요합니다. 따라서 이산화탄소의 활용 기술을 본격적으로 적용하기 위해서는 이러한 탄소 중립적 에너지원이 충분히 갖추어져야 할 필요가 있습니다.

| 표 4-20 | 이산화탄소의 전환·활용 기술을 통해 생산된 물질별 이산화탄소 단위 감축량 연구 사례(유동헌 외, 2018)

물질	이산화탄소 단위 감축량(t_{CO_2eq}/t)	내용
포름산	0.234	태양광 및 스팀 사용
	0.306	태양광 사용
	−3.424	기존 발전 시스템 전력 및 스팀 사용
메탄	−2.025	수증기 개질 수소 사용
	2.442	재생에너지 기반 수소 사용
	−9.302	기존의 발전 시스템의 전력으로 생산된 수소 사용
메탄올	−0.953	수증기 개질 수소 사용
	0.865	재생에너지 기반 수소 사용
	−3.914	기존의 발전 시스템의 전력으로 생산된 수소 사용

선상(on board) CCUS기술의 현황 및 난점

2020년 이전에는 CCUS기술이 선박에 본격적으로 고려된 적이 많지 않습니다. 2013년에 DNV와 PSE에서 선박에 CCS를 결합하여 이산화탄소 배출량을 65%까지 감축이 가능하다는 개념 연구를 발표한 적이 있으나, 그 외 실증이 된 사례는 없었습니다. 그러나 2021년부터 관련 연구 및 계획이 늘어나고 있습니다. 현재 CCUS와 결부되어 선박과 관련돼 논의되고 있는 CCUS기술은 크게 두 가지 유형이 있습니다.

첫째, 선박에서 배출하고 있는 이산화탄소를 포집, 선상에 저장한 후 이를 지중에 격리·저장할 수 있는 곳이나 다른 활용처로 하역하여 선박의 이산화탄소 배출을 저감하는 개념입니다. 이는 현존선에 적용이 가능한 검증된 기술이라는 점에서 매력이 많습니다. 특히, 이제 EEXI와 CII가 현존선에 적용되어야 하는 시점에서 중유를 사용하는 기존 선박과 같은 경우, 당장 선택할 수 있는 이산화탄소의 배출 저감 기술 후보가 많지 않기 때문에 CCUS기술을 선박과 결합한 수요가 있을 것으로 기대하는 시선이 있습니다. 현재 IMO에서 규정하고 있는 CII와 같이 TtW(Tank-to-Wake) 기준 이산화탄소 배출량 지수에는 CCUS기술이 아직 포함되어 있지 않습니다. 2021년 MEPC에서 건의가 있었으나 승인되지는 않은 상태입니다. 그러나 현재 기존 이산화탄소 배출량을 TtW만이 아닌 WtW(Well to Wake) 전과정 평가를 통하여 이산화탄소 등가 온실가스(GHG) 배출량으로 개념을 확대하는 과정에 있으며, 이 과정에서 CCUS로 포집된 이산화탄소량은 배출량에서 저감하는 개념이 논의되고 있습니다. 따라서 향후 논의에 따라 선상 이산화탄소의 포집 기술도 온실가스의 저감 기술로 포함될 가능성이 있습니다.

2021년 일본선급에서는 가와사키 K라인에 이산화탄소 포집설비를 탑재, 포집 성능 테스트를 성공적으로 마쳤음을 발표한 바 있습니다. 또한, 핀란드 기업 바르질라(Wärtsilä)에서는 스크러버 기반 이산화탄소 포집설비를 2023년까지 적용할 계획을 발표한 바 있으며, 그 외에 다양한 조선소 및 기자재 업체에서 이산화탄소 포집설비에 대해 연구하고 있습니다.

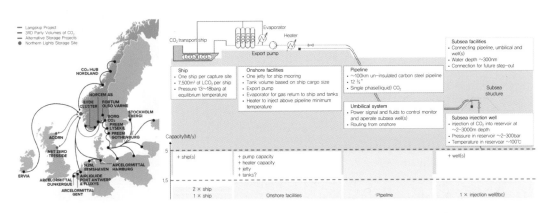

| 그림 4-63 | 노르웨이의 노던 라이트(northern light) 프로젝트 개요(Globalccsinstitute, 2021)

물론, 현재는 아직 넘어야 할 산도 많습니다. 선상에 이산화탄소 포집설비를 배치하고 포집된 이산화탄소를 저장해야 하며, 이산화탄소 포집에 화학물질 등이 필요한 경우에 이에 대한 저장 공간이 필요하게 되므로 수송 용량이 감소하는 공간적 손해를 보게 됩니다. 더 큰 문제는 아직은 포집된 이산화탄소를 저장하거나 처리·전환할 수 있는 대규모의 방법이 존재하지 않는다는 것입니다. 즉, 포집은 문제없이 하더라도 이를 다시 처리할 수 있는 방법이 마땅치 않습니다.

노르웨이에서는 노던 라이트(northern light) 프로젝트를 통하여 세계 최초로 국경을 넘어(cross-border) 이산화탄소를 저장하고자 하는 프로젝트를 수행하고 있으며, 노르웨이 서쪽 연안 해양 지층에 이산화탄소 주입을 위한 시설을 만들고 우선 노르웨이 내 이산화탄소 배출원으로부터 이산화탄소를 액화하여 운반선으로 수송, 주입 저장한 뒤에 이를 유럽 다른 국가까지 확대하는 계획을 수립, 발표한 바 있습니다. 이러한 저장 프로젝트가 성공적으로 이뤄져 포집된 이산화탄소를 받을 수 있는 곳이 늘어나면 선박의 이산화탄소 포집의 활용 가능성도 더욱 높아질 것으로 기대됩니다.

둘째, 블루 수소와 같이 생산 과정에서 이산화탄소가 배출되는 것을 막기 위해서 CCUS가 결합된 차세대연료의 생산공정에서 포집된 이산화탄소를 지중에 격리·저장할 수 있는 곳이나 다른 활용처로 수송하기 위하여 이산화탄소 운반선을 적용하는 개념입니다. 또한, 이러한 이산화탄소 운반선에 이산화탄소 포집이 적용 결합된 개념을 포함합니다. 현재 수소와 같이 탄소를 배출하지 않는 차세대연료에 대한 기대가 매우 높은 상황이나, 앞서 다루었듯이 현재 수소 생산 과정에서는 이산화탄소 배출을 피할 수가 없는 상황이므로 이에 CCUS가 결합할 수밖에 없는 상황에 놓여 있습니다. 이는 향후 대용량의 이산화탄소 운반선의 필요 가능성이 높다는 예측이 지속적으로 나오는 이유입니다. 또한, 유정에서 추진까지(WtW, Well-to-Wake) 이산화탄소 발생량을 평가하는 LCA 관점에서 보면 이산화탄소 운반선이 배출하는 이산화탄소도 이를 이용하는 수소의 이산화탄소 발생량에 영향을 미치기 때문에 장기적으로는 선박의 이산화탄소 배출도 저감하고자 하는 수요가 높아질 수 있습니다. 이산화탄소 운반선은 개념적으로 탄소의 포집 및 저장 기술을 적용하기에 상대적으로 수월할 수 있다는 잠재성도 가지고 있습니다. 주 운반 화물이 이산화탄소이기 때문에 별도의 이산화탄소 저장탱크가 필요한 다른 선박에 비해서 포집된 이산화탄소를 재처리하여 저장하기가 수월할 수 있기 때문입니다.

현재 이미 상업적으로 이용되고 있는 이산화탄소 운반선은 대부분 식품용 소형 운반선이며, CCUS와 연계된 대용량 이산화탄소 운반선은 아직 드뭅니다. 향후 이러한 대형 이산화탄소 운반선도 새로운 시장이 될 수 있을 것으로 봅니다.

이산화탄소 포집

이산화탄소 포집은 매우 다양한 기술들을 포함하고 있어서 그 범위가 매우 넓습니다. 이산화탄소 포집을 언제 하는지에 따라서 연소 후 포집(post-combustion capture), 연소 전 포집(precombustion capture), 순산소 연소(oxyfuel combustion)의 세 가지 유형으로 나뉘며, 다시 적용 가능한 기술별로 구체적으로 분류합니다.

① **연소 후 포집**: 발전소의 보일러, 자동차의 엔진 등 에너지를 얻기 위한 연소 과정을 거친 뒤에 그 배기가스에 존재하는 이산화탄소를 분리·포집하는 기술들을 통칭합니다.

② **연소 전 포집**: 연료를 다른 형태의 연료원으로 전환하는 과정에서 이산화탄소를 먼저 분리·포집하는 기술들을 통칭합니다. 예를 들어, 블루 수소 생산을 위해서 SMR을 이용하여 천연가스에서 수소를 만들고, 여기서 이산화탄소를 포집해서 수소만을 생산하는 경우와 같은 사례를 들 수 있습니다.

③ **순산소 연소**: 화석연료를 공기가 아닌 순수한 산소와 연소를 시키는 경우, 이산화탄소와 물 이외의 다른 물질이 발생하지 않으므로 물만 분리하면 바로 이산화탄소를 포집할 수 있는 성질을 이용하는 기술들을 통칭합니다.

순산소 연소 기술의 경우에는 순산소 연소를 위한 별도의 설비가 요구되며, 연소 전 포집의 경우는 수소 추진과 같이 연료원이 다른 선박을 대상으로 할 수 있으나 현재는 그러한 사례가 드물기 때문에 여기서는 기존 선박의 엔진 구조를 크게 변경하지 않고 적용이 가능한 연소 후 포집을 중심으로 설명을 하겠습니다. 연소 전 포집의 경우, 다음 절 그린 수소와 CCUS에서 부연 설명합니다.

연소 후 포집에 적용 가능한 이산화탄소 분리·포집 기술은 다시 다양하게 나뉘는데, 여기서는 가장 대표적인 방법론으로 ① 흡수(습식 포집), ② 흡착(건식 포집), ③ 분리막, ④ 저온분리의 기술 개요를 설명합니다.

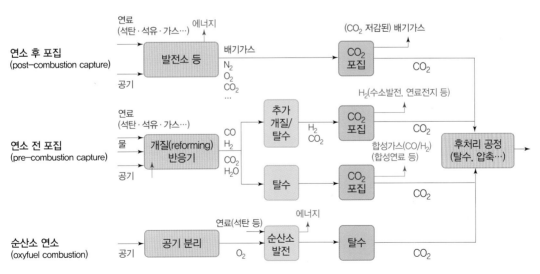

| 그림 4-64 | **이산화탄소 포집 방법론의 분류**

1) 흡수 혹은 습식포집

특정 물질이 특정 액체(혹은 고체) 흡수제와 물리적으로 결합하거나, 화학적으로 반응하여 흡수제에 완전 용해되는 기작을 흡수(absoprtion)라고 합니다. 또한, 특정 물질이 특정 고체(혹은 액체) 흡착제의 표면에 물리적으로 결합하거나, 화학적으로 반응하여 표면에 고착화되는 것을 흡착(adsorption)이라고 합니다. 다만, 메커니즘상으로는 흡수와 흡착이 동시에 일어나서 구별하기가 애매한 경우도 많기 때문에 흡수인지, 흡착인지를 구별하기보다는 흡수와 흡착이 일어나는 상이 액체상이면 습식 포집, 고체상이면 건식 포집으로 부르기도 합니다.

이산화탄소의 흡수 혹은 습식 포집은 이산화탄소와 반응성이 높은 물질을 포함한 흡수제를 이용하여 이산화탄소를 흡수제에 용해시켜서 분리하는 것을 의미합니다. 대표적으로 사용되는 물질로는 아민(amine), 그중에서도 알카놀 아민(alkanol-amine)계열의 화학물질이 많이 사용됩니다. 아민은 암모니아분자에서 수소원자가 다른 작용기로 치환된 화합물을 의미하며, 작용기가 알코올기인 경우를 알카놀 아민이라고 합니다. 대표적으로 MEA(Mono-Ethanol-Amine), DEA(Di-Ethanol-Amine), MDEA(Methyl-Di-Ethanol-Amine) 등이 있습니다.

| 그림 4-65 | 대표적인 아민 물질의 분자 구조식

물질별로 반응 메커니즘은 다를 수 있지만 이러한 아민계열의 물질은 이산화탄소와 선택적으로 반응하여 물에 녹는 이온 형태의 물질이 되는 특성이 있습니다. 예를 들어, DEA와 같은 아민은 이산화탄소와 반응, 아민 카바메이트 이온(amine carbamate ion)을 형성하여 물에 녹게 됩니다. 이는 저온에서는 이산화탄소를 흡수하는 정반응이, 고온에서는 다시 이산화탄소가 기체가 되는 역반응이 진행되어서 온도 차이를 이용, 이산화탄소를 분리·포집하는 공정을 운영하는 것이 가능합니다.

| 그림 4-66 | 아민 수용액의 이산화탄소 흡수 기작

[그림 4-67]은 아민 수용액을 이용한 이산화탄소 흡수공정의 일반적인 공정 흐름도를 나타냅니다. 일반적으로 2개의 증류탑으로 구성됩니다. 첫 번째 증류탑은 흡수탑(absorber) 혹은 접촉탑(contactor)이라 불리는데, 상부에서는 저온으로 냉각된 아민 수용액이 분사되고, 하부에서는 이산화탄소를 포함한 배기가스가 주입됩니다. 흡수탑 내부에서 기체와 액체가 접촉하면서 액체의 아민이 기체 중 이산화탄소를 흡수하는 반응이 일어나며, 그 결과 흡수탑의 하부에서는 이산화탄소를 흡수한 이산화탄소 분율이 높은 흡수제(CO_2 rich solvent)가 토출되며, 상부에서는 이산화탄소가 제거된 배기가스가 배출되게 됩니다. 이산화탄소를 흡수한 흡수제는 열교환 후 탈거탑(stripper) 혹은 재생탑(regenerator)이라고 불리는 두 번째 증류탑으로 유입됩니다. 하부에서 재비기(reboiler)를 통하여 지속적으로 열을 공급해 온도를 올리게 되면 이산화탄소가 다시 기체화되는 역반응이 일어나면서 상부로 기체 이산화탄소와 일부 수증기가 배출되며, 하부로는 이산화탄소를 배출하여 이산화탄소 분율이 낮은 흡수제(CO_2 lean solvent)가 재생되어 냉각 후 다시 흡수탑으로 송출됩니다.

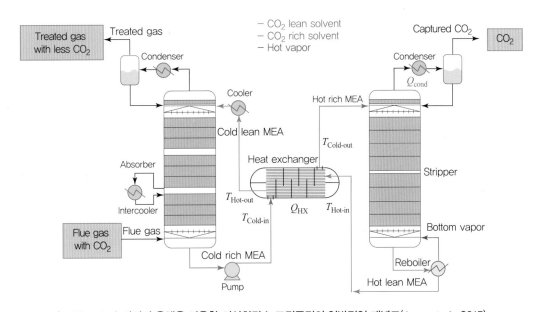

| 그림 4-67 | 아민 수용액을 이용한 이산화탄소 포집공정의 일반적인 개념도(Jung et al., 2015)

아민계열 흡수제를 이용한 포집공정은 60, 70년대 천연가스의 AGRU부터 사용되어 온 역사가 긴 공정이다 보니 많은 연구와 상용화가 진행되어서 사용 가능한 흡수제도 다양한 종류가 개발되었습니다. 렉티솔(Rectisol), 퓨리솔(Purisol), 셀렉솔(Selexol), 설피놀(Sulfinol), 아미솔(Amisol), 우카솔(Urcasol) 등 물리 흡수 기반의 다양한 흡수제와 모노에탄올아민(MEA, Mono-Ethanol-Amine), 디글리콜아민(DGA, Di-Glycol-Amine), 아미노메틸 프로판올(AMP, 2-Amino-2-Methyl-1-Propanol), 디에탄아민(DEA, Di-Ethanol-Amine), 디이소프로판올아민(DIPA, Di-Iso-Propanol-Amine), 메틸디에탄올아민(MDEA, Methyl-DiEthanol-Amine), 트리에탄올아민

(TEA, Tri-Ethanol-Amine) 등 다양한 화학 흡수 기반 흡수제가 연구 개발되었으며, 이러한 흡수제를 혼합한 다양한 상용 흡수제 및 공정도 개발되었습니다. 이산화탄소의 포집공정에 적용된 사례도 미국의 플루오르(Fluo)사의 Econamine FG/FG+ Process, 셀(Shell)사의 Cansolv Process, Aker Solution Process, 미츠비시 중공업(Mitsubishi Heavy Industry)의 KM-CDR Process 등 다양합니다. 국내에서도 한국전력연구원에서 개발한 KOSOL, 에너지기술연구원에서 개발한 KIERSOL이나 MAB와 같은 흡수제들이 존재합니다. 이처럼 역사가 길다 보니 기술적 성숙도가 높은 장점이 있습니다.

단점은 에너지 소비량과 크기입니다. 전통적인 아민계열 흡수제는 이산화탄소 1톤을 포집하기 위하여 4 GJ 정도의 에너지가 소모되는 것으로 알려져 있습니다. 이를 선박에 적용한다고 생각할 때 적지 않은 에너지가 이산화탄소 포집에 소모되어야 하는 문제점이 있습니다. 최근 개발된 흡수제들은 2.5 GJ 근처의 많이 개선된 에너지 소모량이 보고되고 있으나 여전히 적은 양은 아닙니다. 때문에 선박 배기가스의 폐열을 회수해서 이러한 에너지 소모량을 감축하려는 연구가 진행되고 있습니다.

또 다른 문제는 아민의 흡수탑 및 재생탑의 크기입니다. 아민의 흡수반응은 반응속도가 빠른 편이 아니며, 기체 중 이산화탄소와 액체 중 아민 성분이 만나서 반응이 진행되어야 하기 때문에 물질 전달에 큰 영향을 받습니다. 이러한 이유로 아민의 흡수탑 및 재생탑은 크기가 큰 설비에 속하며, 육상시설의 경우 높이가 20~30 m에 달하는 특징을 가지고 있습니다. 선박의 경우, 일정 이상 높이를 초과하는 설비를 둘 수 없는 제약들이 존재하기 때문에 이를 선박에 적합하도록 수정 설계하는 작업이 요구됩니다.

2) 흡착 혹은 건식 포집

물질의 표면에 특정 물질이 달라붙는 현상을 흡착이라 하는데, 이산화탄소와 물리적·화학적으로

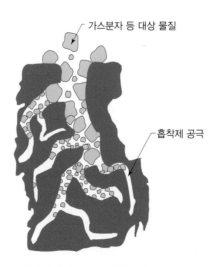

가스분자 등 대상 물질

흡착제 공극

| 그림 4-68 | **흡착의 원리**

상호작용력이 강한 물질을 이용하여 그 표면에 이산화탄소가 고착화되는 특징을 이용하면 이산화탄소를 분리할 수 있습니다. 화학적 흡착을 기반으로 하는 알칼리금속 기반 흡착제나 물리적 흡착을 이용하는 제올라이트(zeolite)와 같은 다공성 물질이 표면적이 커서 흡착제로 사용하기 용이합니다. 물질이 흡착제의 표면에 달라붙는 것을 흡착, 떨어져 나가는 것을 탈착이라고 하는데, 물질과 흡착제의 재질에 따라서 압력이나 온도에 따라 흡착 및 탈착이 발생하는 것을 이용하게 됩니다. 예를 들어, PSA(Pressure Swing Adsorption)는 압력을 올리고 내려서 흡착과 탈착을 발생하게 하며, TSA(Temperature Swing Adsorption)는 온도를 올리고 내려서 흡착과 탈착을 발생하게 합니다. 그 외 VSA(Vacuum Pressure Swing Adsorption), PTSA(Pressure and Temperature Swing Adsorption) 등이 사용됩니다.

[그림 4-69]는 PSA 흡착공정의 원리 및 운전 방식의 예시를 보여 줍니다. 고압에서 이산화탄소 흡착량이 늘어나는 흡착제가 들어 있는 흡착탑 A와 B가 있을 때, A에는 압축기로 가압한 가스를 통과시키게 되면 고압조건이므로 이산화탄소가 흡착탑 A의 흡착제에 흡착되고, 이산화탄소가 제거된 가스가 배출되게 됩니다. 흡착탑 B에는 A의 가스 중 일부를 압력을 낮추어 통과시키게 되면 저압 운전이 되면서 물질이 흡착되는 양이 감소, 흡착제의 표면에서 이산화탄소가 떨어져 나가는 탈착이 일어납니다. 분리된 이산화탄소는 별도의 라인으로 포집되게 됩니다. 이러한 운전을 일정 시간 이상 수행하면 흡착탑 A의 흡착제는 대부분의 표면에 이산화탄소가 흡착되게 되며, 흡착성능이 떨어지게 됩니다. 그러면 운전 모드를 전환, 밸브를 열고 닫아서 압축된 배기가스를 흡착탑 B로 보내고, 팽창된 가스는 흡착탑 A로 보내는 전환 운전을 수행하게 됩니다. 그러면 이제 흡착탑 B에서 흡착이 발생하고, 흡착탑 A는 탈착이 되어서 표면의 이산화탄소가 제거됩니다. 이러한 운전을 주기적으로 반복하면 연속적으로 이산화탄소를 흡착하는 운전이 가능합니다. 일반적으로 흡착공정은 이러한 방식으로 다수의 흡착탑을 두고 주기적으로 번갈아 가며 이를 흡착 및 탈착 모드로 운전하는 방식을 취합니다.

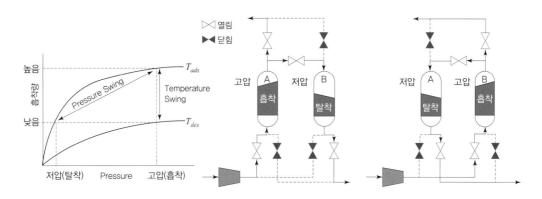

| 그림 4-69 | **흡착공정의 원리 및 운전 방식**

3) 분리막(멤브레인, membrane) 포집

  분리막이란 미세한 기공을 가지고 있는 얇은 막을 지칭합니다. 기공의 크기에 따라 이보다 작은 크기의 분자들은 이 막을 쉽게 통과하며, 분자의 크기가 기공보다 큰 물질은 막을 잘 통과하지 못하게 됩니다. 따라서 이산화탄소는 상대적으로 잘 통과되고, 배기가스 내 다른 기체(주로 질소)는 통과가 어려운 소재의 분리막을 이용하여 이산화탄소를 분리하는 것이 가능합니다. 분리막의 소재와 가공 방법에 따라 기공의 크기를 다양하게 생산하는 것이 가능하여 다양한 공정에 사용되고 있으며, 고분자 소재의 분리막이 많이 사용되고 있으나 그 외 세라믹·금속 등 다양한 소재의 분리막들이 연구 개발되고 있습니다.

  분리막 공정의 장점은 소형화가 용이하다는 점입니다. 얇은 막을 원통형으로 성형하는 등 다양한 방법을 적용하여 타 공정에 비해서 작은 부피의 공정을 구성하는 것이 가능합니다. 단점은 기체를 투과시키기 위해서는 적지 않은 에너지가 소모되어야 한다는 점입니다. 분리막을 투과시키기 위해

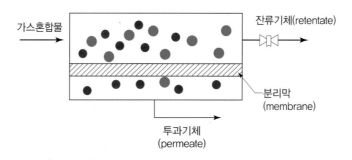

| 그림 4-70 | 분리막 공정의 원리

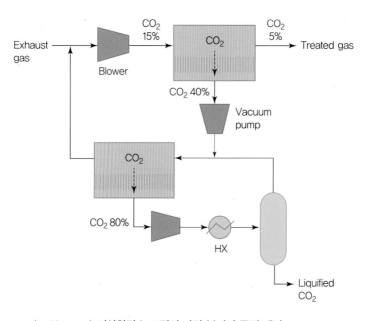

| 그림 4-71 | 이산화탄소 포집의 다단 분리막 공정 개념도

서는 유체의 압력 차이가 요구되며, 그 압차가 클수록 분리 성능이 좋아집니다. 때문에 기체를 압축하는 블로어나 컴프레서, 압력을 빼기 위한 진공펌프 등이 필요하게 되며 이는 적지 않은 에너지를 소모합니다. 또한, 고순도의 이산화탄소를 얻기 위해서는 단일 분리막으로는 어렵고, 2단 이상의 다단 분리막 공정이 요구됩니다. 이상적으로 100% 이산화탄소만 투과시키는 분리막은 현실적으로 불가능하기 때문에 다른 기체 성분도 일부 이산화탄소와 같이 투과되며, 따라서 분리막 1단을 통과하면서 얻을 수 있는 이산화탄소의 순도는 한계가 있기 때문입니다. 나아가 분리막 공정의 특성상 이물질에 취약하므로 배기가스를 투과시키기 위해서는 이를 세척하거나 필터링하는 전처리 공정이 요구될 수 있습니다. 또한, 분리막 소재에 따라서 수분이 존재하는 경우에 성능이 저하되는 분리막이 있으므로 이러한 경우에 수분 제거 또한 필요합니다.

4) 저온 분리공정

배기가스를 구성하는 성분은 주로 질소이며, 그 외 이산화탄소와 산소 등으로 구성됩니다. 이러한 물질들은 끓는점의 차이가 매우 크므로 온도를 낮추어 상분리를 통하여 물질 분리가 가능하며, 고순도의 이산화탄소를 분리해 내는 것이 가능합니다. 다만, 끓는점이 상압 기준 질소 $-196°C$, 산소 $-183°C$와 같이 매우 낮으므로 극저온 증류(cryogenic distillation)를 통해서 분리가 요구됩니다. 이후 '이산화탄소 액화' 절에서 다시 언급하겠지만 순수한 이산화탄소는 상압에서는 끓지 않고(고체에서 기체로 바로 승화), 삼중점이 약 5.1기압 $-56.6°C$이기 때문에 이산화탄소를 분리하기 위한 극저온 증류는 일반적으로 상압이 아닌 15~30 bar 정도의 고압에서 수행됩니다. 이러한 고압·저온 조건의 증류조건은 극저온 분리공정의 에너지 소모량을 높이는 한 원인이 됩니다.

또한, 배기가스의 경우 70~80%의 성분이 질소이며, 이산화탄소는 5~15% 정도밖에 되지 않기 때문에 혼합물의 특성상 이산화탄소를 액체로 분리하려면 이산화탄소의 끓는점보다 훨씬 낮은 질소의 끓는점에 가까운 분리온도가 요구되므로 에너지 효율이 더 떨어집니다. 때문에 일반적으로 이산화탄소의 조성이 50% 이상인 경우에 극저온 증류를 적용하는 것을 권장하고 있습니다. 또한, 온도를 낮추는 과정에서 물이 결빙될 수 있으므로 물을 극소량까지 제거해야 하며, 이산화탄소가 고체화되는 것을 피하기 위해서 엄밀한 온도 조절이 요구됩니다.

분리효율을 높이기 위해서 이산화탄소를 포함한 배기가스를 가압하지 않고 상압에서 냉각하여 고체 이산화탄소(드라이아이스)를 얻고자 하는 방법들도 존재합니다. 극저온 유체가 흐르는 열교환기의 표면에 드라이아이스가 서리처럼 형성되도록 한 뒤 이를 회수하는 개념의 이산화탄소 승화 공정(CO_2 sublimation process)이나 외부 냉각원을 가지는 극저온 액체와 직접 열교환을 시켜서 고체 이산화탄소를 얻는 방법(CCC-ECL, Cryogenic Carbon Capture with an External Cooling Loop) 등의 아이디어가 존재합니다. 그러나 이는 고체화된 이산화탄소의 양을 면밀하게 제어해야 하며 슬러지 형태의 이산화탄소를 처리하는 등의 문제로 아직 대규모로 실증된 공정은 아니며, 향후 연구 개발이 더 필요한 분야입니다.

블루 수소와 CCUS

앞서 수소 이야기를 할 때, 화석연료를 사용하여 수소를 만들되 발생하는 이산화탄소는 포집하여 활용 혹은 저장하는 개념의 수소가 블루 수소라는 이야기를 언급한 바 있습니다. 현재 수소 생산에 널리 사용되는 SMR공정의 흐름을 보면 이산화탄소 포집이 가능한 선택지가 세 군데 있습니다. 첫 번째는 수성가스 치환(WGS, Water Gas Shift)반응 후단, 수소를 분리하기 전에 이산화탄소를 포집하는 것입니다. 두 번째는 PSA 등을 통하여 수소를 분리한 이후 남은 잔류가스(tail gas)에서 이산화탄소를 포집하는 방법입니다. 세 번째는 이 남은 잔류가스를 SMR 반응기에 열을 공급하기 위해서 사용되는 연료와 같이 연소시킨 뒤 그 배기가스에서 이산화탄소를 포집하는 방법입니다. 에어 프로덕트(Air Product)사의 연구 결과에 따르면 WGS 후단에 포집설비를 두는 첫 번째 방식이 포집비용이 최소화되나, 이 경우 SMR에 필요한 에너지를 공급하기 위한 연소설비에서 배출되는 이산화탄소 포집은 불가능하기 때문에 이산화탄소 회수율은 전체의 50% 정도에 그치게 됩니다. 반면, 잔류가스를 연소시키고 포집하는 경우는 전체 배출 이산화탄소의 90%를 포집할 수 있으나, 포집비용은 20% 정도 상승하게 된다고 보고되고 있습니다.

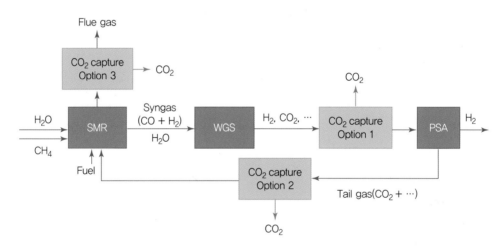

| 그림 4-72 | 블루 수소 생산을 위해서 이산화탄소 포집공정과 결합된 SMR공정

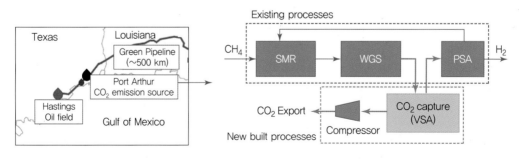

| 그림 4-73 | 포트 아서에서 헤이스팅스 유전까지 이산화탄소를 수송하는 CCS 프로젝트 개요

일례로, 2013년 텍사스 포트 아서(Port Arthur)의 정유공장 내 SMR공정에서 이산화탄소를 포집하여 이를 배관망을 통해서 헤이스팅스 유전(Hastings oil field)까지 송출, EOR에 이용하는 CCS 프로젝트를 수행하여 연간 백만톤 이상의 이산화탄소를 포집해 오고 있습니다.

이산화탄소 수송

이산화탄소를 수송하는 방법은 크게 두 가지로, 배관을 통한 고압 압축 수송과 액화 후 이산화탄소 운반선을 통한 수송입니다. 이산화탄소 수송 배관은 80~90년대부터 주로 EOR을 위해서 설치되어 왔으며 전 세계적으로 수천 km 이상의 이산화탄소 수송 배관이 운영되고 있습니다. 수송 중 상분리 발생을 피하기 위하여 보통 임계압력(74 bar) 이상으로 압축하여 수송하며, 일반적으로 120~200 bar로 압축 송출됩니다. 배관 수송 시에는 원활한 수송을 위해서 다음과 같은 사양이 요구되고 있습니다.

① 이산화탄소 : 수송을 위한 이산화탄소의 순도는 최소 95~97% 이상이 요구되고 있습니다.

② 탄화수소 : 메테인·에테인·프로페인 등의 천연가스 탄화수소 성분의 몰분율은 각각 최대 1%를 넘지 않고, 통상 최대 5%를 넘지 않을 것이 요구됩니다. 특히, 프로페인이나 뷰테인과 같은 물질은 이산화탄소보다 쉽게 액화될 수 있기 때문에 배관 내에서 기액 상분리를 야기, 단일상이 선호되는 유체 수송에 문제를 야기할 수 있습니다.

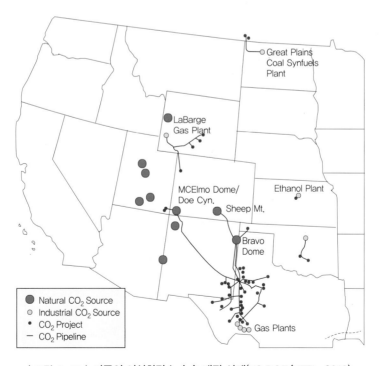

| 그림 4-74 | 미국의 이산화탄소 수송 배관 사례(US DOE/NETL, 2010)

③ 황: 황화수소 등의 성분은 인체에 유독하며, 배관의 부식을 유발할 수 있으므로 매우 소량만이 허용됩니다. 황화수소의 농도가 10~200 ppmv 이하가 될 것을 요구하고 있습니다.

④ 물: 수분이 존재하는 경우 배관 내 부식이 빠르게 일어날 수 있기 때문에 엄격하게 제거되어야 합니다. 배관이 설치된 지역에 수분 허용량은 편차가 큽니다. 이슬점을 기준으로 하는 경우에 −40~0℃ 이하의 이슬점이 요구되고 있으며, ppm 단위로는 10~20 ppm 이하 수준의 낮은 요구치를 가지고 있습니다.

⑤ 산소: 배관 내 산소 농도 역시 10~50 ppmw 이하 수준의 낮은 요구치를 가집니다.

현재 이산화탄소 운반선은 소수의 선박들이 운항되고 있기는 하나 그 수는 많지 않습니다. 현재 운항되고 있는 이산화탄소 운반선의 대부분은 식품용 이산화탄소를 수송하기 위한 소형 선박들이며, CCUS를 위한 대형 선박은 아직 부재합니다. 이산화탄소의 경우, 삼중점이 −57℃, 5.1기압으로, 그보다 낮은 압력에서는 액화되지 않고 기체에서 바로 고체(드라이아이스)로 승화되는 특징이 있습니다. 따라서 액체 이산화탄소로 저장하기 위해서는 최소한 5.1기압 이상으로 저장이 요구됩니다. 현재 논의되어 온 액체 이산화탄소 저장 방법론은 크게 세 가지 형태입니다.

① 저압(7~10 bar) 저온(~−50℃) 저장
② 중압(10~20 bar) 저온(−40~−30℃) 저장
③ 고압(35~45 bar 이상) 상온(0~10℃) 저장

저압·저온 저장의 경우에 요구되는 냉각온도가 낮고 액체로 존재할 수 있는 온도 구간이 좁아서

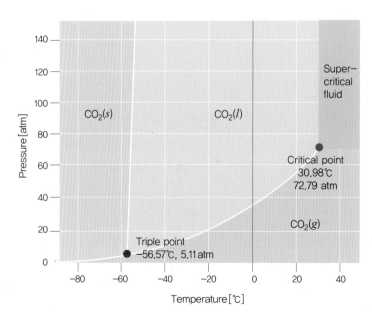

| 그림 4-75 | 순수한 이산화탄소의 PT선도

많이 적용되고 있지는 않으나, 압축에 필요한 에너지를 줄일 수 있고 10 bar 이하의 저장탱크를 사용할 수 있는 장점이 있어 관련 연구가 수행되고 있습니다. 중압·저온 저장은 현재 가장 많이 사용되고 있는 개념으로, 기존 LPG 운반선과 유사한 조건이라서 많이 사용되고 있습니다. 고압·상온 저장은 저장온도가 높아서 냉각에 필요한 에너지를 줄일 수 있는 장점이 있으나, 고압의 저장용기를 적용해야 하는 문제점이 있습니다. 저온 저장의 경우, LNG의 경우와 마찬가지로 이산화탄소 증발가스(BOG, Boil-Off Gas) 문제가 발생하게 됩니다. 이산화탄소는 황산화물과 같은 환경 오염물질이 아니므로 과거에는 대기에 방출하는 것이 무난한 방법이었으나, 이제 탄소 배출 저감을 위해서 이산화탄소를 포집·수송하는 목적으로 이산화탄소 운반선을 운용하면 이산화탄소를 배출하는 것이 취지에 어긋나게 되므로 이에 대한 고민도 필요합니다.

이산화탄소의 특징을 이용하여 압력을 올리지 않고 상압의 고체 이산화탄소, 즉 드라이아이스로 상변화하여 수송하고자 하는 의견도 존재합니다. 그러나 CCUS의 개념상 선박에 저장된 이산화탄소는 항구나 이산화탄소 기지에서 다시 하역 및 재송출이 필요하게 되는데, 고체 이산화탄소의 경우 이러한 하역 및 송출 과정에서 난점이 있습니다. 이를 다시 유체화하기 위해서 기화하거나, 액화하면 추가적으로 다시 에너지를 소모해야 하므로 이에 대한 타당성이 고려될 필요가 있습니다.

이산화탄소 액화

이산화탄소의 액화공정은 상업적으로 이용되어 온 공정으로, LNG와 같이 극저온으로 냉각할 필요없이 압력에 따라 $-50 \sim -30°C$로 냉각하여 액체 이산화탄소를 생산하는 것이 가능합니다. 일반적으로 액화가 가능한 압력 달성을 위하여 이산화탄소가 포함된 기체를 압축 후, 물에 녹는 불순물 성분을 제거하기 위하여 세척공정을 거칩니다. 이후 건조 및 탈수의 공정을 통하여 수분 및 기타 불순물을 제거한 뒤에 냉각 혹은 저온의 증류공정을 통해서 액체 이산화탄소를 생산합니다. 이후 펌프를 통하여 이산화탄소 저장탱크에 저장됩니다. 사용되는 냉매는 저장 압력과 온도에 따라서 다양

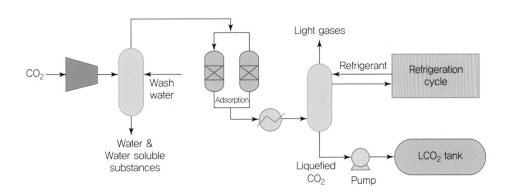

| 그림 4-76 | 이산화탄소의 액화공정 개념도

한 물질들이 사용될 수 있으며, 예를 들어 프로페인(끓는점 −42.1℃), 암모니아(끓는점 −33.3℃) 등이 사용될 수 있습니다.

이산화탄소의 격리·저장

이산화탄소를 지중에 저장하기 위해서는 주입된 이산화탄소가 누출되지 않고 장기간 안정적으로 저장될 수 있는 후보지가 필요합니다. 이러한 후보지가 될 수 있는 곳은 ① 고갈된 유전이나 가스전, ② 석유 회수 증진법(EOR)이 적용된 유전, ③ 대염수층(saline acquifer), ④ 석탄층 등이 있습니다. 단 EOR의 경우, 석유를 생산하면서 저류층 내의 유체가 다시 지표로 배출되므로 주입된 이산화탄소가 100% 지층에 저장되는 것은 아니며, 일부는 다시 유출되게 됩니다. 지층 구조 중 물을 함유하고 있는 지층을 대수층(aquifer)이라 하며, 다양한 염(salt)을 포함하고 있는 물을 포함한 지층을 대염수층(saline aquifer)이라고 합니다. 이는 세계적으로 폭넓게 분포하며 식수 활용이 불가능하고, 이산화탄소가 염수에 용해된 뒤 고온·고압 하에서 장기적으로 염수층의 광물과 반응하여 탄산염화되는 반응이 진행되므로 이산화탄소 저장에 적합한 것으로 알려져 있습니다.

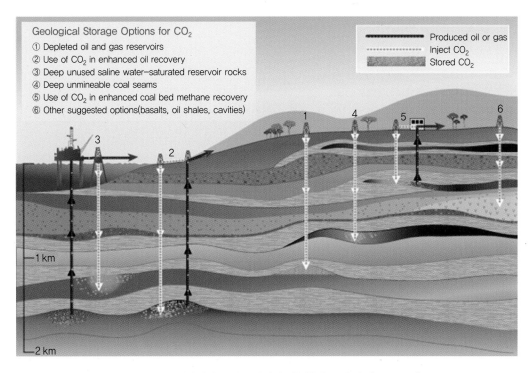

| 그림 4-77 | 이산화탄소 지중 저장이 가능한 후보지 예시(CO₂CRC)

대염수층에 주입된 이산화탄소는 다음 네 가지의 과정을 통하여 지층 내에 고정화되게 됩니다.

① **구조적 트래핑(structural trapping)**: 액체나 기체와 같은 유체가 지층 구조 내에서 빠져나가지

못하고 갇혀 있는 지질학적 구조를 트랩(trap)이라고 부릅니다. 이는 보통 저류암(reservoir rock)이라 부르는, 공극이 큰 암석층 윗부분을 덮개암(cap rock)이라고 하는 투수성이 낮은 암석이 덮고 있어서 가벼운 유체가 이 암석을 통하여 다른 곳으로 이동이 어려운 지층 구조에서 발생합니다. 일반적으로 이야기하는 유전이나 가스전은 대다수가 이러한 지질학적 트랩에서 존재하게 되며, 대염수층 역시 이러한 트랩에 존재하는 경우가 많습니다. 다른 지층 유체보다 밀도가 가벼운 편인 이산화탄소 역시 이러한 구조에 주입되면 지층 구조상의 트랩에 갇혀 있게 됩니다.

② 잔류 트래핑(residual trapping): 염수를 머금고 있는 암석층은 공극이 커서 스폰지가 물을 흡수하듯이 유체가 공극에 침투하게 됩니다. 주입된 이산화탄소의 일부는 모세관 현상을 통하여 이러한 암석 내 공극으로 흡수되어 고착화되게 됩니다.

③ 용해도 트래핑(solubility trapping): 이산화탄소는 물에 녹습니다. 따라서 대염수층에 주입되면 일부는 염수층에 용해되어 탄산수의 형태로 고착되게 됩니다. 이산화탄소가 녹은 용해수는 염수에 비하여 밀도가 커지므로 지층 구조의 하부로 이동하게 되며 안정성이 높아집니다.

④ 광물화 트래핑(mineral trapping): 동굴에 석회석이 자라는 것과 같이 이산화탄소는 다른 물질과 반응하여 광물화가 진행될 수 있습니다. 염수층에 녹은 이산화탄소는 약산성물질로, 암석층의 칼슘이나 칼륨 등의 성분과 반응하여 탄산칼슘이나 탄산칼륨과 같은 고체 탄산염을 형

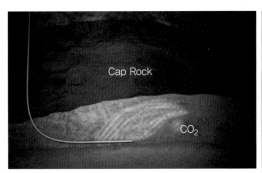

① 지층 구조적 트래핑

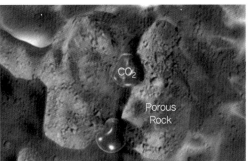

② 잔류 트래핑

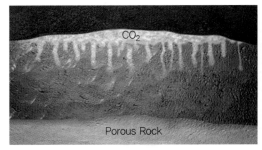

③ 용해 트래핑

④ 광물화 트래핑

| 그림 4-78 | 이산화탄소가 대염수층 내에 고착화되는 네 가지 경로

성하게 되며, 이러한 반응이 장기적으로 진행되면 방해석(calcite)과 같은 광물화가 되어 고착되게 됩니다.

4장 연습문제

1 선박의 이산화탄소 배출과 관련하여 다음을 설명하라.

(1) 연료의 이산화탄소 배출 전환계수(C_f)

(2) EEDI와 EEXI의 차이

(3) EEOI와 AER의 차이

(4) EEDI 보정계수 f_w

2 다음 선박의 EEDI 달성값을 구하고 EEDI 기준값 대비 30%를 감축하고자 하는 경우 목표가 달성가능한지를 파악하라.

(1) 중유를 주 연료로 하는 주 엔진 및 보조 엔진을 사용하고 주 엔진 출력이 MCR 6 kW, 주 엔진 및 보조 엔진의 SFC가 180, 220 g/kWh이며 재화중량이 35,000 DWT, 기준선속이 16노트인 산적화물선

(2) (1)과 동일한 사양이면서 LNG를 연료로 사용하는 산적화물선

3 다음 선박의 CII 달성값을 구하고 감축률 목표가 5%인 경우 CII 등급을 판정하라.

(1) 재화중량이 35,000 DWT이고 연간 연료 사용량이 HFO 3300톤/MGO 10톤이며, 연간 운항거리가 40,000해리인 산적화물선

(2) (1)과 동일한 사양이면서 연간 연료 사용량이 LNG 3,600톤/MGO 10톤인 산적화물선

4 대체연료와 관련하여 다음의 내용을 설명하라.

(1) LNG 운반선과 LNG 추진선의 차이

(2) LNG와 BOG의 차이

(3) BOG 재액화공정과 LNG 과냉공정의 차이

(4) LNG 벙커링의 의미 및 그 방법론

(5) 그레이, 블루, 그린 수소의 차이점

(6) 액화수소 대신 암모니아 수송을 고려하는 경우의 장단점

5 다음 수소연료전지 유형의 장단점을 논하라.

(1) PEMFC

(2) MCFC

(3) SOFC

6 CCUS 기술과 관련하여 다음 질문에 답하라.

(1) CCUS 기술의 선박 적용 가능성과 우려사항을 논하라.

(2) 흡수, 흡착, 분리막을 이용한 이산화탄소 포집 원리를 설명하라.

(3) 이산화탄소의 수송방법론에 대해서 개략적으로 설명하라.

(4) 이산화탄소의 지중 저장이 가능한 후보지를 설명하라.

참고문헌

임영섭, *친절한 공학 열역학*, 성안당, 2021.

유동헌 외, *국내외 환경변화에 따른 CCS 정책 추진계획 수립 연구*, 2018.

하종한 외, 발전용 바이오 중유의 품질 및 성능 평가 특성 연구, 한국석유화학회지, **32**(3), 2015.

한국선급, *CII 규제 대응 지침서*, 2021.

한국에너지기술평가원, *이산화탄소 저감 및 자원화 기술: 미국의 CCUS 산업 동향 분석*, 2015.

A. Bhardwaj et al, *Opportunities and limits of CO_2 recycling in a circular carbon economy*, 2021.

AEA, Cost Benefit Analysis to support the impact assessment accompanying the revision of Directive 1999/32/EC on the sulfur content of certain liquid fuels. *Report to European Commission by AEA*, Association ASPEN and Swedish Environmental Research Institute, 2009.

Al Ghafri, S., Munro, S., Cardella, U., Funke, T., Notardonato, W., Trusler, J. M., ··· & May, E. F., Hydrogen liquefaction: a review of the fundamental physics, engineering practice and future opportunities. *Energy & Environmental Science*, 2022.

Bettina Kampman and Uwe R. Fritsche, *Better Use of Biomass for Energy*, IEA Bioenergy, 2009.

Bliesner, R. M., Parahydrogen-orthohydrogen conversion for boil-off reduction from space stage fuel systems, 2013.

DNVGL, alternative fuel insights, afi.dnv.com

Global CCS institute, *Global-Status-of-CCS-Report*, 2021.

IEA, World Energy Outlook, 2019.

IEA, Projected costs of genrating electricity, 2020.

IEA(2022). https://www.iea.org/commentaries/is-carbon-capture-too-expensive

IEA(2022). https://www.iea.org/reports/about-ccus

IACS Proc Req. 2013/ Rev.2 2019 No. 38, Procedure for calculation and verification of the Energy Efficiency Design Index(EEDI), 2013.

IMO, Fourth IMO GHG Study 2020

IMO MEPC 58/23, Annex 16 response to GESAMP regarding EGCS interim washwater guidelines, 2008.

IMO MEPC184(59), 2009 Guidelines for exhaust gas cleaning systems

IMO MEPC203(62), Amendments to the annex of the protocol of 1997 to amend the international convention for the prevention of pollution from ships, 1973, as modified by the protocol of 1978 relating thereto, 2011.

IMO MEPC245(66), 2014 guidelines on the method of calculation of the attained energy efficiency design index(EEDI) for new ships, 2014.

IMO MEPC.308(73), 2018 guidelines on the method of calculation of the attained energy efficiency design index(EEDI) for new ships, 2018.

IMO MEPC353(78) Annex 15, 2022 guidelines on the reference lines for use with operational carbon intensity indicators, 2022.

Jung et al., New Configuration of the CO_2 Capture Process Using Aqueous Monoethanolamine for Coal-Fired Power Plants, Indu. Eng. *Chem. Res.*, **54**(15), pp. 3865~3878, 2015.

Man Energy Solutions, *Emission project guide*, 2022.

Sorrels, J. L., Randall, D. D., Schaffner, K. S., & Fry, C. R., Selective catalytic reduction. *In EPA Air Pollution Control Cost Manual*, Vol. 7, 2016.

USDA(2022), United States Department of Agriculture, https://agtransport.usda.gov/Fuel/Daily-Bunker-Fuel-Prices

US DOE/NETL, *Carbon Dioxide Enhanced Oil Recovery*, 2010.

Appendix

1 (1) IMO: International Maritime Organization의 약어로, 국제해사기구. 바다에서 일어나는 사고, 안전, 보안, 환경 등을 다루는 UN 산하 전문기구

(2) HFO: Heavy Fuel Oil의 약어로, 정유과정에서 상압 증류 결과 남은 잔사유를 다시 감압 증류하여 얻은 중유를 의미한다.

(3) GWP: Global Warming Potential의 약어로, 어떠한 물질이 지구 온난화에 미치는 영향력을 이산화탄소를 기준으로 상대적으로 나타낸 지수

(4) ECA: Emission Control Area의 약어로, 강화된 질소산화물 및 황산화물 배출 규정이 적용되는 배출규제해역

(5) 잔사유: 원유 증류과정에서 가벼운 성분을 유증기로 제거하고 남은 무거운 기름 성분

(6) TtW: Tank-to-Wake, 어떠한 연료물질을 저장탱크에서 추진에 사용하기까지의 과정
WtW: Well-to-Wake, 어떠한 연료물질을 생산부터 사용까지의 전과정

(7) GT: Gross tonnage의 약어로, 총톤수와 배의 용적을 무게로 환산하여 얻어지는 톤수

(8) 배수량: 배가 밀어낸 물의 중량

(9) DWT: 재화중량(deadweight)으로, 선박이 적재할 수 있는 화물의 최대 무게

(10) MCR: 최대 연속 정격출력(Maximum Continuous Rating), 선박 엔진이 연속적으로 낼 수 있는 최대 출력

(11) SFC: 엔진이 단위출력을 내기 위해서 필요한 연료의 양

(12) EF_e: 단위 에너지당 배출된 물질량
EF_f: 단위 연료 소모량당 배출된 물질량

2 장점: 중유는 가격이 저렴하고 부피당 발열량이 크기 때문에 에너지 소모량이 큰 대형 선박을 이용하더라도 경제적 수송이 가능하다.

단점: 잔사유 특성상 불순물 성분이 많아 배기가스 내 황산화물 등이 많이 발생한다.

3 NO_x의 경우 3.4 g/kWh 이하, SO_x의 경우 연료 내 0.1% 이하

4 1톤의 화물을 1해리 수송할 때 배출되는 이산화탄소의 양

5 TtW(Tank-to-Wake): 선박 연료탱크에서부터 연료를 이용하여 연소, 추진하는 과정에서 발생하는 이산화탄소의 양을 평가하는 개념

WtW(Well-to-Wake): 선박 연료탱크에 도달하기 이전에 연료를 생산하고 수송하는 과정에서 발생하는 이산화탄소의 양을 종합적으로 평가하는 개념

2장 연습문제 해설

1 대기압은 충분히 낮은 압력이므로 이산화탄소가 이상기체방정식을 따른다고 가정하면,

$$n = \frac{PV}{RT} = \frac{1\,\text{bar} \cdot 400 \cdot 10^{-6}\,\text{m}^3}{8.314\,\text{J}/(\text{K} \cdot \text{mol}) \cdot 303\,\text{K}} \frac{10^5\,\text{Pa}}{1\,\text{bar}} \frac{1\,\text{N}/\text{m}^2}{1\,\text{Pa}} \frac{1\,\text{J}}{1\,\text{N} \cdot \text{m}^2} = 0.01588\,\text{mol}$$

이산화탄소의 분자량(몰질량)은 약 44이므로

$$m = 0.01588\,\text{mol} \cdot 44\,\text{g/mol} = 0.6987\,\text{g}$$

즉, 대기 $1\,\text{m}^3$ 내의 이산화탄소의 질량은

$$\frac{0.6987\,\text{g}}{\text{m}^3} \frac{1000\,\text{mg}}{1\,\text{g}} = 698.7\,\text{mg/m}^3$$

2 라울의 법칙을 따르는 이상혼합물이라 가정하면, 기포점은 액체혼합물에서 최초의 상평형이 발생하는 점이므로

$$\mathcal{P}_1 = y_1 P = x_1 P_1^{sat}$$
$$\mathcal{P}_2 = y_2 P = x_2 P_2^{sat}$$
$$P = \mathcal{P}_1 + \mathcal{P}_2 = y_1 P + y_2 P = x_1 P_1^{sat} + x_2 P_2^{sat} = 0.5 \times 2.46 + 0.5 \times 0.455 = 1.46\,\text{bar}$$

3 연소반응식을 완성시켜 보면,

$$C_8H_{18} + 12.5O_2 \quad \rightarrow \quad 8CO_2 + 9H_2O$$

HHV는 물의 증발열까지 포함한 결과이므로

$$C_8H_{18}(l) + 12.5O_2(g) \quad \rightarrow \quad 8CO_2(g) + 9H_2O(l)$$
$$\Delta h_{rxn}^{\circ} = \sum v_i \Delta h_{f,i}^{\circ} = -1 \cdot (-250.1) + 8 \cdot (-393.5) + 9 \cdot (-285.8) = -5470.1\,\text{kJ/mol}$$

LHV는 물의 증발열을 제외한 결과이므로

$$C_8H_{18}(l) + 12.5O_2(g) \rightarrow 8CO_2(g) + 9H_2O(g)$$

$$\Delta h_{rxn}^o = \sum v_i \Delta h_{f,i}^o = -1 \cdot (-250.1) + 8 \cdot (-393.5) + 9 \cdot (-241.8) = -5074.1$$

즉, HHV $= 5.47 \, MJ/mol$, LHV $= 5.074 \, MJ/mol$

질량당으로 환산하기 위해서 옥테인의 분자량 114.2로 나누면

$$HHV = \frac{5.47 \, MJ/mol}{114.2 \, g/mol} \frac{1000 \, g}{1 \, kg} = 47.9 \, MJ/kg$$

$$LHV = \frac{5.074 \, MJ/mol}{114.2 \, g/mol} \frac{1000 \, g}{1 \, kg} = 44.4 \, MJ/kg$$

4 (1)
$$\Delta g_{rxn}^o = \sum v_i \Delta g_{f,i}^o = 2 \cdot 86.6 = 173.2 \, kJ/mol$$

$$K = \exp\left[-\frac{173200 \, J/mol}{8.314 \, J/(K \cdot mol) \cdot 298.15 \, K}\right] = 4.52 \cdot 10^{-31}$$

(2) 대기 중 질소와 산소의 분압은 약 0.8, 0.2기압으로 볼 수 있으므로

$$\mathcal{P}_{N_2} = (K\mathcal{P}_{N_2}\mathcal{P}_{O_2})^{0.5} = (4.52 \cdot 10^{-31} \cdot 0.8 \cdot 0.2)^{0.5} = 2.69 \cdot 10^{-16}$$

5 전하균형식에 따라 중성을 유지하기 위해서는 수용액 내의 양이온과 음이온의 양이 같아야 하므로

$$[HCO_3^-] = [H^+]$$

$$\frac{[HCO_3^-][H^+]}{[CO_2]} = \frac{[H^+]^2}{1.2 \cdot 10^{-5}} = 4.5 \cdot 10^{-7}$$

$$[H^+] = (4.5 \cdot 10^{-7} \cdot 1.2 \cdot 10^{-5})^{0.5} = 2.32 \cdot 10^{-6}$$

$$pH = -\log(2.32 \cdot 10^{-6}) = 5.63$$

3장 연습문제 해설

1 (1) EGR의 원리: 배기가스의 일부를 엔진으로 재순환하여 산소분압을 낮추고 연소 유체의 온도를 낮추어서 질소산화물의 생성을 감소시키는 방법

(2) SCR의 원리: 질소산화물을 환원반응을 통하여 질소로 회수, 질소산화물의 배출을 감소시키는 방법

(3) SCR에서 암모니아가 과량 공급되는 경우 질소산화물과 반응하지 못하고 배기가스로 배출되는 암모니아를 의미. 암모니아 연소과정에서 연소하지 못하고 배기가스로 배출되는 암모니아를 의미할 때도 동일한 표현이 사용됨.

(4) Very Low Sulphur Fuel Oil. 통상 황성분이 0.5% 이하로 제거된 저황유를 의미

2
(1) 1단계(암모니아 해리): $(NH_2)_2CO + H_2O \rightleftharpoons 2NH_3 + CO_2$

2단계(질소산화물의 환원): 다수의 반응이 존재. 대표적으로는

$$6NO + 4NH_3 \rightleftharpoons 5N_2 + 6H_2O$$

$$6NO_2 + 8NH_3 \rightleftharpoons 7N_2 + 12H_2O$$

$$NO + NO_2 + 2NH_3 \rightleftharpoons 2N_2 + 3H_2O$$

(2) SRF = 0.525로 가정하면 필요한 요소의 양은

$$\dot{n}_{Urea} = \dot{n}_{NO_x rem} \cdot SRF = 1\,mol/s \cdot 0.525 = 0.525\,mol/s$$

질량유량으로 환산하면

$$\dot{m}_{Urea} = M_{W,Urea} \cdot \dot{n}_{Urea} = 60 \cdot 0.525 = 31.5\,g/s = 31.5\frac{g}{s} \cdot \frac{1\,kg}{1000\,g} \cdot \frac{3600\,s}{1\,hr} = 113.4\,kg/hr$$

사용하는 요소수의 농도가 40 wt%이므로

$$\dot{m}_{UreaSolution} = \frac{113.4}{0.4} = 283.5\,kg/hr$$

3
[표 3–3]의 배출계수를 참조하면, 중유(HFO) 사용 대비 LNG 사용 시 NO_x은 평균적으로 89% 저감되며, SO_x은 99.9% 저감된다. SO_x의 경우 연료가 포함되어 있는 황의 함량에 직접적으로 비례하여 생산과정에서 황성분을 제거하여 황함량이 거의 존재하지 않는 LNG에서는 배출량이 매우 적으므로 저감률이 높다. NO_x의 경우 연료 내 질소가 존재하지 않는다고 해도 연소 시 공기를 공급하는 과정에서 질소가 공급되어 연소 중 질소산화물을 형성하기 때문에 SO_x과 달리 저감률을 높이는 데 한계가 있다.

4
다음과 같은 과정을 통하여 해리된다.

$$SO_2 + H_2O \rightleftharpoons H_2SO_3 \rightleftharpoons H^+ + HSO_3^- \rightleftharpoons 2H^+ + SO_3^{2-}$$

$$SO_3 + H_2O \rightleftharpoons H_2SO_4 \rightleftharpoons H^+ + HSO_4^- \rightleftharpoons 2H^+ + SO_4^{2-}$$

5
개방형 시스템은 해수를 세척수로 사용하고 이를 희석하여 다시 바다로 방류하도록 구성되어 있다. 반면에 폐쇄형 시스템은 별도의 청수 혹은 염기성 수용액을 세척수로 사용하며 그 대부분을 재순환하여 세척수로 재활용하도록 구성되어 있다. 하이브리드 유형은 운전 모드에 따라 개방형과 폐쇄형을 선택적으로 변경하면서 운전이 가능하도록 구성된 시스템이다.

1 (1) 연료의 단위질량 소모당 발생하는 이산화탄소의 질량을 의미한다.

(2) 양 지수 모두 400 GT 이상의 선박에 적용되며, EEDI는 2013년 이후 신조선에 적용되는 기준이며, EEXI는 기존 선박에 적용되는 기준이다.

(3) 양 지수 모두 실운항 시 1톤의 화물을 1해리(nautical mile) 수송할 때 발생하는 이산화탄소량을 의미하나, EEOI는 실제 운송된 화물량을 기준으로 추산되며 AER은 선박 사양상 재화중량을 기준으로 추산된다.

(4) 날씨보정계수. EEDI는 파도와 바람이 없는 고요한 기상조건을 기준으로 기준선속을 정하도록 되어 있으나 실제 해역은 그렇지 않으므로, 이로 인한 영향력을 보정하기 위한 인자이다.

2 (1) 산적화물선에 대해서 EEDI 기준값을 연산하면,

$$\text{Reference EEDI} = a \cdot b^{-c} = 961.79 \times (35{,}000)^{-0.477} = 6.54 \, \text{g}/(\text{t} \cdot \text{nm})$$

30% 감축이 목표라면 만족해야 하는 EEDI 허용값은

$$\text{Required EEDI} = 0.7 \times \text{Reference EEDI} = 4.58 \, \text{g}/(\text{t} \cdot \text{nm})$$

다른 정보가 없으므로 별도의 저감기술이 고려되지 않고 모든 계수는 1이라 가정, 파일럿 연료 필요량이 없거나 무시할 만큼 작다면

MCR < 10,000 kW이므로,

$$P_{AE} = 0.05 \, \text{MCR}_{ME} = 300 \, \text{kW}$$

$$\begin{aligned}
\text{Attained EEDI} &= \frac{P_{ME} \cdot C_{f,ME} \cdot \text{SFC}_{ME} + P_{AE} \cdot C_{f,AE} \cdot \text{SFC}_{AE}}{\text{CAP} \cdot \bar{v}_{ref}} \\
&= \frac{0.75 \times 6000 \times 3.114 \times 180 + 300 \times 3.114 \times 220}{35000 \times 16} = 4.87 \, \text{g}_{CO_2}/(\text{t} \cdot \text{nm})
\end{aligned}$$

즉, 30% 저감하는 목표를 달성할 수 없다.

(2) 전환계수(C_f)가 3.114(HFO)에서 2.75(LNG)로 변경되는 것 이외에는 동일한 상황이므로,

$$\begin{aligned}
\text{Attained EEDI} &= \frac{P_{ME} \cdot C_{f,ME} \cdot \text{SFC}_{ME} + P_{AE} \cdot C_{f,AE} \cdot \text{SFC}_{AE}}{\text{CAP} \cdot \bar{v}_{ref}} \\
&= \frac{0.75 \times 6000 \times 2.75 \times 180 + 300 \times 2.75 \times 220}{35000 \times 16} = 4.30 \, \text{g}_{CO_2}/(\text{t} \cdot \text{nm})
\end{aligned}$$

30% 저감하는 목표 달성이 가능하다.

3 (1) 산적화물선에 대해서 CII 기준값을 연산하면

$$\text{Reference CII} = a \cdot b^{-c} = 4745 \times (35000)^{-0.622} = 7.08 \, \text{g/(t} \cdot \text{nm)}$$

5% 감축이 목표라면 만족해야 하는 CII 허용값은

$$\text{Required CII} = 0.95 \times 7.08 = 6.72 \, \text{g/(t} \cdot \text{nm)}$$

CII 달성값을 연산하면,

$$\text{Attained CII} = \frac{\sum (\text{FC} \cdot C_f)}{\text{CAP} \times \text{수송거리}} = \frac{3300 \times 3.114 + 10 \times 3.206}{35000 \times 40000} = 7.36 \, \text{g}_{CO_2}/(\text{t} \cdot \text{nm})$$

등급범위를 산정해보면,
- C등급 상한선: $\text{Required CII} \times \exp(d_3) = 6.72 \times 1.06 = 7.13 \, \text{g}_{CO_2}/(\text{t} \cdot \text{nm})$
- D등급 상한선: $\text{Required CII} \times \exp(d_4) = 6.72 \times 1.18 = 7.93 \, \text{g}_{CO_2}/(\text{t} \cdot \text{nm})$

즉, 이 선박은 D등급이 된다.

(2) HFO를 LNG로 대체하여 연산하면,

$$\text{Attained CII} = \frac{\sum (\text{FC} \cdot C_f)}{\text{CAP} \times \text{수송거리}} = \frac{3600 \times 2.75 + 10 \times 3.206}{35000 \times 40000} = 7.09 \, \text{g}_{CO_2}/(\text{t} \cdot \text{nm})$$

C등급으로 분류됨을 알 수 있다.

4 (1) LNG 운반선은 수송 대상 화물이 LNG인 경우를 의미하며, LNG 추진선은 수송 대상 화물에 관계 없이 추진에 소모되는 주 연료가 LNG인 경우를 의미한다.

(2) 저장된 LNG가 열유입으로 인하여 다시 증발한 것이 BOG이다. LNG는 메테인이 주성분이나 그 몰분율이 70~90% 정도로 메테인 외에 에테인, 프로페인 등 다른 탄화수소 성분도 포함하고 있는 반면, BOG는 가벼운 물질이 먼저 증발하는 특성상 메테인이 80~90% 이상이며 나머지 물질도 대 부분 질소인 특징이 있다.

(3) BOG 재액화공정은 LNG로부터 증발한 증발가스인 BOG를 별도의 냉매 혹은 자가 열교환 및 팽 창 등을 이용하여 온도를 낮추어 다시 LNG로 액화하는 공정을 의미한다. LNG 과냉공정은 가스 를 처리하는 것이 아니라, 과냉된 LNG를 탱크 내에 분사하여 탱크 내 BOG 발생량을 원천적으로 줄이는 공정을 의미한다.

(4) LNG 연료를 공급하는 과정을 의미한다. 육상기지에서 선박으로 공급하는 방법, LNG 저장차량 (탱크로리)으로부터 선박으로 공급하는 방법, LNG 벙커링 선박에서 선박으로 공급하는 방법 등 이 있다.

(5) • 그레이 수소: 천연가스로부터 생산된 수소

　　• 블루 수소: 천연가스로부터 생산되었으나 그 과정에서 발생하는 이산화탄소를 포집 격리 저장하여 대기로 배출하지 않는 방법을 통하여 생산된 수소

　　• 그린 수소: 신재생에너지로부터 생산된 전기를 이용하여 물을 전기분해하는 등 이산화탄소가 발생하지 않는 생산과정을 통하여 생산된 수소

(6) 수소의 경우 액화에 요구되는 온도가 −253℃로 매우 낮고, 이로 인하여 액화 자체에 요구되는 에너지 소모량이 크며 액화수소를 유지하기 위한 저장탱크의 단열성능도 높아져야 하는 문제가 있다. 암모니아의 경우 −33℃ 정도에서 액화되어 액화가 쉽고 수송의 난이도가 낮다. 단 암모니아를 생산하는 과정 및 암모니아에서 수소를 해리하는 과정에도 에너지 투입이 요구되며, 암모니아는 유독성 가스이므로 리스크를 줄이기 위해서 안전설비가 추가적으로 요구될 확률이 높다.

5 (1) PEMFC: 저온에서 운전이 가능하며 크기가 작고, 실제 운용 중인 상용화된 제품들이 있다. 고가의 귀금속 촉매가 요구되며 고순도 수소만 공급 가능하며 단위출력이 낮다.

(2) MCFC: 단위출력이 높고 니켈 촉매가 사용 가능하여 저렴하고 운전온도가 높아서 메테인 가스 개질을 통한 수소 공급이 가능하다. 열회수를 통한 효율 향상이 가능하고, 용융 탄산염을 전해질로 이용하기 때문에 이산화탄소의 공급 및 발생이 요구된다.

(3) SOFC: 단위출력이 매우 높고 운전온도가 높아서 메테인 가스 개질을 통한 수소공급이 가능하다. 열회수를 통한 효율 향상이 가능하고, 크기가 크고 내구성이 약한 문제점이 있다.

6 (1) • 가능성: 사람들이 기대하고 있는 수소나 암모니아 등 무탄소 대체연료는 미래의 에너지원으로 기대가 크나, 당장 1~2년 내에 선박 적용이 가능하다고 보기는 어렵다. 즉 단기적으로 현재 운항 중인 현존선을 대상으로 이산화탄소 배출 감축이 가능한 기술로서 선박에 적용하는 CCUS 기술에 대한 기대치가 있다.

　　• 우려사항:

　　① 아직은 CCUS 기술이 선박의 이산화탄소 배출 저감기술로 인정받은 상황이 아니므로, IMO의 승인 및 구체적인 방법론이 정립되어야 한다.

　　② 선상 포집 및 저장을 하기 위해서는 포집과 저장을 위한 이산화탄소 상태 변화를 위해서 에너지가 소모되며, 포집된 이산화탄소를 저장하기 위해서는 별도의 공간이 필요하므로 이는 곧 선박의 수송능력을 감소시키는 효과를 가져와 경제적 손실로 귀결된다. 즉 경제적 보완방법론이 갖추어질 필요가 있다.

　　③ 포집한 이산화탄소를 경제적으로 전환 혹은 저장할 수 있는 해결책이 갖추어져야 한다. 현재는 국제적으로 이산화탄소를 격리 저장할 수 있는 곳이 많지 않으며, 항만 등과 연계된 인프라도 부재한 실정이다.

(2) • 흡수: 아민 등 이산화탄소와 결합하여 물에 녹는 형태의 물질을 포함한 용액에 이산화탄소를 분리 포집하는 방법

• 흡착: 이산화탄소가 표면에 달라붙는 성질이 있는 다공성 물질 등에 이산화탄소를 분리 포집하는 방법

• 분리막: 이산화탄소가 다른 물질에 비해 쉽게 투과되는 막을 이용하여 이산화탄소를 분리 포집하는 방법

(3) 크게 배관을 통한 고압 압축가스 형태로 수송하는 방법과 액화하여 액체 이산화탄소로 수송하는 방법으로 나뉜다.

(4) 이산화탄소 석유회수증진법(EOR)을 적용한 유전, 고갈된 가스전, 지층 내 대염수층 등

찾아보기

Understanding

ENVIRONMENTALLY-FRIENDLY

SHIPS

친환경선박의 이해

2023. 3. 2. 초 판 1쇄 인쇄
2023. 3. 8. 초 판 1쇄 발행

지은이 | 임영섭
펴낸이 | 이종춘
펴낸곳 | BM ㈜도서출판 성안당
주소 | 04032 서울시 마포구 양화로 127 첨단빌딩 3층(출판기획 R&D 센터)
10881 경기도 파주시 문발로 112 파주 출판 문화도시(제작 및 물류)
전화 | 02) 3142-0036
031) 950-6300
팩스 | 031) 955-0510
등록 | 1973. 2. 1. 제406-2005-000046호
출판사 홈페이지 | **www.cyber.co.kr**
ISBN | 978-89-315-3356-9 (93550)
정가 | 28,000원

이 책을 만든 사람들
책임 | 최옥현
진행 | 이희영
교정·교열 | 이희영
본문 디자인 | 신성기획
표지 디자인 | 임흥순
홍보 | 김계향, 유미나, 이준영, 정단비
국제부 | 이선민, 조혜란
마케팅 | 구본철, 차정욱, 오영일, 나진호, 강호묵
마케팅 지원 | 장상범
제작 | 김유석

Understanding ENVIRONMENTALLY-FRIENDLY SHIPS